工业和信息化"十三五"
高职高专人才培养规划教材

网页设计与制作

项目教程 微课版

Web Design and Making

汤智华 ◎ 主编

王爱红 ◎ 主审

人民邮电出版社

北　京

图书在版编目（CIP）数据

网页设计与制作项目教程：微课版 / 汤智华主编
. -- 北京：人民邮电出版社，2018.11（2023.8重印）
工业和信息化"十三五"高职高专人才培养规划教材
ISBN 978-7-115-48986-9

Ⅰ．①网… Ⅱ．①汤… Ⅲ．①网页制作工具－高等职
业教育－教材 Ⅳ．①TP393.092.2

中国版本图书馆CIP数据核字(2018)第174765号

内 容 提 要

本书以培养网页设计与制作开发能力为目标，注重网页设计与制作开发技术的应用。本书以"双线（项目）并行"的模式贯穿整个教学过程，将北京大学网站设计与制作项目作为教学载体和课内项目，以北京大学网站中 3 个完整的页面（首页、列表页、详情页）的设计与制作为核心内容，通过绿色食品网站网页设计与制作项目的拓展训练，帮助读者加深对所学知识的理解，并强化分析问题和解决问题的能力，激发读者的创新实践能力。本书配套精品在线开放课程网站，书中关键知识点、技能点的任务还插入了微课二维码，实现手机随扫随学。

本书共 10 个单元，包括：单元 1 网页赏析、创建站点与浏览网页；单元 2 网站项目开发环境搭建；单元 3 图文混排网页的制作；单元 4 表格与表格布局网页的制作；单元 5 包含 Flash 元素和超级链接的网页制作；单元 6 表单网页的制作；单元 7 CSS 布局与网页美化；单元 8 网站首页的设计与制作；单元 9 网站列表页的设计与制作；单元 10 网站详情页的设计与制作。

本书可作为高等职业院校"网页设计与制作"课程的教材，也可以作为网页设计与制作的培训用书及技术参考书。

◆ 主　　编　汤智华

主　　审　王爱红

责任编辑　桑　珊

责任印制　马振武

◆ 人民邮电出版社出版发行　　北京市丰台区成寿寺路 11 号
邮编　100164　电子邮件　315@ptpress.com.cn
网址　http://www.ptpress.com.cn
山东百润本色印刷有限公司印刷

◆ 开本：787×1092　1/16
印张：19　　　　　　　2018 年 11 月第 1 版
字数：512 千字　　　 2023 年 8 月山东第 13 次印刷

定价：54.00 元

读者服务热线：(010)81055256　印装质量热线：(010)81055316
反盗版热线：(010)81055315
广告经营许可证：京东市监广登字 20170147 号

前　言　FOREWORD

本书全面贯彻党的二十大精神，以社会主义核心价值观为引领，传承中华民族优秀传统文化，坚定文化自信，使内容更好体现时代性、把握规律性、富于创造性。

一、缘起

随着计算机网络技术的发展，人类正快速进入一个前所未有的、网络化、信息化的社会。由于互联网的迅猛发展，以及全球范围内信息化的逐步实现，网络已遍及人们生活的每个角落，逐渐改变着人们的生活、学习和工作方式，并进一步引起产业结构的变化。越来越多的企业、事业单位、行政机关和个人通过建设自己的网站，制作网页来宣传自己的形象，展示自己的风采，同时也不断地从其他网站上获取自己所需要的信息。时代的发展呼唤更多的网页设计与制作人员加入到这个前景广阔的工作中来。网页设计与制作课程也成为高等院校计算机及其相关专业的一门重要的专业基础课程。

二、结构

本书每一个单元都由"教学导航""本单元单词""预备知识""操作准备""模仿训练""拓展训练""单元小结"组成；单元1至单元7还配备了"单元习题"；"模仿训练"中每一个任务都包括"任务描述""任务实施"两个部分。

教学导航：明确教学目标、教学重点、教学难点和教学方法。

本单元单词：列出了本单元需要学习者熟悉的相关英文单词。

预备知识：给出了完成任务所需的相关知识。

操作准备：在正式完成网页制作任务之前做好创建所需的文件夹、复制所需的资源、创建本地站点等方面的准备工作。

模仿训练：引导学习者一步一步完成网页设计与制作的相关任务。

拓展训练：参照模仿训练的过程，学习者自主完成类似的网页设计与制作任务。加深学习者对知识的理解，对知识进行迁移，并强化学习者分析问题和解决问题的能力，激发学习者的创新实践能力。

单元小结：对本单元的知识和训练的技能进行简要归纳总结。

单元习题：给出了各种题型的练习，包括上机题，以帮助学习者巩固对本单元知识点、技能点的理解。上机题主要针对本单元中需要重点掌握的知识点、技能点以及在程序中容易出错的内容进行练习，通过上机题的练习可以考察学习者对知识点、技能点的掌握情况，手工编写代码的熟练程度。

三、特点

1. 强调技能训练和动手能力的培养，重在培养应用型人才

本书以培养网页设计与制作项目开发的基础能力为目标，注重网页设计与制作项目开发技术的应用，通过一个真实的、完整的"北京大学网站设计与制作"项目，对HTML和CSS的知识点、技能点进行重构和序化，读者通过对该项目的模仿训练，可对所学的知识和技能有所理解和掌握；通过"绿色食品网站网页设计与制作"项目的拓展训练，可加深学习者对所学知识的理解。

此外，本书强调手工编写代码的能力，为后续课程的学习打下良好的基础。

2. 基于工作过程，注重理论性和科学性

本书按网页设计与制作的工作过程来设计和组织教学内容，根据计算机相关专业的职业岗位、职业能力要求，把需要掌握的相关知识点、技能点进行重构与序化，将项目分解为各种任务，并对任务进行模块化处理，形成由易到难、由简单到复杂的能力递进的学习路径。

本书由企业技术专家和学校教师共同开发，企业技术专家参与教材项目的选择和项目实训的编写，并在技术的选择以及项目分析方面提出了很多的合理化建议。

3. 强调"四个真实"

本书以训练网页设计与制作技能为中心，在真实的开发环境中，以真实的制作流程，执行真实的开发要求，制作真实的网站。

真实环境：在真实的网站开发环境中完成网页设计与制作任务，并要求在编辑器中手工编写代码。

真实过程：执行完整的作业流程，体验真实的工作过程，教学内容的递进过程实际上就是网页设计与制作的真实工作过程。

真实要求：以职业化技术标准规范制作过程，严格按照 W3C 规范来要求。

真实项目：以真实的"北京大学网站设计与制作"项目作为教学载体，真实的"绿色食品网站设计与制作"项目作为拓展训练项目。

4. 丰富的课程资源

本书配套的课程资源丰富，包括：内容提要、教学导航、课程标准、课程整体设计、课程单元设计、单元单词、任务实施微课视频、任务实施电子教案 PPT、单元习题、单元案例、项目源代码、单元课程资源和微课云课堂等，如下表所示。

序号	资源名称	表现形式
1	内容提要	PDF 电子文档，包括教程内容、适用对象、课程的性质和地位等，让学习者对网页设计与制作项目教程有一个初步的认识
2	教学导航	PDF 电子文档，包括单元教学目标、单元重点和难点、教学方法
3	课程标准	PDF 电子文档，包括课程定位、课程目标要求以及课程内容与要求，可供教师备课时参考
4	课程整体设计	PDF 电子文档，包含课程设计思路、课程的具体目标要求、课程内容设计和能力训练设计，同时给出了考核方案设计，让教师理解课程的设计理念，有助于教学实施
5	课程单元设计	PDF 电子文档，对每一个教学单元的教学内容、重点难点和教学过程等进行了详细的设计，可供教师授课时参考
6	单元单词	PDF 电子文档，对每一个教学单元需要使用的英文单词进行了罗列，可供学习者学习时参考
7	任务实施微视频	MP4 视频文件，提供教材全部内容的任务实施微课视频（共 81 个），可供学习者和教师学习和参考
8	任务实施电子教案 PPT	PPT 电子文件，可供教师备课、授课使用，也可供学习者使用
9	单元习题	PDF 电子文档，给出各单元配套的课后习题供学生巩固所学知识
10	单元案例	压缩文档，包含用各单元的预备知识解决实际问题的单元案例，每个案例都有设计文档和源代码，可供教师教学时参考
11	项目源代码	压缩文档，给出本书所涉及的两个贯穿项目的源代码，可供教师教学和学习者学习使用
12	单元课程资源	压缩文档，给出各单元任务实施过程中要用到的各种素材
13	微课云课堂	扫描封底的二维码，或者直接登录"微课云课堂"（www.ryweike.com）→用手机号码注册→在用户中心输入本书激活码（2c0e7049），将本书包含的微课资源添加到个人账户，获取永久在线观看本课程微课视频的权限。此外，购买本书的读者还将获得一年期价值 168 元 VIP 会员资格，可免费学习 50 000 个微课视频。

四、致谢

　　本书由贵州航天职业技术学院汤智华主编，由贵州交通职业技术学院信息工程系主任、贵州大数据产业职业教育集团秘书长王爱红教授主审。

　　本书在编写的过程中，得到了贵州省精品在线开放课程"网页设计与制作"项目团队老师的大力支持和帮助，他们提出了许多宝贵的意见和建议，在此向他们表示衷心的感谢。同时，本书的编写还得到了重庆德克特信息技术有限公司教学总监张跃和遵义携购科技网络有限责任公司技术总监何海堂的指导和帮助，他们对于项目的选择、项目实训、任务设计提出了很多宝贵意见，在此对他们一并表示感谢。

　　由于作者水平有限，书中难免出现错误和不妥之处，敬请广大读者批评指正。

编者

2023 年 5 月

目 录 / CONTENTS

1

Project

单元 1
网页赏析、创建站点与浏览网页

【教学导航】

教学目标	（1）学会创建本地站点和管理本地站点 （2）熟悉 Dreamweaver 的工作界面 （3）熟悉浏览器窗口的基本组成和网页的基本组成元素 （4）了解网站与网页的相关概念、认识网页的基本布局结构 （5）了解一些制作网页、处理图像、制作动画的工具
本单元重点	（1）创建本地站点 （2）网页的基本组成元素和网页的布局结构
本单元难点	（1）网页的布局结构 （2）网页的基本概念
教学方法	任务驱动法、分组讨论法

【本单元单词】

1. Web [web] 蜘蛛网，万维网
2. browser ['brauzə] 浏览器
3. hypertext ['haipotekst] 超文本
4. http（Hypertext Transfer Protocol）超文本传输协议
5. url（Uniform Resource Locator）统一资源定位器
6. title ['taɪt(ə)l] 题目，标题

7. head [hed] 头部
8. body ['bɒdɪ] 主体，正文
9. dream [dri:m] 梦想
10. weaver ['wi:və] 编织者
11. text [tekst] 文本
12. internet ['ɪntənet] 因特网

【预备知识】

HTML 与 CSS 网页设计概述

1.1 认识网页、网页相关的名词、Web 标准

1.1.1 认识网页

一、什么是网页

为了使初学者更好地认识网页，我们首先来看一下京东商城官方网站。打开火狐浏览器，在地址栏输入京东商城官方网站的网址，按下回车键，这时火狐浏览器中显示的页面即为京东商城官方网站首页，如图 1-1 所示。

图1-1　京东商城官方网站首页截图

从图1-1中可以看到，网页主要由文字、图像和超链接等元素构成。当然，除了这些元素，网页中还可以包含音频、视频以及 Flash 等。

二、网页是如何形成的

为了让初学者快速了解网页是如何形成的，接下来查看一下网页的源代码。

在京东商城官方网站首页中，单击鼠标右键，在弹出的菜单栏中选择【查看页面源代码】选项，如图1-2所示。

在弹出的窗口中便会显示当前网页的源代码，具体效果截图如图1-3所示。

图1-2　单击鼠标右键弹出的菜单栏

图1-3　京东商城官方网站首页源代码

图1-3即为京东商城官方网站首页的源文件，它是一个纯文本文件，仅包含一些特殊的符号和文本。而我们浏览网页时看到的图片、视频等，其实是这些特殊的符号和文本组成的代码被浏览器渲染之后的结果。

三、网站与网页

一个网站通常包含多个子页面，例如京东商城官方网站包含了众多的子页面。网站其实就是多个网页的集合，网页与网页之间通过超链接互相访问。输入网址，第一个打开的页面就是该网站的首页。

网站由网页构成，网页有静态网页和动态网页之分。现在互联网上的大部分网站都是由静态网页和动态网页混合组成的，两者各有千秋，用户在开发网站时可根据需求酌情采用。

那么，静态网页与动态网页有什么区别呢？

静态网页是指用户无论何时何地访问，网页都会显示固定的信息，除非网页源代码被重新修改上传。

所谓静态网页就是指没有后台数据库、不含程序和不可交互的网页。你编的是什么，它显示的就是什么，不会有任何改变。静态网页更新起来相对比较麻烦，适用于一般更新较少的展示型网站。反之，不符合静态网页概念的就属于动态网页。

静态网页使用语言：HTML。在网站设计中，一般的静态网页文件是以.htm、.html、.shtml、.xml 等为后缀的。但是，并不是说静态网页就没有动态的效果，有的静态网页也会有动态效果，如.GIF 格式的动画、

Flash、滚动字母等。

运行于客户端的程序、网页、插件、组件，属于静态网页，例如，html 页、Flash、JavaScript、VBScript 等，它们是永远不变的。

动态网页显示的内容则会随着用户操作和时间的不同而变化。动态网页使用语言为 HTML+ASP 或 HTML+PHP 或 HTML+JSP 等。

在服务器端运行的程序、网页、组件，属于动态网页，它们会随不同客户、不同时间，返回不同的网页，例如 ASP、PHP、JSP、ASP.net、CGI 等。

区别静态网页与动态网页最重要的一点——程序是否在服务器端运行，这是最重要的标志。

1.1.2　网页相关的名词

一、Internet 网络

所谓 Internet 网络就是我们通常所说的互联网，是由一些使用公用语言互相通信的计算机连接而成的网络。

二、WWW

WWW（英文 World Wide Web 的缩写）中文译为"万维网"。但 WWW 不是网络，也不代表 Internet，它只是 Internet 提供的一种服务——即网页浏览服务，我们上网时通过浏览器阅读网页信息就是在使用 WWW 服务。

三、URL

URL（英文 Uniform Resource Locator 的缩写）中文译为"统一资源定位符"。URL 其实就是 Web 地址，俗称"网址"。

四、DNS

DNS（英文 Domain Name System 的缩写）是域名解析系统。在 Internet 上域名与 IP 地址之间是一一对应的，域名（例如人民邮电出版社的域名为 www.ptpress.com.cn）虽然便于人们记忆，但计算机只认识 IP 地址，将好记的域名转换成 IP 的过程被称为域名解析。

五、HTTP

HTTP（英文 Hypertext transfer protocol 的缩写）中文译为超文本传输协议。它是一种详细规定了浏览器和万维网服务器之间互相通信的规则。

六、Web

Web 本意是蜘蛛网和网的意思。对于网站设计、制作者来说，它是一系列技术的复合总称（包括网站的前台布局、后台程序、美工、数据库开发等），我们称它为网页。

七、W3C 组织

W3C（英文 World Wide Web Consortium 的缩写）中文译为"万维网联盟"。万维网联盟是国际最著名的标准化组织。W3C 最重要的工作是发展 Web 规范，如：超文本标记语言（HTML）、可扩展标记语言（XML）等。这些规范有效地促进了 Web 技术的兼容，对互联网的发展和应用起到了基础性和根本性的支撑作用。

1.1.3　Web 标准

一、什么是 Web 标准

Web 标准并不是某一个标准，而是一系列标准的集合，主要包括结构（Structure）、表现（Presentation）和行为（Behavior）3 个方面。

1. 结构

结构用于对网页元素进行整理和分类，主要包括 XML 和 XHTML 两个部分。XHTML 是基于 XML 的标识语言，是在 HTML4.0 的基础上，用 XML 的规则对其进行扩展建立起来的，它实现了 HTML 向 XML 的过渡。

2. 表现

表现用于设置网页元素的版式、颜色、大小等外观样式，主要指的是 CSS。

3. 行为

行为是指网页模型的定义及交互的编写，主要包括 DOM 和 ECMAScript 两个部分。其中，DOM（英文 Document Object Model 的缩写）是文档对象模型；ECMAScript 是 ECMA（英文 European Computer Manufacturers Association 的缩写）以 JavaScript 为基础制定的标准脚本语言。

二、为什么需要 Web 标准

由于不同的浏览器解析出来的效果可能不一致，开发者往往需要为多版本的开发而艰苦工作。使用 Web 标准，可以使不同的浏览器展示统一的内容。

三、采用 Web 标准有什么好处

（1）让 Web 的发展前景更广阔。

（2）内容能被更多的设备访问。

（3）更容易被搜索引擎搜索。

（4）降低网站流量费用。

（5）使网站更易于维护。

（6）提高页面浏览速度。

四、结构、表现、行为之间的关系

以一个人为例，就可以清晰地说明三者之间的关系：人的骨骼就相当于结构，结构可以使内容更清晰、更有逻辑性；衣服、帽子、鞋子就相当于表现，表现用于修饰内容的样式；行走、跳跃、奔跑就是行为，行为就是内容的交互及操作效果。

1.2 HTML、CSS 简介

1.2.1 HTML 简介

一、什么是 HTML

HTML（英文 Hyper Text Markup Language 的缩写）中文译为"超文本标记语言"，主要是通过 HTML 标记对网页中的文本、图片、声音等内容进行描述。网页中需要定义什么内容，就用相应的 HTML 标记描述即可。

HTML 之所以称为超文本标记语言，不仅是因为它通过标记描述网页内容，同时也由于文本中包含了所谓的"超级链接"点。

二、HTML 的发展史

HTML 发展至今，经历了 6 个版本，这个过程中新增了许多 HTML 标记，同时也淘汰了一些标记，具体历程如下：

超文本标记语言（第一版）——在 1993 年 6 月作为互联网工程工作小组（IETF）工作草案发布。

HTML 2.0——1995 年 11 月作为 RFC 1866 发布，在 RFC 2854 于 2000 年 6 月发布之后被宣布已经过时。

HTML 3.2——1997 年 1 月 14 日，W3C 推荐标准。

HTML 4.0——1997 年 12 月 18 日，W3C 推荐标准。

HTML 4.01（微小改进）——1999 年 12 月 24 日，W3C 推荐标准。

HTML 5 的第一份正式草案已于 2008 年 1 月 22 日公布，仍继续完善。

目前最新的 HTML 版本是 HTML 5，但是由于各个浏览器对其支持不统一，所以还没有得到广泛应用。目前国际上，网站设计推崇的 Web 标准就是基于 XHTML 的（即通常所说的 DIV+CSS）。

HTML 标记是不区分大小写的，也就是说大写和小写都可以，但为了适应各种网页制作软件，今后对 HTML 标记一律小写。

1.2.2　CSS 简介

一、什么是 CSS

CSS（英文 Cascading Style Sheets 的缩写）中文译为"层叠样式表"，CSS 通常称为 CSS 样式或样式表，主要用于设置 HTML 页面中的文本内容（字体、大小、对齐方式等）、图片的外形（宽高、边框样式、边距等）以及版面的布局等外观显示样式。

简单来说，网页布局的样式元素、网页界面的视觉效果，就是 CSS 做出来的。

二、认识 CSS

CSS 以 HTML 为基础，提供了丰富的功能，如字体、颜色、背景的控制及整体排版等，而且还可以针对不同的浏览器设置不同的样式。

三、CSS 的发展史

1996 年 12 月 W3C 发布了第一个有关样式的标准 CSS 1，又在 1998 年 5 月发布了 CSS 2。目前最新的版本是 CSS 3，但是各个浏览器对它的支持不统一，所以流行的版本仍然是 CSS 2，也就是本书所讲解的版本。

四、HTML 与 CSS 的关系

如今大多数网页都是遵循 Web 标准开发的，即用 HTML 编写网页结构和内容，而相关版面布局、文本或图片的显示样式都使用 CSS 控制。

HTML 与 CSS 的关系就像人的骨骼与衣服，通过更改 CSS 样式，可以轻松控制网页的表现样式。

1.3　常见浏览器介绍

浏览器是网页运行的平台。目前常用的浏览器有 IE 浏览器、火狐浏览器（Firefox）、谷歌浏览器（Chrome）、Safari 浏览器和 Opera 浏览器等。图 1-4 所示是一些常见浏览器的图标。基于某些因素，这些浏览器不能完全采用统一的 Web 标准，或者说不同的浏览器对同一个 CSS 样式有不同的解析。

　　IE浏览器　　火狐浏览器　　谷歌浏览器　　猎豹浏览器　　Safari浏览器　Opera浏览器

图 1-4　常见浏览器图标

一、IE 浏览器

IE 浏览器的全称是 Internet Explorer，由微软公司推出，直接绑定在 Windows 操作系统中，无需下载安装。IE 有 6.0、7.0、8.0、9.0、10.0 等版本。但是由于各种原因，一些用户仍然在使用低版本的浏览器如 IE 6、IE 7 等，所以在制作网页时，低版本一般也是需要兼容的。

二、火狐浏览器

Mozilla Firefox，中文通常称为"火狐"，是一个开源网页浏览器。Firebug 是火狐浏览器下的一款开发插件，是开发 HTML、CSS、JavaScript 等的得力助手。

实际工作中，调试网页的兼容性问题主要依靠 Firebug 插件，初学者可在火狐浏览器菜单栏的【工具】→【附加组件】选项中下载 Firebug 插件，安装完成后使用快捷键 <F12> 可以直接调出 Firebug 界面。

由于火狐浏览器对 Web 标准的执行比较严格，而且使用 Firebug 调试网页非常方便，所以在实际网页制作过程中火狐浏览器是最常用的浏览器。

三、谷歌浏览器

Google Chrome，又称谷歌浏览器，是由 Google（谷歌）公司开发的开放原始码网页浏览器。该浏览器的目标是提升稳定性、速度和安全性，并创造出简单有效的使用界面。

1.4 使用谷歌浏览器调试开发网页

在网页开发中，一个好的调试工具是不可缺少的。在众多的浏览器中，推荐初学者使用谷歌浏览器进行调试开发。

一、谷歌浏览器调试功能介绍

打开谷歌浏览器，按下快捷键＜F12＞就可以弹出调试窗体，如图 1-5 所示。在下面打开的调试模式中，我们可以看见有许多工具栏和工作面板，使用这些工具可调试 HTML，也可调试 CSS，还可调试 JavaScript。除此之外，它还能调试与服务器的交互信息。我们将会着重介绍调试 HTML 与 CSS 的工具与面板。总之，谷歌浏览器是一个既简单又实用的工具。

图 1-5 谷歌调试窗体布局介绍

单击菜单中的 ⋮ 图标，将会弹出 3 个菜单选项栏。从左到右，第 1 个图标会将调试窗体变成一个独立窗体，第 2 个图标会将窗体与 HTML 页面变成上下结构，第 3 个图标就如读者看见的是左右模式。

为了调试方便，在以后的课程中将使用上下结构模式，这样工具面板的使用面积更大，也更方便开发与调试。

二、HTML 相关的调试工具与面板

如图 1-6 所示，单击元素选择工具，图标会变成蓝色选中状态，这个时候点击 google 图片，Elements 面板会立即定位到对应图片元素的 HTML 代码位置。而右边有个 Style 面板会显示出该 HTML 元素对应的 CSS 样式属性。在开发中经常会用这个方法来查找和定位问题。

图 1-6 谷歌调试窗体功能介绍 01

如图 1-7 所示，调试器不仅可以定位代码，还能修改代码与 CSS 属性值。而且修改之后立即会在页面中呈现出来，这就是开发者常说的"所见即所得"。在要修改代码的地方双击则可变成修改状态，右边 CSS 属性则是鼠标指针移动上去会出现选择框。当然也可以双击修改属性的样式。

图 1-7 谷歌调试窗体功能介绍 02

使用谷歌浏览器进行调试有很多明显的优势，在这里仅仅演示了一点。随着后面课程的推进，会逐渐介绍这个工具更多的新功能。

1.5 网页赏析

网站可以分成多种类型，分类方法也有多种。根据网站的用途分类，有门户网站（综合网站）、行业网站、娱乐网站等；根据网站的持有者分类，有个人网站、商业网站、政府网站等；根据网站的商业目的分类，有营利型网站和非营利型网站。

鉴赏一个网站，我们一般从以下两个方面着手，一是网站的主题。所谓网站的主题是指网站向大众或特定的人群传达的主要内容或建立网站的意图。二是网站的首页。所谓网站的首页，是指打开一个网站后看到的第一页。

一、赏析综合性门户网站

综合性门户网站资源比较丰富，内容比较综合。其中，新浪网作为中国互联网门户网站的领航者，是中国网民上网冲浪的常用门户网站。新浪网站首页效果图如图 1-8 所示。

图 1-8 综合性门户网站首页效果图

新浪网站首页的布局是典型的"国"字型布局，整体设置大方得体，具有门户风范。

网站首页风格是典型的实用主义风格，从页面的分割上可以很明确地感到这一点。除了左侧的要目提示和顶端的导航条使用了新浪的标志性黄色以外，其他的版块均未使用抢眼的色彩，整体风格明朗化，给人实在的感觉。

二、赏析电子商务型网站

随着国内 Internet 使用人数的增加，截止到 2022 年 10 月，我国互联网上网人数达十亿三千万人，利用 Internet 进行网络购物的消费方式已逐渐流行，这极大便利了人民群众的日常生活。人民群众获得感、幸福感、安全感更加充实、更有保障、更可持续，共同富裕取得新成效。与此同时电子商务网站层出不穷，其中，淘宝网成为此类网站成功的典范。

淘宝电子商务网站首页效果图如图 1-9 所示。

图 1-9 商务型网站首页效果图

淘宝网页面布局：从页面布局来分析，页面顶部是主导航栏，左右两侧是二级导航条、登录区、搜索区等，中间是主内容区，底部是友情链接及版权信息。

淘宝网站风格：整体风格给人充满活力又不失稳重、严谨、可靠。色彩运用以橙色为主色调，是令人振奋的色彩，很容易感染浏览者的情绪，提升浏览者的购买欲望。

学习网页设计与制作，从一开始就要学会登录不同类型的网站，欣赏优秀的网页设计，为学习制作网站奠定基础。

三、赏析校园系部信息网站

教育是国之大计、党之大计，教育、科技、人才是全面建设社会主义现代化国家的基础性、战略性支撑。随着时代的进步，信息的社会化，学校作为教育的前沿地带，校园系部信息网站的建设有着重要的意义。某学院信息工程系网站首页效果图如图 1-10 所示。该系部网站首页的整体布局为"上""中""下"三个大板块，中间主体板块又分为"左""右"两个板块。该网站风格定位以蓝色为主色调，通过调整单一色彩的饱和度和不透明度，使得主体蓝色产生变化，在蓝色中搭配白色，增加了网页视觉的层次感，给人以清新、爽朗的感觉。

图 1-10　某学院信息工程系网站首页效果图

1.6　Dreamweaver 简介

1.6.1　Dreamweaver 界面介绍

一、工作区布局

双击桌面上的 Dreamweaver 软件图标，进入 Dreamweaver 软件界面，为了统一，建议大家选择菜单栏中的【窗口】→【工作区布局】→【经典】选项，如图 1-11 所示。

图 1-11　Dreamweaver 工作区布局

二、新建文档

选择菜单栏中的【文件】→【新建】选项，会出现"新建文档"窗口。这时，在文档类型下拉选项中选择 HTML，单击【创建】按钮，如图 1-12 所示，即可创建一个空白的 HTML 文档。

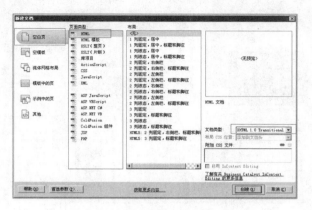

图 1-12　创建 HTML 文档

三、软件的操作界面

Dreamweaver 的操作界面主要由六部分组成，包括菜单栏、插入栏、文档工具栏、文档窗口、属性面板及其他常用面板，每个部分的具体位置如图 1-13 所示。

图 1-13　Dreamweaver 的操作界面

1.6.2　Dreamweaver 初始化设置

一、工作区布局设置

打开 Dreamweaver 工具界面，选择菜单栏里的【窗口】→【工作区布局】→【经典】选项。

二、必备面板

设置为"经典"模式后，需要把常用的 3 个面板调出来，也就是菜单栏【窗口】菜单项下的【插入】【属性】【文件】3 个选项。

三、新建默认文档设置

单击菜单栏中的【编辑】→【首选参数】选项，组合键为＜Ctrl+U＞，选中左侧分类中的"新建文档"菜单，右边就会出现对应的设置，如图 1-14 所示，选择目前最常用的 HTML 文档类型和编码类型。

网页能通过背景图像给人留下第一印象，如节日题材的网站一般采用喜庆祥和的图片来突出效果，所以在网页设计中，控制背景颜色和背景图像是一个很重要的步骤。

四、代码提示

Dreamweaver 有强大的代码提示功能，可以提高书写代码的速度。在"首选参数"对话框中可设置代码提示，选择【代码提示】菜单，然后选中【结束标签】选项中的第 2 项，单击【确定】按钮即可，如图 1-15 所示。

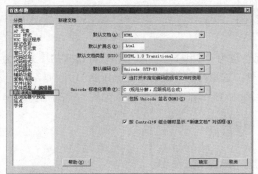
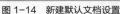
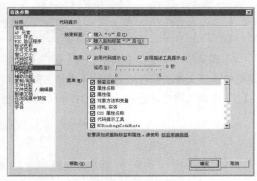

图 1-14　新建默认文档设置　　　　　　　　　　图 1-15　设置代码提示

五、浏览器设置

对于初学者来说，计算机上必备的三大浏览器分别是火狐浏览器、IE 浏览器和谷歌浏览器。建议将 Dreamweaver 的默认预览浏览器设置为"火狐浏览器"，也就是主浏览器，使用主浏览器预览网页的快捷键为 <F12>，一般把 IE 浏览器或谷歌浏览器设为次浏览器，组合键为＜Ctrl+F12＞，如图 1-16 所示。

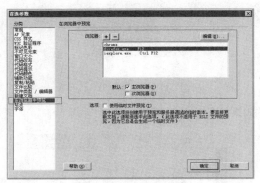

图 1-16　设置默认浏览器

1.6.3　使用 Dreamweaver 创建网页

一、编写 HTML 代码

（1）打开 Dreamweaver，新建一个 HTML 默认文档，组合键为＜Ctrl+Shift+N＞。切换到"代码"视图，这时在文档窗口中会出现 Dreamweaver 自带的代码，如图 1-17 所示。

图 1-17　编写 HTML 代码

（2）在代码的第 5 行，<title>与</title>标记之间，输入 HTML 文档的标题，这里将"无标题文档"修改为"我的第一个网页"。

（3）在<body>与</body>标记之间添加网页的主体内容，即输入以下代码：

```
    <body>
        <p>这是我的第一个网页哦。</p>
    </body>
```

（4）在菜单栏中选择【文件】→【保存】选项，组合键为＜Ctrl+S＞。接着，在弹出来的【另存为】对话框中选择文件的保存地址并输入文件名即可保存文件。这里将文件命名为 example01.html。

（5）在浏览器中运行 example01.html（即双击 example01.html 文件），效果如图 1-18 所示。

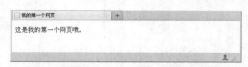

图 1-18　在浏览器中运行 example01.html 的效果

这样就使用 HTML 完成了一个简单的网页。

二、编写 CSS 代码

（1）在<head>与</head>标记中添加 CSS 样式，CSS 样式需要写在<style></style>标记内，具体代码如下：

```
<style type="text/css">
    p{font-size:36px;                /*设置字号为 36 像素*/
      color:red;                     /*设置字体颜色为红色*/
      text-align:center;             /*设置文本居中显示*/
      }
</style>
```

这时 Dreamweaver 中的效果如图 1-19 所示。

图 1-19　Dreamweaver 中编写 CSS 代码

（2）在菜单栏中选择【文件】→【保存】选项，或使用组合键＜Ctrl+S＞，即可完成文件的保存。这时，在火狐浏览器中刷新 example01.html 页面，效果如图 1-20 所示。

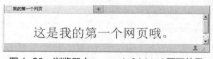

图 1-20　浏览器中 example01.html 页面效果

HTML 和 CSS 就是这么简单，易学易用，在后面的内容中我们会陆续学习 HTML 和 CSS 的语法格式，以及常用的 HTML 标记和 CSS 样式。

1.6.4　使用 Dreamweaver 创建站点

Dreamweaver 可以用于创建单个网页，但在大多数情况下，是将这些单独的网页组合起来成为站点。Dreamweaver 不仅提供了网页编辑特性，而且带有强大的站点管理功能。

有效地规划和组织站点，对建立网站是非常必要的。合理的站点结构能够加快对站点的设计，提高工作效率，节省时间。如果将所有的网页都存储在一个目录下，当站点的规模越来越大时，管理起来就会变得很不容易。因此一般来说，应该充分利用文件夹来管理文件。

一、认识站点

Dreamweaver 站点是一种管理网站中所有关联文件的工具，通过站点可以实现将文件上传到网络服务器、自动跟踪和维护、管理文件以及共享文件等功能。严格地说，站点也是一种文件的组织形式，由文件和文件所在的文件夹组成，不同的文件夹保存不同的网页内容，如 images 文件夹用于存放图片，这样便于以后管理与更新。

Dreamweaver 中的站点包括本地站点、远程站点和测试站点 3 类。

（1）本地站点用于存放整个网站框架的本地文件夹，是用户的工作目录，一般制作网页时只需建立本地站点。

（2）远程站点是存储于 Internet 服务器上的站点和相关文件。通常情况下，为了不连接 Internet 而对所建的站点进行测试，可以在本地计算机上创建远程站点，来模拟真实的 Web 服务器进行测试。

（3）测试站点是 Dreamweaver 处理动态页面的文件夹，使用此文件夹生成动态内容并在工作时连接到数据库，用于对动态页面进行测试。在制作静态网页时，不需要设置测试站点。

二、站点及目录的作用

站点是用来存储一个网站的所有文件的，这些文件包括网页文件、图片文件、服务器端处理程序和 Flash 动画等。

在定义站点之前，首先要做好站点的规划，包括站点的目录结构和链接结构等。这里讲的站点目录结构是指本地站点的目录结构，远程站点的结构应该与本地站点相同，便于网页的上传与维护。链接结构是指站点内各文件之间的链接关系。

三、合理建立目录

站点的目录结构与站点的内容多少有关。如果站点的内容很多，就要创建多级目录，以便分类存放文件；如果站点的内容不多，目录结构可以简单一些。创建目录结构的基本原则是方便站点的管理和维护。目录结构创建是否合理，对于网站的上传、更新、维护、扩充和移植等工作有很大的影响。特别是大型网站，目录结构设计不合理时，文件的存放就会混乱。甚至到了无法更新维护的地步。因此，在设计网站目录结构时，应该注意以下几点。

（1）无论站点的大小，都应该创建一定规模的目录结构，不要把所有文件都存放在站点的根目录中。如果把很多文件都放在根目录中，很容易造成文件管理的混乱，影响工作效率，也容易发生错误。

（2）按模块及其内容创建子目录。

（3）目录层次不要太深，一般控制在 5 级以内。

（4）不要使用中文目录名，防止因此而引起的链接和浏览错误。

（5）为首页建立文件夹，用于存放网站首页中的各种文件，首页使用率最高，为它单独建一个文件夹很有必要。

（6）目录名应能反映目录中的内容，方便管理维护。但是这也容易导致一个安全问题，浏览者很容易猜测出网站的目录结构，也就容易对网站实施攻击。所以在设计目录结构的时候，尽量避免目录名和栏目

（微课版）

名完全一致，可以采用数字、字母、下画线等组合的方式来提高目录名的猜测难度。

四、创建本地站点

在开始制作网页之前，最好先定义一个新站点，这是为了更好地利用站点对文件进行管理，也可以尽可能减少错误，如链接出错、路径出错等。

所谓本地站点，就是本地硬盘中存放远程网站所有文档的地方（文件夹）。简单地说，就是一个文件夹。在这个文件夹里包含了网站中所有用到的文件。通过这个文件夹（站点）对网站进行管理，有次序，一目了然。

创建本地站点有以下两种方法。

方法一 使用 Dreamweaver 的向导创建本地站点。其具体操作步骤如下。

（1）打开 Dreamweaver，在菜单栏中选择【站点】→【新建站点】选项，接着，在弹出来的【站点设置对象】对话框中输入站点的名称，如图 1-21 所示。

（2）单击对话框中的【浏览文件夹】按钮，选择需要设为站点的目录，如图 1-22 所示。

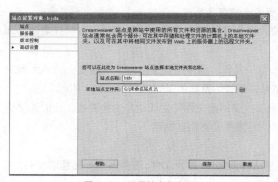
图 1-21 设置站点名称

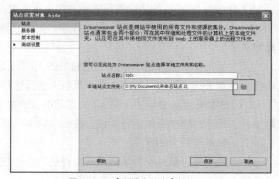
图 1-22 【浏览文件夹】按钮

（3）弹出【选择根文件夹】对话框，选择需要设为根目录的文件夹，然后单击【打开】按钮。

（4）单击【打开】按钮后，将会打开该文件夹，单击【选择】按钮，如图 1-23 所示。

（5）返回【站点设置对象】对话框，本地站点文件夹已设定为选择的文件夹，在对话框中单击【保存】按钮，完成本地站点的创建，如图 1-24 所示。

图 1-23 选择文件夹

图 1-24 完成站点设置

（6）本地站点创建完成，在【文件】面板中的【本地文件】窗口中会显示该站点的根目录，如图 1-25 所示。

（7）本地站点创建完成后，需要在站点中创建文件夹和文件。

图 1-25　站点根目录

在【文件】面板中创建文件夹和文件最简便的操作方法：单击鼠标右键，在弹出的快捷菜单中选择【新建文件夹】或【新建文件】命令，然后输入新的文件夹或文件名即可，如图 1-26 所示。

（8）在站点中已创建完成的文件夹和文件如图 1-27 所示。

图 1-26　在站点中创建文件夹和文件

图 1-27　在站点中已创建完成的文件夹和文件

方法二　直接在本地硬盘下创建本地站点

在本地硬盘上（如：C、D、E、F 盘下）建立一个用来存放站点的文件夹，并且命名，名称用字母表示。这个文件夹就是本地站点的根目录。这个站点可以是空的，也可以是非空的。

【操作准备】

（1）创建所需的文件夹，复制所需的资源到桌面上。即：在本地硬盘（例如 D 盘）中创建一个文件夹"网页设计与制作练习 Unit01"，然后将光盘中的"start"文件夹中"Unit01"文件夹中的"Unit01 课程资源"文件夹所有内容复制到桌面上。

（2）安装 Dreamweaver。

（3）启动 Dreamweaver。

单击【开始】→【程序】→【Adobe Dreamweaver】菜单命令即可启动 Dreamweaver。

（4）在桌面上安装谷歌浏览器（Google Chrome）、火狐浏览器。

【模仿训练】

任务 1.1　创建北京大学网站站点并浏览网页

本单元"模仿训练"的任务卡如表 1.1 所示。

本单元"模仿训练"的任务跟踪卡如表 1.2 所示。

表 1.1　单元 1"模仿训练"任务卡

任务编号	1.1	任务名称	创建北京大学网站站点并浏览网页
网页主题	北京大学	计划工时	
任务描述	（1）通过赏析网页认识浏览器窗口的基本组成、认识网页的基本组成元素、认识网页的布局结构 （2）通过分析网页了解网页的相关概念和术语		
任务实现流程分析	教师引导赏析网页→学生分组浏览指定的网站→分析网页的结构、色彩和组成元素→教师点评		

表 1.2 单元 1 "模仿训练" 任务跟踪卡

任务编号	开始时间	完成时间	计划工时	实际工时	当前状态

任务 1.1.1 分析北京大学站点的目录结构

〖任务描述〗

（1）利用提供的资源，分析北京大学站点的目录结构和组成元素。

（2）了解网站与网页的相关概念。

〖任务实施〗

如图 1-28 所示。

图 1-28 分析北京大学站点的目录结构

微课视频

分析北京大学站点
的目录结构

任务 1.1.2 赏析北京大学网站的首页、列表页和详情页

〖任务描述〗

（1）利用百度网站搜索"北京大学"及有关学校的网站，通过赏析这些页站的首页（index.html）、列表页（list.html）、二级页面和详情页（content.html）、三级页面认识浏览器窗口的基本组成，认识网页的基本组成元素，认识网页的布局结构。

（2）通过赏析经典页面，对网页的构成形成初步印象。

（3）通过分析网页，了解网页的相关概念和术语。

（4）从所浏览的网站中筛选出两个优秀的网站，书写网页赏析报告。

〖任务实施〗

如图 1-29 ~ 图 1-31 所示。

微课视频

赏析北京大学网站
的首页、列表页和
详情页

图 1-29 北京大学网站首页（index.html）

任务 1.1.3 创建北京大学网站的本地站点

〖任务描述〗

创建一个名为"北京大学"的本地站点，如图 1-32 所示。

微课视频

创建北京大学网站
的本地站点

图 1-30　北京大学网站列表页（list.html）

图 1-31　北京大学网站详情页（content.html）

图 1-32　北京大学本地站点包含的文件及内容

〖任务实施〗

　　任务实施步骤参见本单元【预备知识】中"使用 Dreamweaver 的向导创建本地站点"方法。

　　建议使用"记事本"手写代码的方法书写网页和创建站点。

　　【注意】　在实际工作中站点、文件夹和网页文件名称不能以中文命名。

任务 1.1.4　认识 Dreamweaver 的工作界面

〖任务描述〗

　　（1）了解 Dreamweaver 工作界面的基本组成。

　　（2）了解【文件】面板的组成。

　　（3）了解 Dreamweaver 工作界面各个组成部分的主要功能。

〖任务实施〗

　　如图 1-33 所示。

微课视频

认识 Dreamweaver
的工作界面 1

微课视频

认识 Dreamweaver
的工作界面 2

微课视频

认识 Dreamweaver
的工作界面 3

图 1-33　Dreamweaver 的工作界面

1. 认识 Dreamweaver 的标题栏

标题栏用于显示网页文档的路径和名称。

2. 认识 Dreamweaver 的菜单栏

Dreamweaver 的菜单栏包含 10 类菜单：文件、编辑、查看、插入、修改、格式、命令、站点、窗口和帮助。

3. 认识 Dreamweaver 的【文档】工具栏

【文档】工具栏中包含用于切换文档窗口视图的"代码""拆分""设计""实时视图"按钮和一些常用功能按钮。

4. 认识 Dreamweaver 的【标准】工具栏

【标准】工具栏中包含网页文档的基本操作按钮，如新建、打开、保存、剪切、复制、粘贴等按钮。

5. 认识 Dreamweaver 的"文档"窗口

【文档】窗口也称为文档编辑区，该窗口所显示的内容可以是代码、网页，或者两者的共同体。用户可以在文档工具栏中单击【代码】【拆分】或者【设计】按钮，切换窗口视图。

6. 认识 Dreamweaver 的"插入"面板

利用"插入"工具栏可以快速插入多种网页元素，例如图像、动画、表格、DIV 标签、超级链接、表单和表单控件等。

7. 认识 Dreamweaver 的【属性】面板

【属性】面板用于查看和更改所选取的对象或文本的各种属性，每个对象有不同的属性。【属性】面板比较灵活，它随着选择对象不同而改变，例如当选择一幅图像，【属性】面板上将出现该图像的对应属性。如果选择了表格则【属性】面板会显示对应表格的相关属性。

8. 认识 Dreamweaver 的面板组

Dreamweaver 包括多个面板，这些面板都有不同的功能，将它们叠加在一起便形成了面板组。面板组主要包括【插入】面板、【CSS】面板、【AP 元素】面板、【标签检查器】面板、【文件】面板、【资源】面板和【代码片断】面板等。

9. 认识 Dreamweaver 的【文件】面板

网站是多个网页、图像、动画、程序等文件有机联系的整体，要有效地管理这些文件及其联系，需要有一个有效的工具，【文件】面板便是这样的工具。

10. 认识 Dreamweaver 的标签选择器

在文档窗口底部的状态栏中，显示环绕当前选定内容标签的层次结构，单击该层次结构中的任何标签，可以选择该标签及网页中对应的内容。

任务 1.1.5　打开与保存网页文档 index.html

〖任务描述〗

（1）启动 Dreamweaver，打开一个网页文档 index.html。

（2）浏览网页 index.html。

（3）保存对网页 index.html 的修改。

（4）关闭网页 index.html。

〖任务实施〗

1. 打开网页文档 index.html

2. 浏览网页

在 Dreamweaver 主窗口中浏览网页的方法有以下 3 种。

微课视频

打开与保存网页
文档 index

（1）按＜F12＞快捷键。

（2）选择菜单【文件】→【在浏览器中预览】→【IExplore】。

（3）单击【文档】工具栏中【在浏览器中预览/调试】按钮，在弹出的快捷菜单中单击【预览在 IExplore】按钮。

3. 保存网页文档

保存网页文档的方法主要有以下 3 种。

（1）单击【标准】工具栏中的【保存】按钮或者【全部保存】按钮。

（2）在 Dreamweaver 主窗口的选择命令【文件】→【保存】或者【保存全部】。

（3）按组合键＜Ctrl+S＞。

4. 关闭网页文档

在 Dreamweaver 主窗口中，如果需要关闭打开的网页文档，选择命令【文件】→【关闭】或者【全部关闭】即可。如果页面尚未保存，则会弹出一个对话框，确认是否保存。

任务 1.1.6　在浏览器中浏览网页 index.html

〖任务描述〗

（1）认识浏览器窗口的基本组成。

（2）认识网页的基本组成元素。

（3）认识网页的布局结构。

〖任务实施〗

1. 认识浏览器窗口的基本组成

浏览器窗口由网页标题、标准按钮、地址栏、网页和状态栏等部分组成。

2. 认识网页的基本组成元素

（1）文本。

文本是网页传递信息的主要元素，不仅传输速度快，而且可以根据需要对其字体、大小、颜色、底纹、边框等属性进行设置，设置得风格独特的网页文本会给浏览者带来赏心悦目的感受。

（2）图像。

丰富多彩的图像是美化网页必不可少的元素，用于网页上的图像一般为 JPG 格式和 GIF 格式，即以.jpg 和.gif 为扩展名的图像文件。

（3）动画。

动画是网页中最活跃的元素，创意出众、制作精致的动画是吸引浏览者眼球有效方法之一，目前网页中经常使用 SWF 动画和 GIF 图片。

（4）超级链接。

超级链接是 Web 网页的主要特色，是指从一个网页指向另一个目的端的链接。

（5）导航栏。

导航栏是一组超链接的集合，用来指引用户跳转到某一页面或内容的链接入口，可方便地浏览网页。

（6）表单。

表单是用来接收用户在浏览器端输入的信息，然后将这些信息发送到服务器端，服务器的程序对数据进行加工处理，这样可以实现一些交互作用的网页。

（7）网站的 Logo。

Logo 是网站的标志、名片，例如搜狐网站的狐狸标志。如同商标一样，Logo 是网站特色和内涵的集中体现。

（8）视频。

在网页中插入视频文件将会使网页变得更加精彩而富有动感。常用的视频文件格式有 FLV、RM、AVI 等。

微课视频

在浏览器中浏览
网页 index

（9）其他元素。

网页中除了上述这些最基本的构成元素，还包括横幅广告、字幕、计数器、音频等其他元素，它们不仅能点缀网页，而且在网页中起到十分重要的作用。

3. 认识网页的布局结构

网站的布局实质上也就是网站的版式，通常有上下型、上中下型、左右型、左中右型等几种，中部通常分为左右区块、左中右区块等多种布局。

目前，大部分网站一般使用表格和 DIV+CSS 两种方式进行布局。

【拓展训练】

任务 1.2　创建绿色食品网站站点并浏览网页

网站效果如图 1-34～图 1-36 所示。

图 1-34　绿色食品网站首页（index.html）

图 1-35　绿色食品网站列表页（list.html）

图 1-36　绿色食品网站详情页（content.html）

本单元"拓展训练"的任务卡如表 1.3 所示。

表 1.3　单元 1"拓展训练"任务卡

任务编号	1.2	任务名称	创建绿色食品网站点并浏览网页	
网页主题	绿色食品		计划工时	
拓展训练 任务描述	（1）创建本地站点 （2）分组浏览指定网站的主页等 （3）小组成员讨论分析所浏览网页的主要组成元素、布局结构、色彩特点等 （4）小组成员口述所浏览网页的主要组成元素、布局结构、色彩特点			

本单元"拓展训练"的任务跟踪卡如表 1.4 所示。

表 1.4　单元 1"拓展训练"任务跟踪卡

任务编号	开始时间	完成时间	计划工时	实际工时	当前状态

【单元小结】

本单元通过赏析网页，认识了网页和网站、浏览器窗口的基本组成、网页的基本组成元素和网页的布局结构，熟悉了 Dreamweaver 的工作界面，学会了创建本地站点和管理本地站点的方法，对制作网页的常用软件和网页的基本概念有了初步了解。

【单元习题】

一、单选题

1. HTML 指的是（　　　　）。

　　A. 超文本标记语言（Hyper Text Markup Language）

　　B. 家庭工具标记语言（Home Tool Markup Language）

　　C. 超链接和文本标记语言（Hyperlinks and Text Markup Language）

2. Web 标准的制定者是（　　　　）。

　　A. 微软公司（Microsoft）　　　　B. 万维网联盟（W3C）　　　　C. 网景公司（Netscape）

3. 关于 W3C 标准，下列说法错误的是（　　　　）。

　　A. W3C 标准是由 W3C 组织制定的一系列 Web 标准

　　B. *.htm,<SPAN>,<p>是符合 W3C 标准规范的书写方式

　　C. W3C 标准主要包括 XHTML、CSS、DOM 和 ECMAScript 标准

　　D. W3C 提倡内容与表现分离的 Web 结构

4. 以下关于 HTML 和 XHTML 的说法正确的是（　　　　）。

　　A. 在 HTML 和 XHTML 中，即使是空元素的标签也必须封闭

　　B. 在 XHTML 中，属性值可以写成<input disabled>的形式

　　C. 在 XHTML 中，不允许将结构标签置于内容标签内部

　　D. 在 HTML 和 XHTML 中，标签必须严格嵌套

二、判断题

1. 目前，在 Internet 上应用最为广泛的服务是 WWW 服务。　　　　　　　　　　　（　　　）

2. 动态网页就是网页中有许多多媒体元素和一些动的效果，使用户感觉页面非常有活力。（　　　）

3. 在一个 Web 站点中，每一个网页都有唯一的网址。　　　　　　　　　　　　　　（　　　）

4. URL 的含义是：信息资源的网络地址的统一描述方法。　　　　　　　　　　　　（　　　）

5. 域名中的 gov、cn 分别表示政府和中国。　　　　　　　　　　　　　　　　　　（　　　）

Project

2

单元 2
网站项目开发环境搭建

【教学导航】

教学目标	（1）熟悉手册的基本界面，能灵活使用手册查询相关内容和自我学习 （2）熟悉编辑器（Sublime Text）的工作界面 （3）熟悉网页的文档结构 （4）能定义网页的文件信息 （5）能熟练地使用创建好的网页骨架 （6）了解网页文件头内容的设置方法 （7）掌握谷歌浏览器审查元素的方法
本单元重点	（1）手册查询 （2）创建网页骨架 （3）谷歌浏览器"审查元素"功能的使用
本单元难点	（1）创建网页骨架 （2）设置网页文件头内容 （3）谷歌浏览器"审查元素"功能的使用
教学方法	任务驱动法、分组讨论法

【本单元单词】

1. object ['ɒbdʒɪkt] 对象
2. embed [ɪm'bed] 把……嵌入
3. link [liŋk] 链接
4. style [staɪl] 风格，类型
5. CSS（Cascading Style Sheets）层叠样式表
6. header ['hedə] 标头
7. horizontal rule 水平线

8. refresh [rɪ'freʃ] 刷新
9. content [kən'tent] 内容，目录
10. paragraph ['pærəgrɑːf] 段落
11. strict [strɪkt] 严格的
12. transitional [træn'sɪʃənl] 过渡的
13. frameset [ˈfreɪmiːset] 框架集
14. DTD（Document Type Definition）文档类型定义

【预备知识】

HTML 入门

2.1 HTML 文档基本格式、HTML 标记及其属性、头部标记

2.1.1 认识 HTML 文档基本格式

学习任何一门语言，都要首先掌握它的基本格式，就像写信需要符合书信的格式要求一样。HTML 也不例外，同样需要遵从一定的规范。

使用 Dreamweaver 新建默认文档时会自带一些源代码，代码如下所示。

```
<!DOCTYPE html PUBLIC "-//W3C//DTD XHTML 1.0 Transitional//EN"
 "http://www.w3.org/TR/xhtml1/DTD/xhtml1-transitional.dtd">
<html xmlns="http://www.w3.org/1999/xhtml">
   <head>
       <meta http-equiv="Content-Type" content="text/html; charset=utf-8" />
       <title>无标题文档</title>
   </head>
   <body>

   </body>
</html>
```

这些源代码构成了 HTML 文档的基本格式，其中主要包括<!DOCTYPE>文档类型声明、<html>根标记、<head>头部标记、<body>主体标记。

<!DOCTYPE>标记位于文档的最前面，用于向浏览器说明当前文档使用哪种 HTML 或 XHTML 标准规范。该标签可声明 3 种 DTD 类型，分别表示严格版本、过渡版本以及基于框架的 HTML 文档。

<html>标记标志着 HTML 文档的开始，</html>标记标志着 HTML 文档的结束。

<head>标记用于定义 HTML 文档的头部信息，也称为头部标记。

<body>标记用于定义 HTML 文档所要显示的内容，也称为主体标记。

最重要的 4 个 HTML 标记：<html>、<head>、<title>和<body>已经简要介绍过了。下面，我们将学习 HTML 的基本标记。

2.1.2　HTML 标记及其属性

在 HTML 页面中，带有"<>"符号的元素被称为 HTML 标记，HTML 标记要有语义性。HTML 标记可以分为单标记、双标记、注释标记。

一、单标记

单标记也称空标记，是指用一个标记符号即可完整地描述某个功能的标记。其基本语法格式如下：

```
< 标记名 />
```

例如代码：

```
<hr />
```

二、双标记

双标记也称体标记，是指由开始和结束两个标记符组成的标记。其基本语法格式如下：

```
<标记名>内容</标记名>
```

例如代码：

```
<h2>中国禁止进口洋垃圾 美国恐慌：放废金属一马</h2>
```

三、注释标记

如果需要在 HTML 文档中添加一些便于阅读和理解但又不需要显示在页面中的注释文字，就需要使用注释标记。其基本语法格式如下：

```
<!-- 注释语句 -->
```

浏览器窗口只显示普通的段落文本，而不会显示注释文本。

2.1.3　头部标记

制作网页时，经常需要设置页面的基本信息，如页面的标题、作者、和其他文档的关系等。为此 HTML 提供了一系列的标记，这些标记通常都写在 head 标记内，因此被称为头部相关标记。

一、设置页面标题标记<title>

<title>标记用于定义 HTML 页面的标题，即给网页取一个名字，必须位于<head>标记之内。一个 HTML

文档只能含有一对\<title>\</title>标记，\<title>\</title>之间的内容将显示在浏览器窗口的标题栏中。其基本语法格式如下：

```
<title>网页标题名称</title>
```

二、定义页面元信息标记\<meta />

\<meta />标记用于定义页面的元信息，可重复出现在\<head>头部标记中，在 HTML 中是一个单标记。\<meta />标记本身不包含任何内容，通过"名称/值"的形式成对地使用其属性可定义页面的相关参数，例如为搜索引擎提供网页的关键字、作者姓名、内容描述，以及定义网页的刷新时间等。

下面介绍\<meta />标记常用的几组设置，具体如下：

```
<meta name="名称" content="值" />
```

在\<meta>标记中使用 name/content 属性可以为搜索引擎提供信息，其中 name 属性提供搜索内容名称，content 属性提供对应的搜索内容值。

```
<meta http-equiv="名称" content="值" />
```

在\<meta>标记中使用 http-equiv/content 属性可以设置服务器发送给浏览器的 HTTP 头部信息，为浏览器显示该页面提供相关的参数。其中，http-equiv 属性提供参数类型，content 属性提供对应的参数值。

其中 http-equiv 属性的值为 refresh，content 属性的值为数值和 url 地址，中间用";"隔开，用于指定在特定的时间后跳转至目标页面，该时间默认以秒为单位。

三、引用外部文件标记\<link>

一个页面往往需要多个外部文件的配合，在\<head>中使用\<link>标记可引用外部文件，一个页面允许使用多个\<link>标记引用多个外部文件。其基本语法格式如下：

```
<link 属性="属性值" />
```

例如，使用\<link>标记引用外部 CSS 样式表：

```
<link rel="stylesheet" type="text/css" href="style.css" />
```

上面的代码，表示引用当前 HTML 页面所在文件夹中，文件名为"style.css"的 CSS 样式表文件。

四、内嵌样式标记\<style>

\<style>标记用于为 HTML 文档定义样式信息，位于\<head>头部标记中，其基本语法格式如下：

```
<style 属性="属性值">样式内容</style>
```

在 HTML 中使用 style 标记时，常常定义其属性为 type，相应的属性值为 text/css，表示使用内嵌式的 CSS 样式。

2.2 标题段落标记、文本样式标记

2.2.1 标题段落标记

一篇结构清晰的文章通常都有标题和段落，HTML 网页也不例外，为了使网页中的文字有条理地显示出来，HTML 提供了相应的标记。

一、标题标记

为了使网页更具有语义化，我们经常会在页面中用到标题标记，HTML 提供了 6 个等级的标题，即\<h1>、\<h2>、\<h3>、\<h4>、\<h5>和\<h6>，从\<h1>到\<h6>重要性递减。其基本语法格式如下：

```
<hn align="对齐方式">标题文本</hn>
```

该语法中 n 的取值为 1 到 6，align 属性为可选属性，用于指定标题的对齐方式。接下来通过一个简单的案例说明标题标记的使用，主体代码如下所示：

```
......
<body>
    <h1>1 级标题</h1>
```

```
    <h2>2 级标题</h2>
    <h3>3 级标题</h3>
    <h4>4 级标题</h4>
    <h5>5 级标题</h5>
    <h6>6 级标题</h6>
</body>
......
```

运行上述代码，效果如图 2-1 所示。

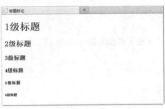

图 2-1　标题标记

从图 2-1 可以看出，默认情况下标题文字是加粗左对齐的，并且从<h1>到<h6>字号递减。

二、段落标记

在网页中要把文字有条理地显示出来，离不开段落标记，就如同我们平常写文章一样，整个网页也可以分为若干个段落，而段落的标记就是<p>。其基本语法格式如下：

```
<p align="对齐方式">段落文本</p>
```

该语法中 align 属性为<p>标记的可选属性，和标题标记<h1>~<h6>一样，同样可以使用 align 属性设置段落文本的对齐方式。

<p>是 HTML 文档中最常见的标记，默认情况下，文本在一个段落中会根据浏览器窗口的大小自动换行。

了解了段落标记之后，接下来通过一个案例来演示段落标记<p>的用法和其对齐方式，主体代码如下所示：

```
......
<body>
    <p>这是    第一个段落。</p>
    <p>这是    第二个段落。</p>
    <p>这是    第三个段落。</p>
    <p align="left">段落一</p>
    <p align="center">段落二</p>
    <p align="right">段落三</p>
</body>
......
```

运行以上代码，效果如图 2-2 所示。

图 2-2　段落标记 01

从图 2-2 容易看出，通过使用<p>标记，每个段落都会单独显示，并在段落之间设置了一定的间隔距离。值得注意的是，段落中无论几个空格，其结果只有一个空格的间隙。这与在 Word 中的使用方法不太一样。其原因是：浏览器忽略了源代码中的排版（省略了多余的空格和换行）。

为了让初学者对其更好地理解，再举例如下：

```
......
<body>
    <h1>春晓</h1>

    <p>
        春眠不觉晓，
            处处闻啼鸟。
                夜来风雨声，
                    花落知多少。
    </p>

    <p>注意，浏览器忽略了源代码中的排版（省略了多余的空格和换行）。</p>
</body>
......
```

运行以上代码，效果如图 2-3 所示。

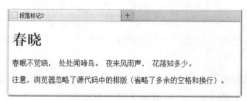

图 2-3　段落标记 02

三、水平线标记<hr />

在网页中常常看到一些水平线将段落与段落之间隔开，使得文档结构清晰，层次分明。在 HTML 中，水平线标记是<hr />，它是一个自闭合标记。hr，指的是 horizon（水平线）。

这些水平线可以通过插入图片实现，也可以简单地通过标记来完成，<hr />就是创建横跨网页水平线的标记。其基本语法格式如下：

```
<hr 属性="属性值" />
```

接下来通过一个案例来演示水平线标记<hr />的用法，主体代码如下所示。

```
......
<body>
    <h3>静夜思</h3>
    <p>床前明月光，疑是地上霜。</p>
    <p>举头望明月，低头思故乡。</p>
    <hr/>
    <h3>春晓</h3>
    <p>春眠不觉晓，处处闻啼鸟。</p>
    <p>夜来风雨声，花落知多少。</p>
</body>
......
```

运行以上代码，效果如图 2-4 所示。

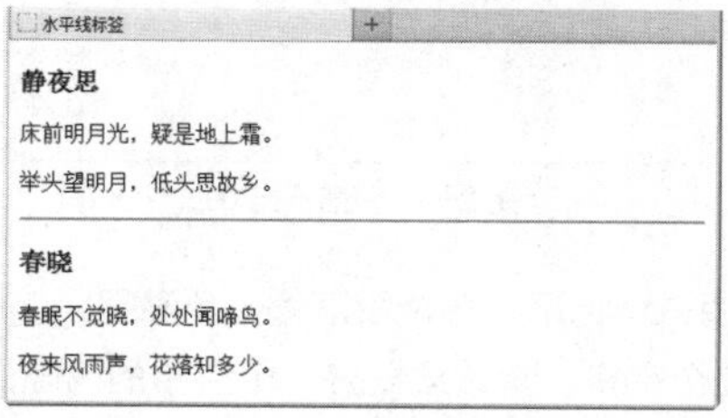

图 2-4　水平线标签

四、换行标记

在 HTML 中，一个段落中的文字会从左到右依次排列，直到浏览器窗口的右端，然后自动换行。如果希望某段文本强制换行显示，就需要使用换行标记
，这时如果还像在 Word 中直接敲回车键换行就不起作用了。

了解了换行标记之后，接下来通过一个案例来演示换行标记
的用法，主体代码如下所示：

```
......
<body>
    <p>这个<br />段落<br/>演示了换行的效果</p>
</body>
......
```

运行以上代码，效果如图 2-5 所示。

图 2-5　换行标记

2.2.2　文本样式标记

多种多样的文字效果可以使网页变得更加绚丽，为此 HTML 提供了文本样式标记<font>，用来控制网页中文本的字体、字号和颜色。其基本语法格式如下：

```
<font 属性="属性值">文本内容</font>
```

该语法中<font>标记常用的属性有三个，分别是 face、color 和 size。

了解了<font>标记的基本语法和常用属性，接下来通过一个案例来演示<font>标记的用法和效果，主体代码如下所示：

```
......
<body>
    <h2 align="center">使用 font 标记设置文本样式</h2>
    <p>我是默认样式的文本</p>
    <p><font size="2" color="blue">我是 2 号蓝色文本</font></p>
    <p><font size="5" color="red">我是 5 号红色文本</font></p>
    <p><font face="微软雅黑" size="7" color="green">我是 7 号绿色文本，我的字体是微软雅黑哦</font></p>
</body>
......
```

运行上述代码，效果如图 2-6 所示。

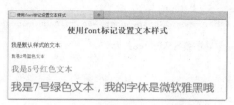

图 2-6　使用 font 标记设置文本样式

【注意】　以上多种多样的文字效果虽然可以通过设置文本样式标记<font>的属性值来实现，但网页的表现形式主要是通过 CSS 来表现，所以，学习者对该内容仅有所了解即可。

理论上，任何的 HTML 页面都能够通过 CSS 修葺来达到您想要的效果。

2.3　文本格式化标记、特殊字符标记

2.3.1　文本格式化标记

在网页中，有时需要为文字设置粗体、斜体或下画线效果，为此 HTML 准备了专门的文本格式化标记，

使文字以特殊的方式显示。常用的文本格式化标记如下所示。

标记	显示效果
\\和\\	文字以粗体方式显示（XHTML 推荐使用 strong）
\<i>\</i>和\\	文字以斜体方式显示（XHTML 推荐使用 em）
\<s>\</s>和\<del>\</del>	文字以加删除线方式显示（XHTML 推荐使用 del）
\<u>\</u>和\<ins>\</ins>	文字以加下画线方式显示（XHTML 不赞成使用 u）

了解了常用的文本格式化标记，接下来，我们通过一个案例来演示其中某些标记的效果，代码如下所示：

```
......
<body>
    <p>我是正常显示的文本</p>
    <p><b>我是使用 b 标记加粗的文本</b>，<strong>推荐使用 strong 加粗</strong></p>
    <p><i>我是使用 i 标记倾斜的文本</i>，<em>推荐使用 em 斜体文本</em></p>
    <p><u>我是 u 带下画线文本</u>，不建议使用</p>
    <p><s>我是 s 带删除线文本</s>，<del>推荐使用 del 带删除线文本</del></p>
</body>
......
```

运行上述代码，效果如图 2-7 所示。

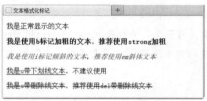

图 2-7　文本格式化标记

2.3.2　特殊字符标记

浏览网页时常常会看到一些包含特殊字符的文本，如数学公式、版权信息等。那么如何在网页上显示这些包含特殊字符的文本呢？其实 HTML 早想到了这一点，HTML 为这些特殊字符准备了专门的替代代码。

接下来通过一个案例来演示其中某些标记的效果，主体代码如下所示：

```
......
<body>
    敲空格 真的不管用！<br />
    使用空格符            可以实现空
白字符效果！<br />
    上一行代码中我们使用了&lt;br /&gt;换行标记。<br />
    &copy;Itcast.cn 版权所有
</body>
......
```

运行上述代码，效果如图 2-8 所示。

从图 2-8 中容易看出，像在 Word 中一样敲空格键，无论敲出多少空格都只能实现一个字符的空白，而使用"\ "空格符却可以实现想要的空白字符效果。

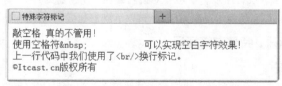

图 2-8　特殊字符标记

2.4　常用图像格式、图像标记、相对路径和绝对路径

2.4.1　常用图像格式

网页中图像太大会造成载入速度缓慢，太小又会影响图像的质量，所以选择合适的图像格式应用于网页很重要。

目前，网页上常用的图像格式主要有 GIF、JPG 和 PNG 3 种。

2.4.2　图像标记

HTML 网页中任何元素的实现都要依靠 HTML 标记，要想在网页中显示图像就需要使用图像标记，接下来将详细介绍图像标记<img />以及和它相关的属性。

其基本语法格式如下：

```
<img src="图像URL" />
```

该语法中 src 属性用于指定图像文件的路径和文件名，它是 img 标记的必需属性。

为了使初学者更好地理解和应用这些属性，接下来对它们进行详细地讲解，具体如下。

一、图像的替换文本属性 alt

由于一些原因，图像可能无法正常显示，比如网速太慢，浏览器版本过低等。因此为页面上的图像加上替换文本是个很好的习惯，在图像无法显示时告诉用户该图片的内容。

二、图像的宽度、高度属性 width 和 height

通常情况下，如果不给<img />标记设置宽和高，图片就会按照它的原始尺寸显示，当然也可以手动更改图片的大小。width 和 height 属性用来定义图片的宽度和高度，通常我们只设置其中的一个，另一个会按原图等比例显示。如果同时设置两个属性，且其比例和原图大小的比例不一致，显示的图像就会变形或失真，这种同时设置两个属性的做法是应该杜绝的。

三、图像的边框属性 border

默认情况下图像是没有边框的，通过 border 属性可以为图像添加边框、设置边框的宽度，但边框颜色的调整仅仅通过 HTML 属性是不能够实现的。

了解了图像的宽度、高度以及边框属性，接下来使用这些属性对图像进行一些修饰，主体代码如下所示：

```
......
<body>
    <img src="yjx.jpg" alt="郁金香"/>
    <img src="images/yjx.jpg" width="100" border="15" />
    <img src="images/yjx.jpg" width="120" height="120" />
    <p>通过改变 img 标签的 "height" 和 "width" 属性的值，您可以放大或缩小图像。</p>
</body>
......
```

运行上述代码，效果如图 2-9 所示。

图 2-9　图像标记

从图 2-9 中容易看出，第 1 个图像显示为原尺寸大小，但由于图像路径不对，而显示图像的替换文本属性。第 2 个 img 标记由于仅设置了宽度按原图像等比例显示，并添加了边框效果。第 3 个 img 标记则由

于设置了不等比例的宽度和高度导致图片变形了。

四、图像的边距属性 vspace 和 hspace

在网页中，由于排版需要，有时候还需要调整图像的边距。HTML 中通过 vspace 和 hspace 属性可以分别调整图像的垂直边距和水平边距。

五、图像的对齐属性 align

图文混排是网页中很常见的效果，默认情况下图像的底部会相对于文本的第一行文字对齐。但是在制作网页时经常需要实现其他的图像和文字环绕效果，例如图像居左文字居右等，这就需要使用图像的对齐属性 align。

2.4.3　相对路径和绝对路径

实际工作中，通常新建一个文件夹专门用于存放图像文件，这时再插入图像，就需要采用"路径"的方式来指定图像文件的位置。

一、绝对路径

绝对路径一般是指带有盘符的路径或完整的网络地址，

例如"D:\HTML+CSS 网页制作\chapter02\img\logo.gif"。

网页中不推荐使用绝对路径，因为网页制作完成之后我们需要将所有的文件上传到服务器，这时图像文件可能在服务器的 C 盘，也有可能在 D 盘、E 盘，可能在 aa 文件夹中，也有可能在 bb 文件夹中。也就是说，很有可能不存在"D:\HTML+CSS 网页制作\chapter02\img\logo.gif"这样一个路径。

二、相对路径

相对路径不带有盘符，通常是以 HTML 网页文件为起点，通过层级关系描述目标图像的位置。

一个网站中通常会用到很多图像，为了方便查找，有时还需要对图像进行分类，即将图像放在不同的文件夹中。

总结起来，相对路径的设置分为以下 3 种。

（1）图像文件和 HTML 网页文件位于同一文件夹：只需输入图像文件的名称即可，如<img src="yjx.jpg" />。

（2）图像文件位于 HTML 网页文件的下一级文件夹：输入文件夹名和文件名，之间用"/"隔开，如<img src="images/yjx.jpg" />。

（3）图像文件位于 HTML 网页文件的上一级文件夹：在文件名之前加入"../"，如果是上两级，则需要使用"../ ../"，以此类推，如<img src="../yjx.jpg" />。

2.5　<div>和<span>标记

一、<div></div>标记

<div></div>表示一块可显示 HTML 的容器或区域，用于把文档划分为若干部分。

常用格式为

```
<div align = 对齐方式 id = 名称 style = 样式 class = 类名 nowrap>……</div>
```

其中，对齐方式可以为 center、left 和 right，id 用于定义本 div 区域的名称，它用在动态网页编程中，这里暂时不需要。style 用于定义样式，class 用于赋予类名，nowrap 说明不能折行，默认是不加 nowrap，也就是可以折行。

<div>在样式表（CSS）的应用方面特别有用，这里我们先知道有这个标记即可。

二、<span></span>标记

<span></span>用于定义内嵌的文本容器或区域，格式为

```
<span id = 名称 style = 样式 class = 类名>……</span>
```

它的各属性的意义和<div>标记类似，不再多说。<span>标记同样在样式表的应用方面特别有用，它们都用于动态 HTML，将在 CSS 以及 JavaScript 教程中有更深入的讲解。

三、<div>和<span>标记的区别

那么，<div>和<span>标记有什么区别呢？

<span>标记没有 align 属性，它主要用于一个段落、句子甚至单词中，而<div>则用于块级区域的格式化显示。

可以通俗地理解为

· <div></div>表示一块可显示 HTML 的"大"容器。

· <span></span>示一块可显示 HTML 的"小"容器。

2.6　注释标记

HTML 注释，我们经常要在一些代码旁做一些 HTML 注释，这样做的好处很多。比如：方便查找，方便比对，方便项目组里的其他程序员了解你的代码，而且可以方便以后你对自己代码的理解与修改等。

一、HTML 的注释方法

```
<!--注释内容-->
```

包含在"<!--"与"-->"之间的内容将会被浏览器忽略，且不会显示在用户浏览的最终界面中。注释的部分虽然浏览器在执行时会忽略，但在浏览器中查看源代码时仍然可以看到。

下面，举一个简单的例子就理解了，代码如下：

```
<!DOCTYPE html PUBLIC "-//W3C//DTD XHTML 1.0 Transitional//EN"
"http://www.w3.org/TR/xhtml1/DTD/xhtml1-transitional.dtd">
<html xmlns="http://www.w3.org/1999/xhtml">
    <head>
        <meta http-equiv="Content-Type" content="text/html; charset=utf-8" />
        <title>注释标记的使用</title>
    </head>
    <body>
        <!--这是一段注释。注释不会在浏览器中显示。-->
        <p>这是一段普通的段落。</p>
    </body>
</html>
```

浏览器效果如图 2-10 所示。

图 2-10　HTML 的注释方法

二、CSS 的注释方法

CSS 的注释方法与 HTML 注释方法有所不同。CSS 的注释方法如下：

```
<!DOCTYPE html PUBLIC "-//W3C//DTD XHTML 1.0 Transitional//EN"
"http://www.w3.org/TR/xhtml1/DTD/xhtml1-transitional.dtd">
<html xmlns="http://www.w3.org/1999/xhtml">
    <head>
        <meta http-equiv="Content-Type" content="text/html; charset=utf-8" />
        <title>注释标记的使用</title>
        <style type="text/css">
                /* css 注释 */
```

```
        </style>
    </head>
    <body>

    </body>
</html>
```

【操作准备】

（1）创建所需的文件夹，复制所需的资源到桌面上。即：在本地硬盘（例如 D 盘）中创建一个文件夹"网页设计与制作练习 Unit02"，然后将光盘中的"start"文件夹中"Unit02"文件夹中的"Unit02 课程资源"文件夹所有内容复制到桌面上。

（2）安装 Dreamweaver。

（3）启动 Dreamweaver。

单击【开始】→【程序】→【Adobe Dreamweaver】菜单命令即可启动 Dreamweaver。

（4）在桌面上安装谷歌浏览器（Google Chrome）、火狐浏览器。

（5）将"HTML 手册-W3CSchool 线下教程.chm"复制到桌面上。

（6）将"编辑器-SublimeText.exe"复制到桌面上，然后双击进行安装。

【模仿训练】

任务 2.1　北京大学网站项目开发环境搭建

本单元"模仿训练"的任务卡如表 2.1 所示。

表 2.1　单元 2"模仿训练"任务卡

任务编号	2.1	任务名称	北京大学网站项目开发环境搭建
网页主题	北京大学	计划工时	
任务描述	（1）认识手册（HTML 手册-W3CSchool.chm）的使用界面 （2）认识编辑器（Sublime Text）的使用界面 （3）创建 HTML 骨架 （4）使用谷歌浏览器（Google Chrome）审查元素		
任务实现 流程分析	教师引导→学生分组了解手册、浏览器的使用→创建 HTML 骨架→了解使用谷歌浏览器审查元素的方法→教师点评		

本单元"模仿训练"的任务跟踪卡如表 2.2 所示。

表 2.2　单元 2"模仿训练"任务跟踪卡

任务编号	开始时间	完成时间	计划工时	实际工时	当前状态

本单元"模仿训练"网站项目开发环境搭建的效果截图如图 2-11 所示。

图 2-11　网站项目开发环境搭建的效果截图

任务 2.1.1　认识手册（HTML 手册-W3CSchool 线下教程.chm）的使用界面

　　由于 HTML 标签太多，各种属性更是数不胜数，将其全部记忆下来是不现实的，也是无聊的。HTML 手册–W3CSchool 线下教程.chm 手册（以下简称手册）为我们提供了极大的方便，对于标签及其属性，我们只需像字典一样学会查询即可。手册的基本界面如图 2–12 所示。

微课视频

认识手册（HTML 手册-W3CSchool 线下教程.chm）的使用界面

〖任务描述〗

　　（1）了解手册的安装、打开与关闭。

　　（2）了解手册工作界面的基本组成。

　　（3）了解手册【HTML】面板的组成。

图 2–12　手册的基本界面

〖任务实施〗

　　1．手册的安装、打开与关闭

　　将图标复制、粘贴在桌面上，即可完成安装。打开方式："双击"手册图标；关闭方式："单击"关闭按钮。

　　2．认识手册工作界面的基本组成

　　手册水平菜单栏包含有 HTML 在内的七类菜单。

　　例如：要查找 HTML 中包含有哪些标签，方法如图 2–13、图 2–14 和图 2–15 所示。

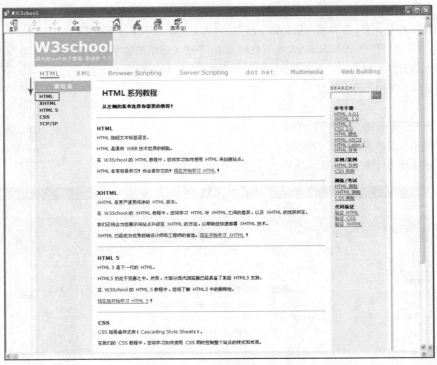

图 2-13　手册的使用方法 01

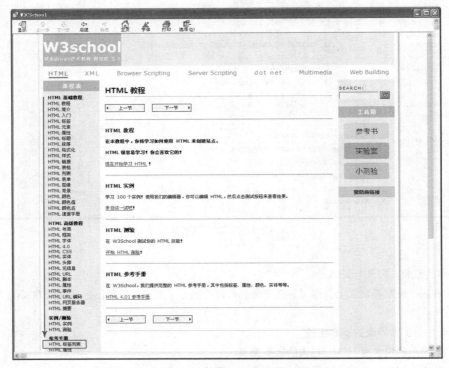

图 2-14　手册的使用方法 02

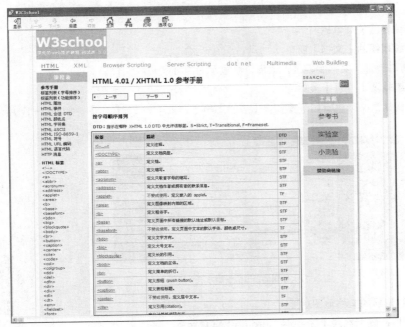

图 2-15　手册的使用方法 03

任务 2.1.2　认识编辑器（Sublime Text）的使用界面

　　由于 HTML 网页文件是纯文本的，如果要编写 HTML 文件，既可以用最简单的文本编辑工具完全手写，例如 Windows 下最简单的"记事本"，也可以用各种高级的文本编辑器如 UltraEdit、Notepad++等，或者使用所见即所得的网页设计软件 Dreamweaver 等。如何使用这些软件不在我们的讨论范围之内，学习者可以参看相关教程或介绍，我们只讲解 HTML 语言本身、并坚持手写代码的方式。

　　笔者认为，学习 HTML 语言是最重要的，掌握好 HTML 语言，可以更好地快速掌握、深入理解其他工具软件的使用，对后续专业课的学习打下良好的基础。

　　我们推荐一个在各大公司中普遍使用的编辑器——Sublime Text。并在后续的课程中一直使用。下面，我们来认识一下这个编辑器。

〖任务描述〗

　　（1）了解编辑器工作界面的基本组成。

　　（2）了解编辑器面板的组成。

　　（3）了解编辑器工作界面各个组成部分的主要功能（界面颜色方案可变），如图 2-16 所示。

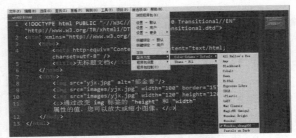

图 2-16　编辑器的配色方案设置方法

〖任务实施〗

（1）认识编辑器的菜单栏。

（2）认识编辑器的【文档】窗口。

【文档】窗口也称为文档编辑区，该窗口所显示的内容是 HTML 代码。

（3）认识编辑器【查看】菜单。

编写网页代码，必须进行如下操作：【查看】→【语法】→【HTML】，如图 2-17 所示。

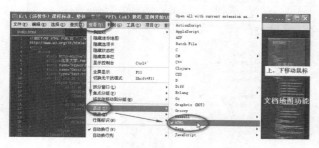

图 2-17　编辑器语法的设置方法

（4）认识编辑器的文档地图功能。

任务 2.1.3　使用谷歌浏览器（Google Chrome）审查元素

〖任务描述〗

（1）了解谷歌浏览器窗口的基本组成，如图 2-18 所示。

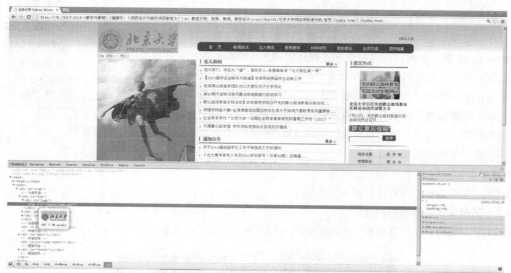

图 2-18　谷歌浏览器"审查元素"功能界面

（2）了解谷歌浏览器"审查元素"功能的使用。

〖任务实施〗

（1）认识谷歌浏览器窗口的基本组成。

（2）认识谷歌浏览器"审查元素"功能的使用。

在谷歌浏览器中，【右键】→【审查元素】，在下方出现"审查元素"窗口。用鼠标指针选中哪个标签代码，其对应的元素即"变蓝"。该元素相应的属性值也在右侧相应显示。具体过程如图 2-19、图 2-20 所示。

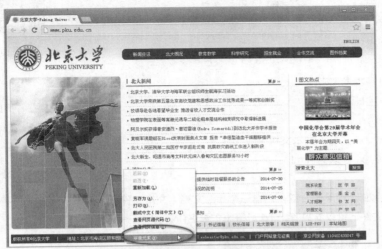

图 2-19　谷歌浏览器"审查元素"的方法 01

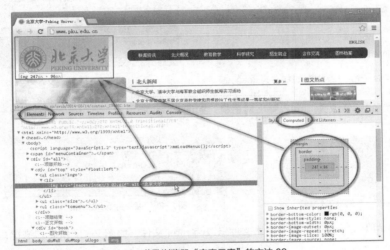

图 2-20　谷歌浏览器"审查元素"的方法 02

任务 2.1.4　创建北京大学网站站点文件夹

　　一个普通的网站往往由多个网页组成，为了不让各个网页分散存放，需要先建立一个站点文件夹。

〖任务描述〗

　　（1）在 D 盘（或 E 盘或 F 盘）新建一个文件夹，即站点文件夹。

　　（2）在站点文件夹下新建一个用于存放图像的文件夹（images）。

〖任务实施〗

　　（1）在 D 盘新建一个文件夹，即站点文件夹，如图 2-21 所示。

　　（2）将新建的站点文件夹的名称修改为 bjdx，如图 2-22 所示。

　　（3）在站点文件夹下新建一个用于存放图像的文件夹（images），如图 2-23 所示。

　　（4）北京大学网站站点文件夹创建完毕。

微课视频

创建北京大学网站
站点文件夹

图 2-21 新建站点文件夹　　　　　　　　　　　图 2-22 修改站点文件夹名称

任务 2.1.5　网页基本骨架搭建

任务 2.1.5.1　创建 HTML 文件

〖任务描述〗

（1）新建一个 txt 文档（文本文档）。

（2）将扩展名 txt 修改为 html。

〖任务实施〗

（1）在桌面空白区域单击右键，创建一个 txt 文档（文本文件），如图 2-24 所示。在新建的文件下可以看见有个 txt 后缀（扩展名），如图 2-25 所示。

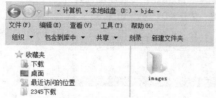

图 2-23 新建一个用于存放图像的文件夹 images　　　图 2-24 新建文本文件的方法

（2）将扩展名 txt 修改为 html，弹出对话框，如图 2-26 所示。

图 2-25 新建的文本文件　　　　　　　图 2-26 重命名提示对话框

（3）单击按钮【是】，就可以将文本文件修改为 html 文件，如图 2-27 所示。这样，该文件就可以被浏览器运行解析了。

但是，有时读者却看不见文件名的后缀。其原因是计算机配置的设置问题。下面介绍如何设置计算机配置，让其可以显示文件名的后缀，方法如下。

（1）双击【我的电脑】，找到【工具】菜单，选择【文件夹选项】，如图 2-28 所示。

图 2-27 将文本文件修改为 html 文件　　　图 2-28 设置显示文件名后缀的操作方法 01

（2）单击【查看】选项卡，滑动下面的选项内容，将【隐藏已知文件类型的扩展名】前面的选中状态去掉，如图 2-29 所示，这样就可以显示文件的后缀了。

（3）最后，将新建的文本文件后缀 txt 修改为 html，就可以修改为网页文件了，而被浏览器识别了。

任务 2.1.5.2　网页骨架标签搭建

〖任务描述〗

（1）将创建好的"新建文本文档.html"文件的文件名修改为"网页骨架.html"。

（2）将该文件拖入到编辑器（Sublime Text）中。

（3）手写代码，输入一个 HTML 文件的基本标签结构。

（4）手写代码，输入"标题"标签及内容。

（5）从手册中复制"文档声明"代码。

（6）到知名网站，复制"关键字"和"网站描述"内容。

（7）将新建的网页文档保存在站点文件夹中。

〖任务实施〗

（1）将任务 2.1.5.1 中创建好的"新建文本文档.html"文件的文件名修改为"网页骨架.html"，如图 2-30 所示。

（2）将该文件拖入到编辑器（Sublime Text）中，如图 2-31 所示。

（3）手写代码，输入一个 HTML 文件的基本标签结构，如图 2-32 所示。代码包括：<html>根标记、<head>头部标记、<body>主体标记。最后单击菜单【文件】，选择【保存】按钮。或者可以使用快捷键<Ctrl+S>来进行快速保存。

图 2-29　设置显示文件名后缀的操作方法 02

图 2-30　修改文件名为"网页骨架.html"

图 2-31　该文件拖入到编辑器（Sublime Text）中

图 2-32　输入一个 HTML 文件的基本结构

在这里要注意，标签一定要一对一对地写，写了开始标签就一定要写结束标签。

【说明】　以上界面的背景色变白，是因为在【首选项】中设置了【配色方案】的缘故。

（4）手写代码，在<head></head>中输入<title>（标题）标签及内容（内容为网页骨架），如图 2-33 所示。

为了理解其输入标题标签及标签内容后的效果，将"网页骨架.html"文件拖入到火狐浏览器中，如图 2-34 所示。可以看出，网页标题变成了乱码。

图 2-33　输入标题标签及标题内容

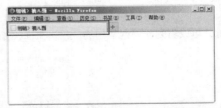

图 2-34　网页骨架.html 在火狐浏览器中的效果 01

为什么会出现乱码的现象呢？原来火狐浏览器默认使用的字符编码为 GB19030。

解决乱码问题的办法是：将火狐浏览器的字符编码设置为 UTF-8。其网页标题就显示成"网页骨架"了，如图 2-35 所示。

【注意】 <title>显示的内容在网页的标签页上，而<body>则显示在网页内容当中。

（5）加入<!DOCTYPE>文档类型声明。

<!DOCTYPE> 标记位于文档的最前面，用于向浏览器说明当前文档使用哪种 HTML 或 XHTML 标准规范。该标签可声明 3 种 DTD 类型，分别表示严格版本、过渡版本以及基于框架的 HTML 文档。

打开手册（w3school 完整版.chm），找到<!DOCTYPE>标签的定义和用法，如图 2-36 所示。

图 2-35　网页骨架.html 在火狐浏览器中的效果 02

图 2-36　!DOCTYPE 标签的定义和用法

往下浏览，可以看到!DOCTYPE 标签的 3 种文档类型，如图 2-37 所示。将 HTML Transitional DTD（过渡版本）文档类型的代码复制到"网页骨架.html"文件中，如图 2-38 所示。

图 2-37　!DOCTYPE 标签的 3 种文档类型

（6）定义页面元信息标记<meta />。

在 IE 浏览器中，打开新浪网的官网（或其他知名网站），在空白处右击，在弹出的菜单中选择【查看源代码】选项，如图 2-39 所示。

图 2-38　加入<!DOCTYPE>文档类型声明的网页骨架文件

图 2-39　新浪网的官网截图

此时，可以看到新浪网官网的源代码页面，如图 2-40 所示。

图 2-40　新浪网官网的源代码页面

分别将 3 个<meta />标签代码复制到"网页骨架.html"文件中，如图 2-41 所示。

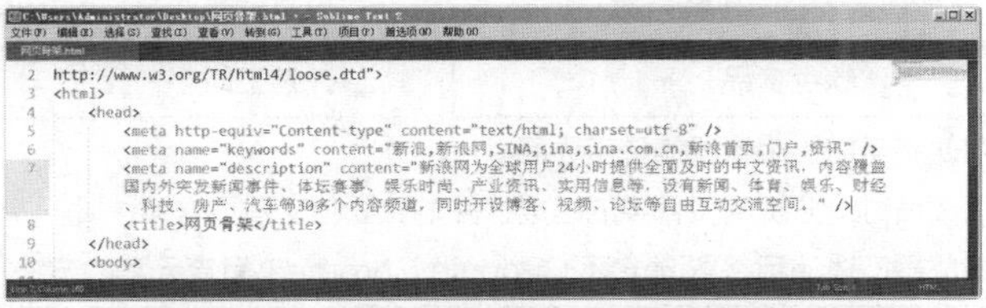

图 2-41　加入页面元信息标记<meta />的网页骨架文件

（7）将新浪官网（或知名网站）中<meta />标签的内容修改为通用的内容，进行保存。这样，就得到了搭建完成的网页骨架文件，如图 2-42 所示。

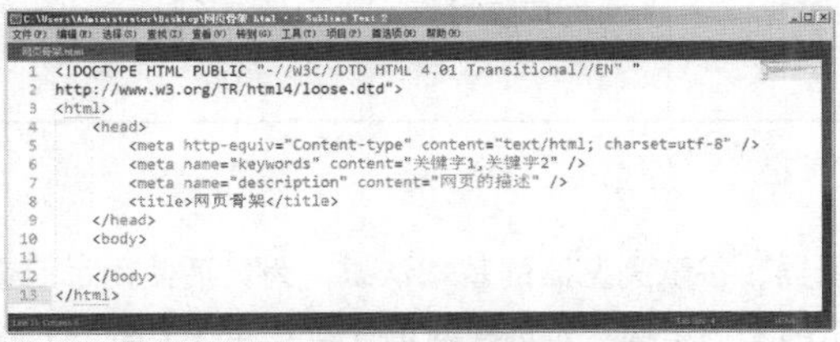

图 2-42　搭建完成的网页骨架文件

"网页骨架.html"的源代码如下：

```
<!DOCTYPE HTML PUBLIC "-//W3C//DTD HTML 4.01 Transitional//EN"
"http://www.w3.org/TR/html4/loose.dtd">
<html>
    <head>
        <meta http-equiv="Content-type" content="text/html; charset=utf-8" />
        <meta name="keywords" content="关键字1,关键字2" />
        <meta name="description" content="网页的描述" />
        <title>网页骨架</title>
    </head>
    <body>

    </body>
</html>
```

（8）将搭建完成的网页骨架文件保存到 bjdx 站点文件夹中，如图 2-43 所示。以后就可以直接使用了。

图 2-43　搭建完成的网站项目开发环境

这样，就创建了北京大学网站站点文件夹，并且完成了网页骨架标签搭建。即完成了网站项目开发环境搭建。

【拓展训练】

任务 2.2　绿色食品网站项目开发环境搭建

本单元"拓展训练"的任务卡如表 2.3 所示。

表 2.3　单元 2"拓展训练"任务卡

任务编号	2.2	任务名称	绿色食品网站项目开发环境搭建	
网页主题	绿色食品		计划工时	
拓展训练 任务描述	（1）分组熟悉手册、编辑器的使用界面 （2）小组成员讨论分析网页骨架的组成、并能独立创建网页骨架 （3）小组成员口述使用谷歌浏览器（Google Chrome）审查元素的方法			

本单元"拓展训练"的任务跟踪卡如表 2.4 所示。

表 2.4　单元 2"拓展训练"任务跟踪卡

任务编号	开始时间	完成时间	计划工时	实际工时	当前状态

【单元小结】

本单元通过对手册、编辑器、谷歌浏览器的基本认识，为灵活使用手册查询相关内容和自我学习打下了良好的基础。并熟悉了网页的文档结构，对创建网页骨架文件有了初步了解。

【单元习题】

一、单选题

1. 网页元素不包括(　　)。
   A. 文字　　　　　　　　　B. 图片　　　　　　　　　C. 界面　　　　　　　　　D. 视频
2. 文本被做成超链接后，鼠标指针移到文本，指针会变成什么形状(　　)。
   A. 手形　　　　　　　　　B. 十字形　　　　　　　　C. 向右的箭头　　　　　　D. 没变化
3. 在 HTML 中，(　　)用来表示特殊字符空格。
   A. "　　　　　　　　B. >　　　　　　　　　C. ©　　　　　　　　D.
4. 在网页中能显示版权符号的选项是(　　)。
   A. 　　　　　　　　B. ©　　　　　　　　C. "　　　　　　　　D. <
5. 在 HTML 中，可以在网页中实现换行的标签是(　　)。
   A. <enter>　　　　　　　　B.
　　　　　　　　C. <hr>　　　　　　　　D. <return>
6. 在下列的 HTML 中，(　　)是最大的标题?
   A. <h6>　　　　　　　　　B. <head>　　　　　　　C. <heading>　　　　　　D. <h1>
7. 以下关于 HTML 中段落标签的说法错误的是(　　)。
   A. 段落标签<p>...</p>必须成对出现，否则报错
   B. 一个段落中可以包含一行文字
   C. 一个段落中可以包含多行文字
   D. 如果一个段落中包含多行文字，文字内容将随浏览器窗口的大小自动换行
8. 在 HTML 中，使用<img>标签插入图像，下列选项关于<img>的 src 属性说法正确的是(　　)。
   A. 用来设置图片文件的格式　　　　　　　　　B. 用来设置图片文件所在的位置
   C. 用来设置鼠标指向图片时显示的文字　　　　D. 用来设置图片周围显示的文字
9. 在 HTML 中，(　　)用来表示特殊字符引号。

   A. "   B. >   C. ©   D.

10. 下面 HTML 代码片段中，符合 XHTML 使用规范的是(　　)。

   A. `<input type="text" value="hello">`   B. `</br>`

   C. `<br />`   D. `<img src=" Welcome.jpg" alt="Welcome">`

11. 在 HTML 中，有效、规范的注释声明是(　　)。

   A. //这是注释   B. `<!--这是--注释-->`

   C. /*这是注释*/   D. `<!--这是注释-->`

12. 以下关于 DIV+CSS 布局的说法正确的是(　　)。

   A. DIV+CSS 布局，具有简洁高效、内容样式分离并且利于改版等特点

   B. DIV+CSS 布局这个概念说明布局过程中全部使用`<div>`标签实现

   C. DIV+CSS 布局不能与表格布局同时使用

   D. DIV+CSS 布局出现以后，其他的布局方式就被淘汰了

二、上机题

1. 请做出以下效果，并在浏览器测试，效果如图 2-44 所示。

该上机题考察的知识点为 HTML 标记、标记的属性。

图 2-44　上机题 2-1

2. 请做出以下效果，并在浏览器测试，效果如图 2-45 所示。

图 2-45　上机题 2-2

该上机题考察的知识点为图像标记`<img />`。

要求如下：图像加边框、图像相对于文字左对齐。

3 Project

单元 3
图文混排网页的制作

【教学导航】

教学目标	（1）学会建立站点目录结构 （2）熟悉使用骨架创建和保存网页文档等基本操作 （3）掌握在网页中输入文字、编辑文本、设置文本属性的操作方法 （4）掌握在网页中输入空格和文本换行的操作方法 （5）掌握在网页中插入特殊字符、水平线、注释和换行的操作方法 （6）掌握在网页中插入图像、设置图像属性的方法 （7）掌握制作图文混排网页的技巧 （8）熟悉 HTML 的基本结构
本单元重点	（1）对网页文档的基本操作 （2）在网页中输入文字、编辑文本和设置文本属性 （3）在网页中输入空格和文本换行 （4）在网页中插入图像、设置图像属性
本单元难点	（1）在网页中插入特殊字符、插入水平线、注释和换行 （2）在网页中插入图像、设置图像属性
教学方法	任务驱动法、分组讨论法

【本单元单词】

1. align [ə'laɪn] 对齐
2. left [left] 左边的
3. center ['sentə] 中心
4. right [raɪt] 右边的
5. top [tɒp] 顶，顶部
6. bottom ['bɒtəm] 底，底部
7. middle ['mɪdl] 中央，中部
8. vertical ['vɜ:tɪkəl] 垂直的
9. horizontal [ˌhɒrɪ'zɒntl] 水平的
10. height [haɪt] 高度
11. width [wɪdθ; wɪtθ] 宽度
12. border ['bɔ:də] 边，边界，边框
13. style [staɪl] 方式，样式

14. repeat [rɪ'pi:t] 重复，复述
15. fixed [fɪkst] 固定的，不变的
16. transparent [træns'pærənt] 透明的
17. uppercase ['ʌpəˌkeɪs] 大写字母
18. underline [ˌʌndə'laɪn] 强调，下画线
19. medium ['mi:diəm] 中等的，中级的
20. alpha ['ælfə] 希腊字母的第一个字母
21. disc [dɪsk] 圆盘，磁盘，唱片
22. square [skweə(r)] 平方，广场
23. decimal ['desɪml] 十进位的，小数的
24. outside [ˌaʊt'saɪd] 在外面，向外面
25. visibility [ˌvɪzə'bɪləti] 可见的

【预备知识】

CSS 入门

3.1 掌握 CSS 样式规则、CSS 样式表的引入方式

3.1.1 CSS 样式规则

一、CSS 样式规则的重要性

使用 HTML 时，需要遵从一定的规范。CSS 亦如此，要想熟练地使用 CSS 对网页进行修饰，首先需要了解 CSS 样式规则，具体格式如下：

选择器{属性 1:属性值 1; 属性 2:属性值 2; 属性 3:属性值 3;}

在上面的样式规则中，选择器用于指定 CSS 样式作用的 HTML 对象，花括号内是对该对象设置的具体样式。其中，属性和属性值以"键值对"的形式出现，属性是对指定的对象设置的样式属性，例如字体大小、文本颜色等。属性和属性值之间用英文":"连接，多个"键值对"之间用英文";"进行区分。所谓键值对，就是可以根据一个键值获得对应的一个值。键值对跟数学中的"一对一"映射关系是一个意思。

二、书写 CSS 样式时需要注意的问题

书写 CSS 样式时，除了要遵循 CSS 样式规则，还必须注意几个问题，具体如下。

• CSS 样式中的选择器严格区分大小写，属性和值不区分大小写，按照书写习惯一般将"选择器、属性和值"都采用小写的方式。

• 多个属性之间必须用英文状态下的分号隔开，最后一个属性后的分号可以省略，但是，为了便于增加新样式最好保留。

• 如果属性的值由多个单词组成且中间包含空格，则必须为这个属性值加上英文状态下的引号。

• 在编写 CSS 代码时，为了提高代码的可读性，通常会加上 CSS 注释。

3.1.2 引入 CSS 样式表的方式

一、引入 CSS 样式表的重要性

要想使用 CSS 修饰网页，就需要在 HTML 文档中引入 CSS 样式表。

二、引入 CSS 样式表的方式

CSS 提供了 4 种引入方式，具体如下。

1. 行内式

行内式也称为内联样式，是通过标记的 style 属性来设置元素的样式，其基本语法格式如下：

<标记名 style="属性 1:属性值 1; 属性 2:属性值 2; 属性 3:属性值 3; "> 内容 </标记名>

该语法中 style 是标记的属性，实际上任何 HTML 标记都拥有 style 属性，用来设置行内式。其中属性和值的书写规范与 CSS 样式规则相同，行内式只对其所在的标记及嵌套在其中的子标记起作用。

接下来通过一个案例来学习如何在 HTML 文档中使用行内式 CSS 样式，具体代码如下：

```
<!DOCTYPE HTML PUBLIC "-//W3C//DTD HTML 4.01 Transitional//EN"
"http://www.w3.org/TR/html4/loose.dtd">
<html>
    <head>
        <meta http-equiv="Content-type" content="text/html; charset=utf-8" />
        <meta name="keywords" content="关键字 1,关键字 2" />
        <meta name="description" content="网页的描述" />
        <title>使用 CSS 行内式</title>
    </head>
    <body>
        <h2 style="font-size:20px; color:red;">使用 CSS 行内式修饰二级标题的字体大小和颜色</h2>
    </body>
</html>
```

运行例程代码，得到效果如图 3-1 所示。

【注意】 行内式也是通过标记的属性来控制样式的，这样并没有做到结构与表现的分离，所以一般很少使用。只有在样式规则较少且只在该元素上使用一次，或者需要临时修改某个样式规则时使用。

图 3-1　使用 CSS 行内式

2. 内嵌式

内嵌式是将 CSS 代码集中写在 HTML 文档的<head>头部标记中，并且用<style>标记定义，其基本语法格式如下：

```
......
<head>
    <style type="text/css">
            选择器 {属性 1:属性值 1; 属性 2:属性值 2; 属性 3:属性值 3;}
    </style>
</head>
......
```

该语法中，<style>标记一般位于<head>标记中<title>标记之后，也可以把它放在 HTML 文档的任何地方。但是由于浏览器是从上到下解析代码的，把 CSS 代码放在头部便于提前被下载和解析，以避免网页内容下载后没有样式修饰带来的尴尬。

接下来通过一个案例来学习如何在 HTML 文档中使用内嵌式 CSS 样式，具体代码如下：

```
<!DOCTYPE HTML PUBLIC "-//W3C//DTD HTML 4.01 Transitional//EN"
"http://www.w3.org/TR/html4/loose.dtd">
<html>
    <head>
......
        <title>使用 CSS 内嵌式</title>
        <style type="text/css">
            h2{ text-align:center;}                          /*定义标题标记居中对齐*/
            p{ font-size:16px; color:red; text-decoration:underline;}
                                                             /*定义段落标记的样式*/
        </style>
    </head>
    <body>
        <h2>内嵌式 CSS 样式</h2>
        <p>使用 style 标记可定义内嵌式 CSS 样式表，style 标记一般位于 head 头部标记中，title 标记之后。</p>
    </body>
</html>
```

运行例程代码，得到效果如图 3-2 所示。

图 3-2　使用 CSS 内嵌式

【注意】 内嵌式 CSS 样式只对其所在的 HTML 页面有效，因此，仅设计一个页面时，使用内嵌式是个不错的选择。但如果是一个网站，不建议使用这种方式，因为它不能充分发挥 CSS 代码的重用优势。

3. 链入式

链入式是将所有的样式放在一个或多个以.css 为扩展名的外部样式表文件中，通过<link />标记将外部样式表文件链接到 HTML 文档中，其基本语法格式如下：

```
......
<head>
    <link href="CSS 文件的路径" type="text/css" rel="stylesheet" />
```

```
</head>
……
```

该语法中，<link />标记需要放在<head>头部标记中，并且必须指定<link />标记的 3 个属性，具体如下。

（1）href：定义所链接外部样式表文件的 URL，可以是相对路径，也可以是绝对路径。

（2）type：定义所链接文档的类型，在这里需要指定为"text/css"，表示链接的外部文件为 CSS 样式表。

（3）rel：定义当前文档与被链接文档之间的关系，在这里需要指定为"stylesheet"，表示被链接的文档是一个样式表文件。

接下来通过一个案例来学习如何在 HTML 文档中使用链入式 CSS 样式，具体代码如下：

```
<!DOCTYPE HTML PUBLIC "-//W3C//DTD HTML 4.01 Transitional//EN"
"http://www.w3.org/TR/html4/loose.dtd">
<html>
    <head>
……
        <title>使用链入式 CSS 样式表</title>
        <link href="Unit03-3style.css" type="text/css" rel="stylesheet" />
    </head>
    <body>
        <h2>链入式 CSS 样式表</h2>
        <p>通过 link 标记可以将扩展名为.css 的外部样式表文件链接到 HTML 文档中</p>
    </body>
</html>
```

在外部文件表 Unit03-3style.css 中，书写 CSS 样式代码，具体如下：

```
h2{ text-align:center;}
p{ font-size:16px; color:red; text-decoration:underline;}
```

运行例程代码，得到效果如图 3-3 所示。

图 3-3　使用链入式 CSS 样式表

需要说明的是，链入式最大的好处是同一个 CSS 样式表可以被不同的 HTML 页面链接使用，同时一个 HTML 页面也可以通过多个<link />标记链接多个 CSS 样式表。

4. 导入式

导入式与链入式相同，都是针对外部样式表文件的。对 HTML 头部文档应用 style 标记，并在<style>标记内的开头处使用@import 语句，即可导入外部样式表文件。其基本语法格式如下：

```
……
<style type="text/css" >
    @import url(CSS 文件路径);或 @import "CSS 文件路径";
    /* 在此还可以存放其他 CSS 样式*/
</style>
……
```

该语法中，style 标记内还可以存放其他的内嵌样式，@import 语句需要位于其他内嵌样式的上面。

需要注意的是，为便于教学，我们都统一使用内嵌式。

所以，我们可以将"网页骨架.html"进行完善，加上内嵌式引入 CSS 样式表。具体代码如下：

```
<!DOCTYPE HTML PUBLIC "-//W3C//DTD HTML 4.01 Transitional//EN"
"http://www.w3.org/TR/html4/loose.dtd">
<html>
```

```
    <head>
......
        <title>网页骨架</title>
        <style type="text/css">

        </style>
    </head>
    <body>

    </body>
</html>
```

以后，便可直接使用该"网页骨架.html"了。

3.2 CSS 基础选择器

要想将 CSS 样式应用于特定的 HTML 元素，首先需要找到该目标元素。在 CSS 中，执行这一任务的样式规则部分被称为选择器，选择器的概念就是：选择标签的过程。

CSS 基础选择器有 4 种：标记选择器、id 选择器、类选择器（class 选择器）和通配符选择器。

下面将对 CSS 基础选择器进行详细地讲解。

3.2.1 标记选择器

标记选择器是指用 HTML 标记名称作为选择器，按标记名称分类，为页面中某一类标记指定统一的 CSS 样式。其基本语法格式如下：

```
标记名{属性 1:属性值 1; 属性 2:属性值 2; 属性 3:属性值 3; }
```

该语法中，所有的 HTML 标记名都可以作为标记选择器，例如 body、h1、p、strong 等。用标记选择器定义的样式对页面中该类型的所有标记都有效。

例如，可以使用 p 选择器定义 HTML 页面中所有段落的样式，示例代码如下：

```
p{ font-size:12px; color:#666; font-family: "微软雅黑";}
```

上述 CSS 样式代码用于设置 HTML 页面中所有的段落文本——字体大小为 12 像素、颜色为#666、字体为微软雅黑。

标记选择器最大的优点是能快速为页面中同类型的标记统一样式，同时这也是它的缺点，不能设计差异化样式。

接下来通过一个案例进一步学习标记选择器的使用，具体代码如下：

```
<!DOCTYPE HTML PUBLIC "-//W3C//DTD HTML 4.01 Transitional//EN"
"http://www.w3.org/TR/html4/loose.dtd">
<html>
    <head>
......
        <title>标记选择器的使用</title>
        <style type="text/css">
            div{
                background-color: pink;
            }
            p{
                background-color: greenyellow;
            }
        </style>
    </head>
    <body>
        <div>文字 1 文字 1 文字 1 文字 1 文字 1 文字 1 文字 1</div>
        <p>文字 2 文字 2 文字 2 文字 2 文字 2 文字 2</p>
        <p>文字 3 文字 3 文字 3</p>
    </body>
</html>
```

运行例程代码，得到效果如图 3-4 所示。

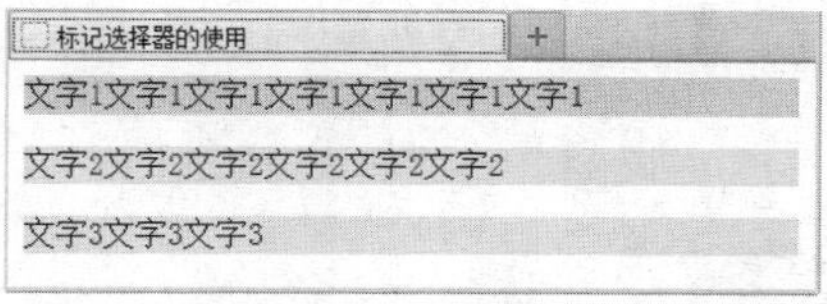

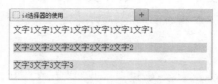

图 3-4　标记选择器的使用

3.2.2　id 选择器

id 选择器使用 "#" 进行标识，后面紧跟 id 名，其基本语法格式如下：

```
#id名{属性1:属性值1; 属性2:属性值2; 属性3:属性值3; }
```

该语法中，id 名即为 HTML 元素的 id 属性值，大多数 HTML 元素都可以定义 id 属性，元素的 id 值是唯一的，只能对应于文档中某一个具体的元素。

接下来通过一个案例进一步学习 id 选择器的使用，具体代码如下：

```
<!DOCTYPE html PUBLIC "-//W3C//DTD XHTML 1.0 Transitional//EN" "http://www.w3.org/TR /xhtml1/DTD/
xhtml1-transitional.dtd">
<html>
    <head>
        ......
        <title>id 选择器的使用</title>
        <style type="text/css">
            #duanluo1{
                background-color: pink;
            }
            #duanluo2{
                background-color: greenyellow;
            }
        </style>
    </head>
    <body>
        <div>文字 1 文字 1 文字 1 文字 1 文字 1 文字 1 文字 1</div>
        <p id="duanluo1">文字 2 文字 2 文字 2 文字 2 文字 2 文字 2</p>
        <p id="duanluo2">文字 3 文字 3 文字 3</p>
    </body>
</html>
```

运行例程代码，得到效果如图 3-5 所示。

图 3-5　id 选择器的使用

【注意】　大小写要严格匹配，同一个 id 只能在一个页面中出现一次。无论这个 id 给什么元素，都只能出现一次这个 id。

3.2.3　类选择器（class 选择器）

类选择器使用 "."（英文点号）进行标识，后面紧跟类名，其基本语法格式如下：

```
.类名{属性1:属性值1;属性2:属性值2;属性3:属性值3;}
```

该语法中，类名即为 HTML 元素的 class 属性值，大多数 HTML 元素都可以定义 class 属性。类选择器最大的优势是可以为元素对象定义单独或相同的样式。

接下来通过一个案例进一步学习类选择器的使用，具体代码如下：

```
<!DOCTYPE HTML PUBLIC "-//W3C//DTD HTML 4.01 Transitional//EN"
"http://www.w3.org/TR/html4/loose.dtd">
<html>
    <head>
        ......
        <title>类选择器的使用 01</title>
        <style type="text/css">
            .fen{
                background-color: pink;
            }
            .fs24{
                font-size: 24px;
            }
        </style>
    </head>
    <body>
        <div>文字 1 文字 1 文字 1 文字 1 文字 1 文字 1 文字 1</div>
        <p class="fen fs24">文字 2 文字 2 文字 2 文字 2 文字 2 文字 2</p>
        <p class="fen">文字 3 文字 3 文字 3</p>
        <p class="fs24">文字 4 文字 4 文字 4 文字 4 文字 4</p>
    </body>
</html>
```

运行例程代码，得到效果如图 3-6 所示。

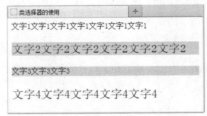

图 3-6　类选择器的使用 01

用小点当选择器的符号，能够多重利用。

● 一个 class 可以给多个 html 标签使用。

● 一个 html 标签可以匹配多个 class。

为便于更好理解类选择器的使用，再举一个案例，具体代码如下：

```
<!DOCTYPE HTML PUBLIC "-//W3C//DTD HTML 4.01 Transitional//EN"
"http://www.w3.org/TR/html4/loose.dtd">
<html>
    <head>
    ......
        <title>类选择器的使用 02</title>
        <style type="text/css">
            .red{color:red; }
            .green{color:green; }
            .font22{font-size:22px; }
            p{ text-decoration:underline; font-family:"微软雅黑";}
        </style>
    </head>
    <body>
        <h2 class="red">二级标题文本</h2>
        <p class="green font22">段落一文本内容</p>
        <p class="red font22">段落二文本内容</p>
        <p>段落三文本内容</p>
    </body>
</html>
```

运行例程代码，得到效果如图 3-7 所示。

二级标题文本

段落一文本内容

段落二文本内容

段落三文本内容

图 3-7　类选择器的使用 02

3.2.4　通配符选择器

通配符选择器用 "*" 号表示，它是所有选择器中作用范围最广的，能匹配页面中所有的元素。其基本语法格式如下：

```
*{属性 1:属性值 1; 属性 2:属性值 2; 属性 3:属性值 3; }
```

接下来，使用通配符选择器定义 CSS 样式，清除所有 HTML 标记的默认边距。

```
......
* {
    margin: 0;                      /* 定义外边距*/
    padding: 0;                     /* 定义内边距*/
}
......
```

实际网页开发中不建议使用通配符选择器，因为它设置的样式对所有的 HTML 标记都生效，不管标记是否需要该样式，这样反而降低了代码的执行速度。

3.3　CSS 文本相关样式

3.3.1　CSS 文本相关样式的重要性

学习 HTML 时，可以使用文本样式标记及其属性控制文本的显示样式，但是这种方式烦琐且不利于代码的共享和移植。为此，CSS 提供了相应的文本设置属性。使用 CSS 可以更轻松方便地控制文本样式。

3.3.2　CSS 字体样式属性

一、font-size：字号大小

font-size 属性用于设置字号，该属性的值可以使用相对长度单位也可以使用绝对长度单位。

1. CSS 相对长度单位

● em：相对于当前对象内文本的字体尺寸。

● px：像素，最常用，推荐使用。

2. CSS 绝对长度单位

● in：英寸。

● cm：厘米。

● mm：毫米。

● pt：点。

其中，相对长度单位比较常用，推荐使用像素单位 px，绝对长度单位使用较少。例如将网页中所有段落文本的字号大小设为 12px，可以使用如下 CSS 样式代码：

```
p{font-size:12px;}
```

二、font-family：字体

font-family 属性用于设置字体。网页中常用的字体有宋体、微软雅黑、黑体等，例如将网页中所有段落文本的字体设置为微软雅黑，可以使用如下 CSS 样式代码：

```
p{ font-family:"微软雅黑";}
```

可以同时指定多个字体，中间以逗号隔开，表示如果浏览器不支持第一个字体，则会尝试下一个，直到找到合适的字体，来看一个具体的例子：

```
body{font-family:"华文彩云","宋体","黑体";}
```

当应用上面的字体样式时，会首选华文彩云，如果用户计算机上没有安装该字体则选择宋体，也没有安装宋体则选择黑体。当指定的字体都没有安装时，就会使用浏览器默认字体。

使用 font-family 设置字体时，需要注意以下几点。

（1）各种字体之间必须使用英文状态下的逗号隔开。

（2）中文字体需要加英文状态下的引号，英文字体一般不需要加引号。当需要设置英文字体时，英文字体名必须位于中文字体名之前。

（3）如果字体名中包含空格、#、$等符号，则该字体必须加英文状态下的单引号或双引号，例如 font-family: "Times New Roman";。

（4）尽量使用系统默认字体，保证在任何用户的浏览器中都能正确显示。

三、font-weight：字体粗细

font-weight 属性用于定义字体的粗细，其可用属性值如下所示。

- normal：默认值。定义标准的字符。
- bold：定义粗体字符。
- bolder：定义更粗的字符。
- lighter：定义更细的字符。
- 100~900（100 的整数倍）：定义由细到粗的字符。其中 400 等同于 normal，700 等同于 bold，值越大字体越粗。

四、font-variant：变体

font-variant 属性用于设置变体（字体变化），一般用于定义小型大写字母，仅对英文字符有效。其可用属性值如下。

- normal：默认值，浏览器会显示标准的字体。
- small-caps：浏览器会显示小型大写的字体，即所有的小写字母均会转换为大写。但是所有使用小型大写字体的字母与其余文本相比，其字体尺寸更小。

五、font-style：字体风格

font-style 属性用于定义字体风格，如设置斜体、倾斜或正常字体，其可用属性值如下：

- vnormal：默认值，浏览器会显示标准的字体样式。
- italic：浏览器会显示斜体的字体样式。
- oblique：浏览器会显示倾斜的字体样式。

六、font：综合设置字体样式

font 属性用于对字体样式进行综合设置，其基本语法格式如下：

```
选择器{font: font-style font-variant font-weight font-size/line-height  font-family;}
```

使用 font 属性时，必须按上面语法格式中的顺序书写，各个属性以空格隔开。

例如：

```
p{ font-family:Arial,"宋体"; font-size:30px; font-style:italic; font-weight:bold; font-variant:
small-caps; line-height:40px;}
```

等价于

```
p{ font:italic small-caps bold 30px/40px Arial,"宋体" ;}
```

其中，不需要设置的属性可以省略（取默认值），但必须保留 font-size 和 font-family 属性，否则 font 属性将不起作用。

3.4　CSS 文本外观属性

使用 HTML 可以对文本外观进行简单的控制，但是效果并不理想。为此 CSS 提供了一系列的文本外观样式属性，具体如下。

一、color：文本颜色

color 属性用于定义文本的颜色，其取值方式有如下 3 种。

（1）预定义的颜色值，如 red、green、blue 等。

（2）十六进制，如#FF0000、#FF6600、#29D794 等。实际工作中，十六进制是最常用的定义颜色的方式。

（3）RGB 代码，如红色可以表示为 rgb（255、0、0）或 rgb（100%、0%、0%）。

【注意】　如果使用 RGB 代码的百分比颜色值，取值为 0 时也不能省略百分号，必须写为 0%。

二、letter-spacing：字间距

letter-spacing 属性用于定义字间距，所谓字间距就是字符与字符之间的空白。其属性值可为不同单位的数值，允许使用负值，默认为 normal。

三、word-spacing：单词间距

word-spacing 属性用于定义英文单词之间的间距，对中文字符无效。和 letter-spacing 一样，其属性值可为不同单位的数值，允许使用负值，默认为 normal。

word-spacing 和 letter-spacing 均可对英文进行设置。不同的是 letter-spacing 定义的为字母之间的间距，而 word-spacing 定义的为英文单词之间的间距。

四、line-height：行间距

line-height 属性用于设置行间距，所谓行间距就是行与行之间的距离，即字符的垂直间距，一般称为行高，其距离如图 3-8 所示。

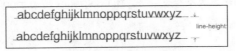

图 3-8　行间距示意图

line-height 常用的属性值单位有 3 种，分别为像素 px、相对值 em 和百分比%，实际工作中使用最多的是像素 px。

【注意】　line-height 如果和盒子的高相等的话，那么这行文本就会垂直居中。

五、text-transform：文本转换

text-transform 属性用于控制英文字符的大小写，其可用属性值如下。

● none：不转换（默认值）。　　　　　　● capitalize：首字母大写。

● uppercase：全部字符转换为大写。　　● lowercase：全部字符转换为小写。

六、text-decoration：文本装饰

text-decoration 属性用于设置文本的下画线、上画线、删除线等装饰效果，其可用属性值如下。

● none：没有装饰（正常文本默认值）。　　● underline：下画线。

- overline：上画线。
- line-through：删除线。

七、text-align：水平对齐方式

text-align 属性用于设置文本内容的水平对齐，相当于 html 中的 align 对齐属性。其可用属性值如下。

- left：左对齐（默认值）。
- right：右对齐。
- center：居中对齐。

八、text-indent：首行缩进

text-indent 属性用于设置首行文本的缩进，其属性值可为不同单位的数值、em 字符宽度的倍数或相对于浏览器窗口宽度的百分比%，允许使用负值，建议使用 em 作为设置单位。

在英文中 1 个 em 表示 1 个 "m" 的宽度；在中文中，就表示一个字的宽度。

如：text-indent：2em; 表示首行空两个字的格。

九、white-space：空白符处理

使用 HTML 制作网页时，不论源代码中有多少空格，在浏览器中只会显示一个字符的空白。在 CSS 中，使用 white-space 属性可设置空白符的处理方式，其属性值如下。

- normal：常规（默认值），文本中的空格、空行无效，满行（到达区域边界）后自动换行。
- pre：预格式化，按文档的书写格式保留空格、空行原样显示。
- nowrap：空格空行无效，强制文本不能换行，除非遇到换行标记
。内容超出元素的边界也不换行，若超出浏览器页面则会自动增加滚动条。

3.5 CSS 复合选择器

书写 CSS 样式表时，可以使用 CSS 基础选择器选中目标元素。但是在实际网站开发中，一个网页可能包含成千上万的元素，如果仅使用 CSS 基础选择器，不可能良好地组织页面样式。为此 CSS 提供了几种复合选择器，实现了更强、更方便的选择功能。

复合选择器是由两个或多个基础选择器，通过不同的方式组合而成的，有 3 种：交集选择器（标签指定式选择器）、并集选择器（逗号选择器）和后代选择器（包含选择器）。

3.5.1 交集选择器（标签指定式选择器）

交集选择器又称标签指定式选择器，由两个选择器构成，其中第一个为标记选择器，第二个为 class 选择器或 id 选择器，两个选择器之间不能有空格，如 h3.special 或 p#one。其表示形式为

标签名.class 名

或者为

标签名#id 名

理解为 A#B 或 A.B，即有 B 的 A。

例如：div#yuansu1，可理解为有 yuansu1 这个 id 的 div；div.hongse，可理解为有 hongse 这个 class 的 div。

接下来通过一个案例进一步学习交集选择器的使用，具体代码如下：

```
<!DOCTYPE HTML PUBLIC "-//W3C//DTD HTML 4.01 Transitional//EN"
"http://www.w3.org/TR/html4/loose.dtd">
<html>
    <head>
        ......
        <title>交集选择器的使用 01</title>
        <style type="text/css">
            .hongse{
                color: red;
```

```
            }
        </style>
    </head>
    <body>
        <div class="hongse">文字文字文字文字文字文字文字</div>
        <div>文字文字文字文字文字文字</div>
        <p class="hongse">文字文字文字文字文字</p>
        <p>文字文字文字</p>
    </body>
</html>
```

运行例程代码，得到效果如图 3-9 所示。

修改以上代码为

```
......
    <title>交集选择器的使用 02</title>
    <style type="text/css">
        div.hongse{
            color: red;
        }
    </style>
......
```

运行例程代码，得到效果如图 3-10 所示。

图 3-9　交集选择器的使用 01　　　　　　　　　　　图 3-10　交集选择器的使用 02

又如：

```
<!DOCTYPE HTML PUBLIC "-//W3C//DTD HTML 4.01 Transitional//EN"
"http://www.w3.org/TR/html4/loose.dtd">
<html>
    <head>
        ......
        <title>交集选择器的使用 03</title>
        <style type="text/css">
            div.hongse{
                color: red;
            }
            #yuansu{
                background-color: pink;
            }
        </style>
    </head>
    <body>
        <div class="hongse">文字文字文字文字文字文字文字</div>
        <div id="yuansu">文字文字文字文字文字文字</div>
        <p class="hongse">文字文字文字文字文字</p>
        <p id="yuansu">文字文字文字</p>
    </body>
</html>
```

【注意】原则上，不许一个 id 出现两次（不规范），现假设可以使用。

运行例程代码，得到效果如图 3-11 所示。

修改以上代码为

```
<!DOCTYPE HTML PUBLIC "-//W3C//DTD HTML 4.01 Transitional//EN"
```

```
"http://www.w3.org/TR/html4/loose.dtd">
<html>
    <head>
        ......
        <title>交集选择器的使用 04</title>
        <style type="text/css">
            div.hongse{
                color: red;
            }
            p#yuansu{
                background-color: pink;
            }
        </style>
    </head>
    <body>
        <div class="hongse">文字文字文字文字文字文字文字</div>
        <div id="yuansu">文字文字文字文字文字文字</div>
        <p class="hongse">文字文字文字文字文字</p>
        <p id="yuansu">文字文字文字</p>
    </body>
</html>
```

运行例程代码，得到效果如图 3-12 所示。

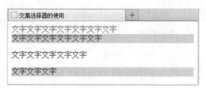

图 3-11　交集选择器的使用 03

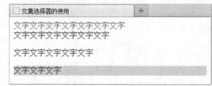

图 3-12　交集选择器的使用 04

【注意】　以下为交集选择器的错误写法。

.hongse#yuansu　　　　（交集选择器必须以标签名开头）

div .hongse　　　　　（中间有空格）

3.5.2　并集选择器（逗号选择器）

并集选择器是各个选择器通过逗号连接而成的，任何形式的选择器（包括标记选择器、class 类选择器、id 选择器等）都可以作为并集选择器的一部分。如果某些选择器定义的样式完全相同，或部分相同，就可以利用并集选择器为它们定义相同的 CSS 样式。

理解为 A，B，即 A 和 B。

接下来通过一个案例进一步学习并集选择器的使用，具体代码如下：

```
<!DOCTYPE HTML PUBLIC "-//W3C//DTD HTML 4.01 Transitional//EN"
"http://www.w3.org/TR/html4/loose.dtd">
<html>
    <head>
        ......
        <title>并集选择器的使用 01</title>
        <style type="text/css">
            /*将所有的 p 以及 class 为 hongse 的 div 文字变红*/
            p{
                color: red;
            }
            .hongse{
                color: red;
            }
        </style>
    </head>
    <body>
```

```
        <div>文字文字文字文字文字文字文字</div>
        <div class="hongse">文字文字文字文字文字文字</div>
        <p>文字文字文字文字文字</p>
        <p>文字文字文字</p>
    </body>
</html>
```

运行例程代码，得到效果如图 3-13 所示。

修改以上代码为

```
......
        <title>并集选择器的使用 02</title>
        <style type="text/css">
        /*将所有的 p 以及 class 为 hongse 的 div 文字变红*/
            p,.hongse{
                color: red;
            }
        </style>
......
```

运行例程代码，得到效果如图 3-14 所示。

图 3-13　并集选择器的使用 01　　　　　　　　　　图 3-14　并集选择器的使用 02

可以清晰地看出，浏览器的效果不变。

3.5.3　后代选择器（包含选择器）

后代选择器用来选择元素或元素组的后代，其写法就是把外层标记写在前面，内层标记写在后面，中间用空格分隔。当标记发生嵌套时，内层标记就成为外层标记的后代。

理解为 A 空格 B，即 A 中的 B。

接下来通过一个案例进一步学习后代选择器的使用，具体代码如下：

```
<!DOCTYPE HTML PUBLIC "-//W3C//DTD HTML 4.01 Transitional//EN"
"http://www.w3.org/TR/html4/loose.dtd">
<html>
    <head>
        ......
        <title>后代选择器的使用</title>
        <style type="text/css">
            div p{
                color: red;
            }
        </style>
    </head>
    <body>
        <div id="yuansu">文字文字
            <p>我是 div 中的 p</p>
        </div>
        <div>文字文字</div>
```

```
        <p>我是普通的 p</p>
        <p>我是普通的 p</p>
    </body>
</html>
```

运行例程代码，得到效果如图 3-15 所示。

【注意】 div p{} 等价于 div#yuansu p 等价于#yuansu p。

3.5.4 选择器的综合使用

为加强理解，接下来举例说明选择器的综合使用，具体代码如下：

```
<!DOCTYPE HTML PUBLIC "-//W3C//DTD HTML 4.01 Transitional//EN"
"http://www.w3.org/TR/html4/loose.dtd">
<html>
    <head>
        ......
        <title>选择器的综合使用 01</title>
        <style type="text/css">
            div{
                color: red;
            }
        </style>
    </head>
    <body>
        <div class="hongse">文字文字
            <p>我是 div1 中的 p</p>
        </div>
        <div id="yuansu2">文字文字
            <p>我是 div2 中的 p</p>
        </div>
        <p class="hongse">我是普通的 p</p>
    </body>
</html>
```

运行例程代码，得到效果如图 3-16 所示。

图 3-15 后代选择器的使用	图 3-16 选择器的综合使用 01

【注意】 上例中，是 CSS 的继承特性。

修改以上代码如下：

```
<!DOCTYPE HTML PUBLIC "-//W3C//DTD HTML 4.01 Transitional//EN"
"http://www.w3.org/TR/html4/loose.dtd">
<html>
    <head>
        ......
        <title>选择器的综合使用 02</title>
        <style type="text/css">
```

```
            #yuansu2 p{
                color: red;
            }
        </style>
    </head>
    <body>
        <div class="hongse">文字文字
            <p>我是 div1 中的 p</p>
        </div>
        <div id="yuansu2">文字文字
            <p>我是 div2 中的 p</p>
        </div>
        <p class="hongse">我是普通的 p</p>
    </body>
</html>
```

运行例程代码，得到效果如图 3-17 所示。

继续修改以上代码如下：

```
<!DOCTYPE HTML PUBLIC "-//W3C//DTD HTML 4.01 Transitional//EN"
"http://www.w3.org/TR/html4/loose.dtd">
<html>
    <head>
        ......
        <title>选择器的综合使用 03</title>
        <style type="text/css">
            .hongse,#yuansu2 p{
                color: red;
            }
        </style>
    </head>
    ......
</html>
```

运行例程代码，得到效果如图 3-18 所示。

图 3-17　选择器的综合使用 02

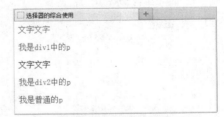

图 3-18　选择器的综合使用 03

3.6 CSS 三大特性：继承性、层叠性和优先级

CSS 是层叠式样式表的简称，继承性和层叠性是其基本特征。对于网页设计师来说，应深刻理解和灵活使用这两个特征。接下来，下面将具体介绍 CSS 的继承性和层叠性。

3.6.1 CSS 的继承性

一、HTML 元素的父子关系

```
......
<body>
    <div>
        <p id="duanluo1"> </p>
        <p id="duanluo2"> </p>
            <img src="images/1.jpg">
```

```
        <p> </p>
    </div>
</body>
……
```

- div 元素是 body 元素的子元素，元素也可以称为"结点"。
- div 结点也称为 body 结点的子结点。
- body 结点是 div 结点的父结点。
- 两个 p 结点，都是 div 结点的子结点。
- p 结点是 body 结点的孙子结点（有的教材写的是第二代子结点）。

二、CSS 的继承性

所谓继承性是指书写 CSS 样式表时，一些关于"字的表现形式"方面的属性，一旦父结点被设定，那么它的子结点、孙子结点……都会自动地继承这个属性。

能够被继承的属性有：

- color、font（集合属性）
- font-family（设置字体的）
- font-size
- font-weight（设置是否加宽的）
- text-decoration（设置字是否有下画线、删除线的）
- text-indent（设置前两格缩进的）
- list-style(设置 ul、ol 列表的显示小圆圈还是小方块)

接下来通过案例来学习 CSS 继承性使用。案例一的具体代码如下：

```
<!DOCTYPE HTML PUBLIC "-//W3C//DTD HTML 4.01 Transitional//EN"
"http://www.w3.org/TR/html4/loose.dtd">
<html>
    <head>
        ……
        <title>CSS 的继承性 01</title>
        <style type="text/css">
            div{
                color:red;
            }
        </style>
    </head>
    <body>
        <div>
            <p id="duanluo1">
                我是段落 1 中的文字
            </p>
            <p id="duanluo2">
                我是段落 2 中的文字
            </p>
        </div>
    </body>
</html>
```

运行例程代码，得到效果如图 3-19 所示。

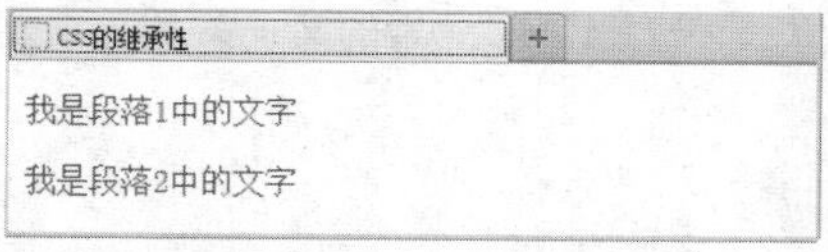

以上可以看出，虽然我们没有给#duanluo1、#duanluo2 写任何样式，但是，#duanluo1、#duanluo2 这个 p 中的文字却是红色的，这就是 CSS 的继承现象。这条 color:red;语句来自于它的"父辈"（不一定是爸爸，也可能是"爷爷"）。

图 3-19　CSS 的继承性 01

案例二的具体代码如下：

```
<!DOCTYPE html PUBLIC "-//W3C//DTD XHTML 1.0 Transitional//EN"
"http://www.w3.org/TR /xhtml1/DTD/xhtml1-transitional.dtd">
<html>
    <head>
        ......
        <title>CSS 的继承性 02</title>
        <style type="text/css">
            div{
                color:red;
            }
            p{
                text-indent: 2em;
            }
            #duanluo3{
                text-indent: 0em;
            }
        </style>
    </head>
    <body>
        <div>
            <p id="duanluo1">我是 duanluo1 中的文字</p>
            <p id="duanluo2">
                我是段落 2 中的文字我是段落 2 中的文字我是段落 2 中的文字我是段落 2 中的文字我是段落 2 中的文字我
是段落 2 中的文字我是段落 2 中的文字我是段落 2 中的文字我是段落 2 中的文字
            </p>
            <p id="duanluo3">
                我是段落 3 中的文字我是段落 3 中的文字我是段落 3 中的文字我是段落 3 中的文字我是段落 3 中的文字我
是段落 3 中的文字
            </p>
        </div>
    </body>
</html>
```

运行例程代码，得到效果如图 3-20 所示。

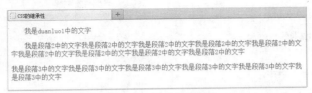

图 3-20　CSS 的继承性 02

　　合理运用继承特性，能让你不重复劳动。但是，如果在网页中所有的元素都大量继承样式，那么判断样式的来源就会很困难，所以对于字体、文本属性等网页中通用的样式可以使用继承。

　　想要设置一个可继承的属性，只需将它应用于父元素即可。例如下面的代码：

```
p,div,h1,h2,h3,h4,ul,ol,dl,li{ color:black;}
```

　　就可以写成：

```
body{ color:black;}
```

恰当地使用继承可以简化代码，降低 CSS 样式的复杂性。

最常见的利用继承性的设置是：在 body 元素中统一设置样式，然后通过继承影响文档中所有文本。例如下面的代码：

```
<!DOCTYPE HTML PUBLIC "-//W3C//DTD HTML 4.01 Transitional//EN"
"http://www.w3.org/TR/html4/loose.dtd">
<html>
    <head>
        ......
        <title>CSS 的继承性</title>
        <style type="text/css">
            body{
                font-size:20px;
                color:#2b2b2b;
                line-height:40px;
            }
        </style>
    </head>
    <body>
......
    </body>
</html>
```

在 body 当中设置一些当前页面的"文字所显示的"效果。因为"文字所显示的"能被继承。

最后需要说明的是，并不是所有的 CSS 属性都可以继承。例如，下面的属性就不具有继承性：

- 边框属性
- 外边距属性
- 内边距属性
- 背景属性
- 定位属性
- 布局属性
- 元素宽高属性

3.6.2　CSS 的层叠性

什么是层叠性？所谓层叠性是指多种 CSS 样式的叠加。

CSS 全称是 Cascading StyleSheet（层叠式样式表），其中的层叠就是指层叠性。

作用：层叠性就是 CSS 处理冲突的一种能力。

接下来通过一个案例学习层叠性的使用，具体代码如下：

```
<!DOCTYPE HTML PUBLIC "-//W3C//DTD HTML 4.01 Transitional//EN"
"http://www.w3.org/TR/html4/loose.dtd">
<html>
    <head>
        ......
        <title>CSS 的层叠性</title>
        <style type="text/css">
            p{
                color:red;
            }
            .para{
                color:blue;
            }
        </style>
    </head>
    <body>
     <p id="identity" class="para">我是段落</p>
    </body>
</html>
```

运行例程代码，得到效果如图 3-21 所示。

上例中，浏览器最终显示蓝色，因为红色被层叠（覆盖）掉了。

【注意】　只有在多个选择器选中"同一个标签"，然后又设置了
"相同的属性"，才会发生层叠性。

图 3-21　CSS 的层叠性

3.6.3　CSS 的优先级

一、优先级

优先级概念：当多个选择器选中同一个标签，并且给同一个标签设置同一个属性时，如何层叠就由优先级来决定。

定义 CSS 样式时，经常出现两个或更多规则应用在同一元素上，这时就会出现优先级的问题。下面将对 CSS 优先级进行具体讲解。

为了体验 CSS 优先级，首先来看一个具体的例子：

```
<!DOCTYPE HTML PUBLIC "-//W3C//DTD HTML 4.01 Transitional//EN"
"http://www.w3.org/TR/html4/loose.dtd">
<html>
    <head>
        ......
        <title>CSS 的优先级 01</title>
        <style type="text/css">
            p{
                color:red;               /*标记样式*/
            }
            .blue{
                color:green;             /*class 样式*/
            }
            #header{
                color:blue;              /*id 样式*/
            }
        </style>
    </head>
    <body>
        <p id="header" class="blue">
            帮帮我吧！我到底显示什么颜色？
        </p>
    </body>
</html>
```

运行例程代码，得到效果如图 3-22 所示。

在上面的例子中，使用不同的选择器对同一个元素设置文本颜色，这时浏览器会根据选择器的优先级规则解析 CSS 样式。接着，我们来看下一个具体的例子：

图 3-22　CSS 的优先级 01

```
<!DOCTYPE HTML PUBLIC "-//W3C//DTD HTML 4.01 Transitional//EN"
"http://www.w3.org/TR/html4/loose.dtd">
<html>
    <head>
        ......
        <title>CSS 优先级 02</title>
        <style type="text/css">
            p{
                color:red;
            }
            #yuansu{
                color:blue;
            }
            .lv{
                color: green;
            }
        </style>
    </head>
    <body>
```

```
    <p>我是一个 p，我没有 id，也没有 class</p>
    <p id="yuansu">我是一个 p，我有 id，没有 class</p>
    <p class="lv">我是一个 p，我有 class，没有 id</p>
    <p id="yuansu" class="lv">我是一个 p，我有 class，有 id</p>
    <p id="yuansu" class="lv" style="color:pink;">我是一个 p，我有 class，有 id，我也有行内样式</p>
</body>
</html>
```

浏览器效果如图 3-23 所示。

分析如下。

图 3-23　CSS 的优先级 02

- 对于"<p>我是一个 p，我没有 id，也没有 class</p>"而言，没有任何的 class 和 id，所以就是 p 标签的样式，结果为红色。

- 对于"<p id="yuansu">我是一个 p，我有 id，没有 class</p>"而言，有 id，所以 p 标签选择器和#yuansu id 选择器能同时选中这个 p 元素，以 id 为准。因为 id 选择器 > 标签选择器。结果为蓝色。

- 对于"<p class="lv">我是一个 p，我有 class，没有 id</p>"而言，有 class，p 标签选择器和 class 选择器同时作用，以 class 为准。因为 class 选择器 > 标签选择器。结果为绿色。

- 对于"<p id="yuansu" class="lv">我是一个 p，我有 class，有 id</p>"而言，有 class，p 标签选择器和 id 选择器同时作用，以 id 选择器为准。因为 id 选择器 > class 选择器 > 标签选择器。结果为蓝色。

- 对于"<p id="yuansu" class="lv" style="color:pink; ">我是一个 p，我有 class，有 id，我也有行内样式</p>"而言，有 class、p 标签选择器、id 选择器和行内样式同时作用，以行内样式为准。因为行内样式 > id 选择器 > class 选择器 > 标签选择器。结果为粉色。

所以，由以上两个实例，我们可以得出以下层叠时优先级的顺序：

- 优先级：行内样式 > id 选择器 > class 选择器 > 标签选择器。
- 行内样式是优先权最大的。

二、权重

权重的概念：当多个选择器混合在一起使用的时候，我们可以通过计算权重来判断谁的优先级最高。

权重的作用：设置多个选择器组合以后的优先级。

其实 CSS 为每一种基础选择器都分配了一个权重，实际上并没有权重分，是我们想象出来的。其中，标记选择器具有权重 1，类选择器具有权重 10，id 选择器具有权重 100。这样 id 选择器就具有最大的优先级。

对于由多个基础选择器构成的复合选择器（并集选择器除外），其权重为这些基础选择器权重的叠加。例如，我们再来看一个具体的例子：

```
<!DOCTYPE HTML PUBLIC "-//W3C//DTD HTML 4.01 Transitional//EN"
"http://www.w3.org/TR/html4/loose.dtd">
<html>
    <head>
        ……
        <title>CSS 优先级 03（权重）</title>
        <style type="text/css">
            p strong{ color:black}            /*权重为:1+1*/
            strong.blue{ color:green;}        /*权重为:1+10*/
            .father strong{ color:yellow}     /*权重为:10+1*/
            p.father strong{ color:orange;}   /*权重为:1+10+1*/
            p.father .blue{ color:gold;}      /*权重为:1+10+10*/
            #header strong{ color:pink;}      /*权重为:100+1*/
            #header strong.blue{ color:red;}  /*权重为:100+1+10*/
        </style>
```

```
    </head>
    <body>
        <p class="father" id="header" >
            <strong class="blue">文本的颜色</strong>
        </p>
    </body>
</html>
```

运行例程代码，得到效果如图 3-24 所示。

这时，页面文本将应用权重最高的样式，即文本颜色为红色。

图 3-24　CSS 的优先级 03（权重）

三、较复杂的情况

在 CSS 选择器能够同时对一个元素进行作用的时候，那么"描述得越精确的选择器、描述得越能归一的选择器、描述得越特殊化的选择器"优先级最高。

例如，我们接着来看下一个具体的例子：

```
<!DOCTYPE HTML PUBLIC "-//W3C//DTD HTML 4.01 Transitional//EN"
"http://www.w3.org/TR/html4/loose.dtd">
<html>
    <head>
        ......
        <title>CSS 优先级 04</title>
        <style type="text/css">
            #box{
                color:red;
            }
            .lv{
                color: green;
            }
            #box .lv{
                color: blue;
            }
            div .lv{
                color:pink;
            }
            div#box p.lv {
                color:orange;
            }
        </style>
    </head>
    <body>
        <div id="box">
            <p class="lv">我是一个 p，在 box 中，我有 class，没有 id</p>
        </div>
    </body>
</html>
```

浏览器效果如图 3-25 所示。

这时，div#box p.lv 属于"描述得越精确的选择器、描述得越能归一的选择器、描述得越特殊化的选择器"优先级最高。所以文本颜色为橙色。

图 3-25　CSS 的优先级 04

四、！important "提权"操作

important 简介：用于提升某个直接选中标签的选择器中的某个属性的优先级，可以将被制定的属性的优先级提升为最高。我们又称之为"提权"操作。其注意事项有以下几点。

- important 只能用于直接选中，不能用于间接选中；
- 通配符选择器选中的标签也是直接选中的；

- ！important 只能提升被制定的属性的优先级，其他的属性的优先级不会被提升；
- ！important 必须写在属性值的分号前面；
- ！important 前面的感叹号不可以省略。

例如，在上例中，我们对#box .lv 项进行"提权"操作，代码如下：

```
<!DOCTYPE HTML PUBLIC "-//W3C//DTD HTML 4.01 Transitional//EN"
"http://www.w3.org/TR/html4/loose.dtd">
<html>
    <head>
        ......
        <title>CSS 优先级 05</title>
        <style type="text/css">
            #box{
                color:red;
            }
            .lv{
                color: green;
            }
            #box .lv{
                color: blue !important;
            }
            div .lv{
                color:pink;
            }
            div#box p.lv {
                color:orange;
            }
        </style>
    </head>
    <body>
        <div id="box">
            <p class="lv">我是一个 p，在 box 中，我有 class，没有 id</p>
        </div>
    </body>
</html>
```

浏览器效果如图 3-26 所示。

这时，#box .lv 项进行了"提权"操作，优先级变
为最高。所以文本颜色为蓝色。

通过以上案例的分析，我们对优先级有了一个较全
面的认识。也清楚地知道：继承性是"用"的，层叠性是"防"的。

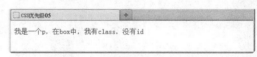

图 3-26　CSS 的优先级 05（!important）

此外，在考虑权重时，初学者还需要注意一些特殊的情况，具体如下。

- 继承样式的权重为 0。即在嵌套结构中，不管父元素样式的权重多大，被子元素继承时，它的权重都
为 0，也就是说子元素定义的样式会覆盖继承来的样式。

- 行内样式优先。应用 style 属性的元素，其行内样式的权重非常高，可以理解为远大于 100。总之，
它拥有比上面提高的选择器都大的优先级。

- 权重相同时，CSS 遵循就近原则。也就是说靠近元素的样式具有最大的优先级，或者说排在最后的
样式优先级最大。

- CSS 定义了一个!important 命令，该命令被赋予最大的优先级。也就是说不管权重如何以及样式位置
的远近，!important 都具有最大优先级。

从整体上，我们可以得出 CSS 优先级的顺序为

！important ＞ 行内样式 ＞id 选择器 ＞ 类选择器 ＞ 标签选择器 ＞ 通配符 ＞ 继承 ＞ 默认样式。

由此，我们自然可以获得一个经验，那就是：以后写选择器时，尽量描述得特别详细，即使用"按图

索骥"的方法。

以下就是使用"按图索骥"的方法写选择器的实例。代码如下：

```
<!DOCTYPE HTML PUBLIC "-//W3C//DTD HTML 4.01 Transitional//EN"
"http://www.w3.org/TR/html4/loose.dtd">
<html>
    <head>
......
        <title>"按图索骥"方法写选择器的实例</title>
        <style type="text/css">
            #box1 #duanluo1{
                color:red;
            }
            #box1 #duanluo2{
                color:green;
            }
            #box1 #duanluo3{
                color:blue;
            }
            #box2 #duanluoa{
                font-size: 12px;
            }
        </style>
    </head>
    <body>
        <div id="box1">
            <p id="duanluo1">我是一个 p，在 box1 中</p>
            <p id="duanluo2">我是一个 p，在 box1 中</p>
            <p id="duanluo3">我是一个 p，在 box1 中</p>
        </div>
        <div id="box2">
            <p id="duanluoa">我是一个 p，在 box2 中</p>
            <p id="duanluob">我是一个 p，在 box2 中</p>
            <p id="duanluoc">我是一个 p，在 box2 中</p>
        </div>
    </body>
</html>
```

浏览器效果如图 3-27 所示。

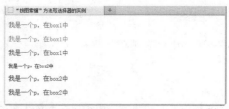

图 3-27　"按图索骥"方法写选择器的实例

【操作准备】

创建所需的文件夹，复制所需的资源到桌面上。即：在本地硬盘（例如 D 盘）中创建一个文件夹"网页设计与制作练习 Unit03"，然后将光盘中的"start"文件夹中"Unit03"文件夹中的"Unit03 课程资源"文件夹所有内容复制到桌面上。

微课视频

制作图文混排效果
的网页任务描述、
布局结构分析

【模仿训练】

任务 3.1　制作图文混排效果的网页

本单元"模仿训练"的任务卡如表 3.1 所示。

表 3.1　单元 3"模仿训练"任务卡

任务编号	3.1	任务名称	制作介绍北京大学 2013 年开学典礼的图文混排网页	
网页主题		北京大学	计划工时	
网页制作任务描述		（1）创建站点目录结构 （2）利用网页骨架新建网页 （3）设置网页的背景图像 （4）将 Word 文档导入到网页中 （5）设置网页中文本的格式 （6）在网页中插入多幅图像、设置图像属性		
网页布局结构分析		页面自然布局、无导航栏		
网页色彩搭配分析		文本主体颜色：#2b2b2b		
网页组成元素分析		主要包括图像、标题文本、正文文本等网页元素		
任务实现流程分析		创建本地站点→建立站点目录→创建网页文档→保存网页文档→在网页中输入文字、图像→编辑网页文本→插入与文本相关的元素并设置其属性→设置图像属性→保存网页文档→浏览网页效果		

本单元"模仿训练"的任务跟踪卡如表 3.2 所示。

表 3.2　单元 3"模仿训练"任务跟踪卡

任务编号	开始时间	完成时间	计划工时	实际工时	当前状态

本单元"模仿训练"网页的浏览效果如图 3-28 所示。

图 3-28　介绍北京大学 2017 年开学典礼的图文混排网页浏览效果图

微课视频

制作图文混排效果
的网页操作准备、
结构搭建

任务 3.1.1　建立站点目录结构

〖任务描述〗

1. 在文件夹"D：/网页设计与制作练习 Unit03"中创建站点文件夹"bjdx"。

2. 在"bjdx"文件夹中创建"images"子文件夹。将桌面上"Unit03 提供给学生的资源"文件夹中 images 的所有内容复制到该子文件夹中。

3. 将桌面上"Unit03 提供给学生的资源"文件夹中"网页骨架.html"文件复制到文件夹"D：/网页设计与制作练习 Unit03"中。如图 3-29 所示。

〖任务实施〗

（1）创建站点文件夹"bjdx"。

（2）在"bjdx"文件夹中创建"images"子文件夹。将 images 的所有内容复制到该子文件夹中。

（3）将"网页骨架.html"文件复制到文件夹。

图 3-29　建立站点目录结构效果截图

任务 3.1.2　创建与保存网页文档 task3-1.html

〖任务描述〗

1. 打开"编辑器（Sublime Text）"。

2. 将"bjdx"文件夹中的"网页骨架.html"拖曳到编辑器的编辑窗编辑。

3. 重命名为"task3-1.html"。

〖任务实施〗

1. 双击桌面上的"编辑器（Sublime Text）"图标，打开编辑器。

2. 将"bjdx"文件夹中的"网页骨架.html"拖曳到编辑器的编辑窗口中，关闭其他网页文档。使"网页骨架.html"成为当前文件。将<title>标签中的内容修改为"task3-1 图文混排网页的制作"，最后进行保存。

该部分代码如下：

```
<!DOCTYPE HTML PUBLIC "-//W3C//DTD HTML 4.01 Transitional//EN"
"http://www.w3.org/TR/html4/loose.dtd">
<html>
    <head>
        <meta http-equiv="Content-type" content="text/html; charset=utf-8" />
        <meta name="keywords" content="关键字1,关键字2" />
        <meta name="description" content="网页的描述" />
        <title>task3-1 图文混排网页的制作</title>
        <style type="text/css">

        </style>
    </head>
    <body>

    </body>
</html>
```

3. 将"bjdx"文件夹中的"网页骨架.html"文件重命名为"task3-1.html"，得到网页文档 task3-1.html，如图 3-30 所示。

任务 3.1.3　图文混排网页页面结构分析

〖任务描述〗

1. 分析页面结构，确定分为哪些部分。

页面布局分析：页面自然布局、无导航栏。

页面组成元素分析：主要包括标题文本、正文文本、图像、空格和换行符、横线等网页元素。

2. 分别将这些部分以色块表示。

3. 分别标记上适合的 HTML 标签。

〖任务实施〗

（1）分析页面结构。

（2）分别将各部分以色块表示。

（3）分别标记上适合的 HTML 标签，如图 3-31 所示。

任务 3.1.4　在网页中插入相应的标签、文字和图片

〖任务描述〗

1. 在网页代码中的<body>标签中，插入相应的标签、文字和图片（注意：标签采用缩进格式）。文字内容从"task3-1 文本.txt"文件中复制。

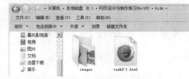

图 3-30　创建与保存网页文档 task3-1.html

图 3-31　图文混排网页结构分析图

2. 按<Ctrl+S>组合键，保存文件。

3. 将文件拖曳到火狐浏览器窗口中，浏览网页。

该部分代码如下：

```
<!DOCTYPE HTML PUBLIC "-//W3C//DTD HTML 4.01 Transitional//EN"
"http://www.w3.org/TR/html4/loose.dtd">
<html>
    <head>
        ……
        <title>task3-1 图文混排网页的制作</title>
        <style type="text/css">

        </style>
    </head>
    <body>
        <h1>北京大学隆重举行 2017 年新生开学典礼</h1>
        <p>日期：2017-09-06  信息来源：新闻中心</p>
        <p>金秋九月，雨后的燕园到处洋溢着青春的朝气，焕发出勃勃生机。9 月 6 日上午，北京大学 2017 年新生开学典礼在
第一体育馆东操场隆重举行。2017 级本科生、研究生全体新生参加了开学典礼。中国科学院院士、医学部神经生物学系韩济生教授，
哲学社会科学资深教授、马克思主义学院梁柱教授，中国科学院院士、物理学院甘子钊教授，1978 级中文系校友、著名作家刘震云，
北京大学党委书记、校务委员会主任朱善璐教授，校长王恩哥院士，以及在校的领导班子成员、校长助理，各院系和相关职能部门负
责人也出席了开学典礼。典礼由常务副校长、医学部常务副主任柯杨主持。</p>
        <p><img src="images/1.jpg" /></p>
        <p>典礼现场</p>
        <p>"红楼飞雪，一时英杰，先哲曾书写，爱国进步民主科学。忆昔长别，阳关千叠，狂歌曾竞夜，收拾山河待百年约。"
伴随着《燕园情》的优美旋律，师生们并然有序地进入会场。</p>
        <p><img src="images/2.jpg" />北大新闻更多 欢迎你，新北大人！——2017 年迎新（组图）校领导出席高校团
队对口支援石河子大学例会第 40 期干部研讨班开展治校理教能力阶段学习【群众路线教育实践活动】产业党工委、校产办召开党的
群众路线教育实 …物理学院俞大鹏-赵清课题组在固态纳米孔单分子探测方面取得系列重要研…城市与环境学院本科新生党员探
访第三届蔡元培奖获得者王恩涌先生"中国纸文化展"亮相北京国际图书博览会北大餐饮中心召开新学期主题工作交流研讨会。关于
2017 届选留学生工作干部选拔工作的通知 2017-09-02《北大青年研究》杂志 2017 年秋季号（总第 35 期）征稿通…2017-08-27
关于启动北京大学创业训练营招生工作的通告 2017-08-22 北大校内信息今天有 1 条新通知更多图文热点中国科学院院士、医学部神
经生物学系韩济生教授，哲学社会科学资深教授、马克思主义学院梁柱教授，中国科学院院士、物理学院甘子钊教授，1978 级中文
系校友、著名作家刘震云，北京大学党委书记、校务委员会主任朱善璐教授，校长王恩哥院士，以及在校的领导班子成员、校长助理，
各院系和相关职能部门负责人也出席了开学典礼。北京大学召开党的群众路线教育实践活动动员部署大会 7 月 11 日，党的群众路线
教育实践活动动员会召开……</p>
    </body>
</html>
```

浏览器效果如图 3-32 所示。

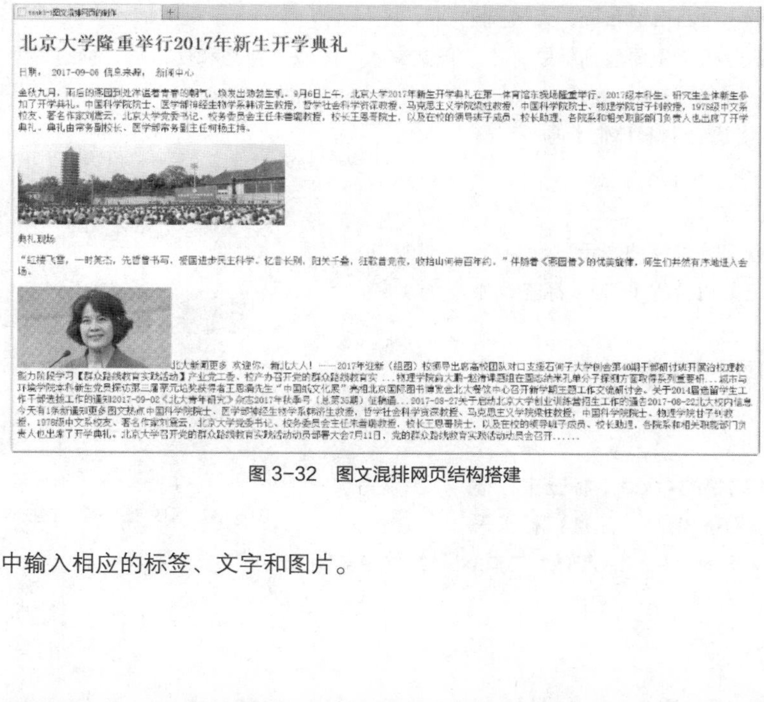

图 3-32　图文混排网页结构搭建

〖任务实施〗

（1）在网页中输入相应的标签、文字和图片。

（2）按<Ctrl+S>组合键，保存文件。

（3）浏览网页。

任务 3.1.5 插入与文本相关的元素并设置其属性

〖任务描述〗

1. 在第二个文本段落下面插入<hr />标签，插入水平线。

2. 在水平线下面插入"注释"内容，代码为"<!--以下是正文-->"。

3. 在需要空格的位置输入转义符：" "。

4. 在需要换行的位置输入
标签进行换行。

5. 设置文字居中的属性，代码为<p align="center">典礼现场</p>。

〖任务实施〗

（1）插入水平线。

（2）插入注释。

（3）输入空格。

（4）换行。

（5）设置文字居中的属性。

（6）按<Ctrl+S>组合键，保存文件并浏览网页。浏览器效果如图 3-33 所示。

图 3-33 图文混排网页基本元素及文字属性设置

该部分代码如下：

```
<!DOCTYPE HTML PUBLIC "-//W3C//DTD HTML 4.01 Transitional//EN"
"http://www.w3.org/TR/html4/loose.dtd">
<html>
    <head>
        ......
        <title>task3-1 图文混排网页的制作</title>
        <style type="text/css">

        </style>
    </head>
    <body>
        <h1 align="center">北京大学隆重举行 2017 年新生开学典礼</h1>
        <p align="center">日期：2017-09-06 信息来源：新闻中心</p>
        <hr/>
        <!--以下是正文-->
        <p>    金秋九月，雨后的燕园到处洋溢着青春的朝气，焕发出勃勃生机。9 月 6 日上午，北
京大学 2017 年新生开学典礼在第一体育馆东操场隆重举行。2017 级本科生、研究生全体新生参加了开学典礼。中国科学院院士、医
学部神经生物学系韩济生教授，哲学社会科学资深教授、马克思主义学院梁柱教授，中国科学院院士、物理学院甘子钊教授，1978 级
中文系校友、著名作家刘震云，北京大学党委书记、校务委员会主任朱善璐教授，校长王恩哥院士，以及在校的领导班子成员、校长助
理，各院系和相关职能部门负责人也出席了开学典礼。典礼由常务副校长、医学部常务副主任柯杨主持。</p>
        <p><img src="images/1.jpg" /></p>
```

```
        <p align="center">典礼现场</p>
        <p>    "红楼飞雪，一时英杰，先哲曾书写，爱国进步民主科学。忆昔长别，阳关千叠，狂
歌曾竞夜，收拾山河待百年约。"伴随着《燕园情》的优美旋律，师生们并然有序地进入会场。</p>
        <p><img src="images/2.jpg" />    北大新闻更多 欢迎你，新北大人！——2017 年
迎新（组图）校领导出席高校团队对口支援石河子大学例会第 40 期干部研讨班开展治校理教能力阶段学习【群众路线教育实践活动】
产业党工委、校产办召开的群众路线教育实 ...物理学院俞大鹏-赵清课题组在固态纳米孔单分子探测方面取得系列重要研...城市
与环境学院本科新生党员探访第三届蔡元培奖获得者王恩涌先生"中国纸文化展"亮相北京国际图书博览会北大餐饮中心召开新学期主
题工作交流研讨会。关于 2017 届留学生工作干部选拔工作的通知 2017-09-02《北大青年研究》杂志 2017 年秋季号（总第 35 期）
征稿通...2017-08-27 关于启动北京大学创业训练营招生工作的通告 2017-08-22 北大校内信息今天有 1 条新通知更多图文热点中
国科学院院士、医学部神经生物学系韩济生教授，哲学社会科学资深教授、马克思主义学院梁柱教授，中国科学院院士、物理学院甘子
钊教授，1978 级中文系校友、著名作家刘震云，北京大学党委书记、校务委员会主任朱善璐教授，校长王恩哥院士，以及在校的领导
班子成员、校长助理，各院系和相关职能部门负责人也出席了开学典礼。北京大学召开党的群众路线教育实践活动动员部署大会 7 月
11 日，党的群众路线教育实践活动动员会召开……。</p>
    </body>
</html>
```

任务 3.1.6　设置图片元素的属性

〖任务描述〗

1. 设置第一个图片居中的属性，代码为

```
<p align="center"><img src="images/3-1.jpg" /></p>
```

2. 设置第二个图片左对齐、图像水平边距的属性，代码为

```
<img src="images/3-2.jpg" align="left" hspace="10" />
```

〖任务实施〗

（1）设置第一个图片居中的属性。

（2）设置第二个图片左对齐、图像水平边距的属性。

（3）按<Ctrl+S>组合键，保存文件并浏览网页。

浏览器效果如图 3-28 所示。该部分代码如下：

```
<!DOCTYPE HTML PUBLIC "-//W3C//DTD HTML 4.01 Transitional//EN"
"http://www.w3.org/TR/html4/loose.dtd">
<html>
    <head>
        ......
        <title>task3-1 图文混排网页的制作</title>
        <style type="text/css">

        </style>
    </head>
    <body>
        <h1 align="center">北京大学隆重举行 2017 年新生开学典礼</h1>
        <p align="center">日期：2017-09-06 信息来源：新闻中心</p>
        <hr/>
        <!--以下是正文-->
        <p>    金秋九月，雨后的燕园到处洋溢着青春的朝气，焕发出勃勃生机。9 月 6 日上午，北
京大学 2017 年新生开学典礼在第一体育馆东操场隆重举行。2017 级本科生、研究生全体新生参加了开学典礼。中国科学院院士、医
学部神经生物学系韩济生教授，哲学社会科学资深教授、马克思主义学院梁柱教授，中国科学院院士、物理学院甘子钊教授，1978 级
中文系校友、著名作家刘震云，北京大学党委书记、校务委员会主任朱善璐教授，校长王恩哥院士，以及在校的领导班子成员、校长助
理，各院系和相关职能部门负责人也出席了开学典礼。典礼由常务副校长、医学部常务副主任柯杨主持。</p>
        <p align="center"><img src="images/1.jpg" /></p>
        <p align="center">典礼现场</p>
        <p>    "红楼飞雪，一时英杰，先哲曾书写，爱国进步民主科学。忆昔长别，阳关千叠，狂歌曾
竞夜，收拾山河待百年约。"伴随着《燕园情》的优美旋律，师生们并然有序地进入会场。</p>
        <p><img src="images/2.jpg" align="left" hspace="10" />    北大新闻
更多 欢迎你，新北大人！——2017 年迎新（组图）校领导出席高校团队对口支援石河子大学例会第 40 期干部研讨班开展治校理教能
力阶段学习【群众路线教育实践活动】产业党工委、校产办召开的群众路线教育实 ...物理学院俞大鹏-赵清课题组在固态纳米孔单
分子探测方面取得系列重要研...城市与环境学院本科新生党员探访第三届蔡元培奖获得者王恩涌先生"中国纸文化展"亮相北京国际
图书博览会北大餐饮中心召开新学期主题工作交流研讨会。关于 2017 届选留学生工作干部选拔工作的通知 2017-09-02《北大青年研
究》杂志 2017 年秋季号（总第 35 期）征稿通...2017-08-27 关于启动北京大学创业训练营招生工作的通告 2017-08-22 北大校内
信息今天有 1 条新通知更多图文热点中国科学院院士、医学部神经生物学系韩济生教授，哲学社会科学资深教授、马克思主义学院梁柱
```

教授，中国科学院院士、物理学院甘子钊教授，1978 级中文系校友、著名作家刘震云，北京大学党委书记、校务委员会主任朱善璐教授，校长王恩哥院士，以及在校的领导班子成员、校长助理，各院系和相关职能部门负责人也出席了开学典礼。北京大学召开党的群众路线教育实践活动动员部署大会 7 月 11 日，党的群众路线教育实践活动动员会召开……</p>
```
        </body>
</html>
```

【拓展训练】

任务 3.2　制作绿色食品网站图文混排效果的网页

本单元"拓展训练"的任务卡如表 3.3 所示。

表 3.3　单元 3"拓展训练"任务卡

任务编号	3.2	任务名称	绿色食品网站图文混排效果的网页	
网页主题		绿色食品	计划工时	
拓展训练 任务描述	（1）创建站点目录结构 （2）利用 HTML 骨架新建网页 （3）设置网页的背景图像 （4）将 Word 文档导入到网页中 （5）设置网页中文本的格式 （6）在网页中插入多幅图像、设置图像属性			

本单元"拓展训练"的任务跟踪卡如表 3.4 所示。

表 3.4　单元 3"拓展训练"任务跟踪卡

任务编号	开始时间	完成时间	计划工时	实际工时	当前状态

【单元小结】

　　本单元通过制作一个介绍北京大学开学典礼的图文混排网页，学会了建立站点目录结构、使用"网页骨架.html"文件创建网页文档和保存文档，在网页中插入与编辑文本、插入图像并设置其属性的方法和技巧，对 HTML 代码及标签有了初步了解，同时也介绍了网页中图像与文本混合编排的方法。

【单元习题】

一、单选题

1. 下面关于 CSS 表述错误的是(　　)。

　　A. CSS 是一种制作网页的新技术，现在已经为大多数的浏览器所支持，成为网页设计必不可少的工具之一

　　B. 层叠样式表是 HTML 的辅助工具，它的缺点是设计出的网页缺少动感，网页内容的排版布局上也有很多问题

　　C. 使用 CSS 能够简化网页的格式代码，加快下载显示的速度，也减少了需要上传的代码数量，大大减少了重复劳动的工作量

　　D. CSS 是 Cascading Stylesheets 的缩写，中文意思是层叠样式表

2. 以下标签中，用于设置页面标题的是(　　)。

　　A. <title>　　　　　　　B. <caption>　　　　　　C. <head>　　　　　　D. <html>

3. 在 HTML 中，下面( )标签可以实现在页面上显示一个水平线。

    A. <h2>   B. <p>   C. <hr/>   D.

4. 下面的描述正确的是( )。

```
#menu{
        font-size:14px;
    }
```

    A. menu 是标签选择器   B. menu 是元素选择器

    C. menu 是类选择器   D. menu 是 ID 选择器

5. 在 HTML 页面中，调用外部样式表的方法是( )。

    A. <style rel="stylesheet" type="text/css" href="外部样式表地址" />

    B. <link rel="stylesheet" type="text/css" href="外部样式表地址" />

    C. <style rel="stylesheet" type="text/css" link="外部样式表地址" />

    D. <link rel="stylesheet" type="text/css" style="外部样式表地址" />

6. 在 HTML 文档中，引用外部样式表的正确位置是( )。

    A. 文档的末尾   B. <head>部分   C. 文档的顶部   D. <body>部分

7. 在 HTML 中，样式表按照应用方式可分为 3 种类型，其中不包括( )。

    A. 内部样式   B. 行内样式   C. 外部样式表文件   D. 类样式表

8. 在 HTML 中，以下关于样式表的优点描述不正确的是( )。

    A. 实现内容和表现的分离   B. 页面布局更加灵活

    C. 有利于提高网页浏览速度   D. 不利于搜索引擎搜索

9. 在 id 为 title 的 DIV 中设置单行文本垂直居中对齐，下列代码正确的是( )。

    A. .title{font-size:16px;height:30px;line-height:30px;}

    B. #title{font-size:16px;height:30px;line-height:30px;}

    C. #title{font-size:16px;height:30px;vertical-align:middle}

    D. .title{font-size:16px;height:30px;vertical-align:middle}

10. 下列选项中( )属于后代选择器。

    A. h1,ul,li,dd{margin:0px;padding:0px;}   B. #header,.menu{width:350px;float:right;}

    C. #header.menu{width:350px;float:right;}   D. #header .menu{width:350px;float:right;}

11. 在 CSS 中，以下关于字体属性说法正确的是( )。

    A. font-family 属性用来设置字体风格   B. font-style 属性用来设置字体类型

    C. font-weight 属性用来设置字体粗细   D. size 属性用来设置字体大小

12. 在 CSS 中，为页面中的某个 DIV 标签设置以下样式，则该标签的实际宽度为( )。

```
div { width:200px; padding:0 20px; border:5px; }
```

    A. 200px   B. 220px   C. 240px   D. 250px

13. 阅读以下 HTML 代码，描述正确的是( )。

```
......
.title{color:#F00;font-size:14px;text-align:center;text-decoration:underline;}
......
```

    A. 此样式是设置字体的背景颜色是红色，字体大小是 14 像素，居中显示，带下画线

    B. 此样式是设置字体的颜色是红色，字体大小是 14 像素，居中显示，带下画线

    C. 此样式是设置字体的背景颜色是红色，字体大小是 14 像素，居左显示，带下画线

D. 此样式是设置字体的颜色是红色，字体大小是 14 像素，居中显示，不带下画线

14. 在 CSS 中，以下(　　)属性用来设置文本的行距。

　　A. font-size　　　　　B. line-height　　　　　C. background　　　　　D. text-align

15. 在 CSS 中，下列(　　)属性用来设置段落的首行缩进。

　　A. text-align　　　　　B. text-indent　　　　　C. text-style　　　　　D. text-decoration

16. 下列 CSS 语法结构，完全正确的是(　　)。

　　A. p{font-size:12;color:red;}　　　　　　　　B. p{font-size:12;color:#red;}

　　C. p{font-size:12px;color:red;}　　　　　　　D. p{font-size:12px;color:#red;}

17. 在 CSS 中，下面(　　)不是 CSS 选择器。

　　A. ID 选择器　　　　　B. 标签选择器　　　　　C. 类选择器　　　　　D. 高级选择器

18. 在 HTML 中使用<link/>标签链接的样式表是(　　)。

　　A. 行内样式　　　　　B. 内部样式　　　　　C. 外部样式　　　　　D. 导入样式

19. 关于 CSS 控制字体样式说法错误的是(　　)。

　　A. font:bold 12px 宋体，指定了字体为加粗的 12px 大小的宋体样式

　　B. font-type 属性用于指定字体的类型，如宋体、黑体等

　　C. font-size 属性用于指定字体的大小

　　D. font-weight 属性可指定字体的粗细

20. 在 HTML 中，如需要在 CSS 样式表中设置文本的字体是"隶书"，则需要设置文本的属性(　　)。

　　A. font-size　　　　　B. font-family　　　　　C. font-style　　　　　D. face

二、上机题

1. 请做出以下效果，并在浏览器测试，效果如图 3-34 所示。

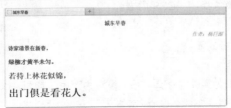

图 3-34　上机题 3-1 效果图

该上机题考察的知识点为 HTML 标记、标记的属性。

要求如下。

（1）诗的题目格式为红色、加粗、居中显示。

（2）作者格式为红色、斜体、居右显示。

（3）诗的内容字体格式从上到下分别是<h4><h3><h2><h1>，诗的第一行和第三行内容为蓝色字体。

2. 请做出以下效果，并在火狐浏览器测试，效果如图 3-35 所示。

图 3-35　上机题 3-2 效果图

该上机题考察的知识点为 CSS 文本外观属性。

要求如下。

（1）设置所有正文文本为微软雅黑、14 像素、绿色字体，"春季"字体颜色设为红色。

（2）设置标题"春天"为黑体、24 像素、红色、加粗、居中、下画线的效果。

（3）设置文本首行缩进 2 个字符。

3. 请做出以下效果，并在浏览器测试，效果如图 3-36 所示。

图 3-36　上机题 3-3 效果图

该上机题考察的知识点为 HTML 标记、图像标记<img />。

要求如下。

（1）标题加粗。

（2）小标题为红色，h3 样式。

（3）第一张图左对齐，第二张图右对齐。

4. 请做出以下效果，并在火狐浏览器测试，效果如图 3-37
所示。

该上机题考察的知识点为类选择器、CSS 内嵌式。

要求如下。

图 3-37 上机题 3-4 效果图

（1）使用内嵌式引入 CSS 样式表。

（2）使用类选择器定义元素。

①通过控制不同的类，分别为第 1 个字母 "G" 设置为蓝色、加粗、60px 字体；

第 2 个字母 "o" 设置为红色、加粗、60px 字体；

第 3 个字母 "o" 设置为黄色、加粗、60px 字体；

第 4 个字母 "g" 设置为蓝色、加粗、60px 字体。

②剩余字母 "le" 按默认样式输出（提示：l 为绿色，e 为红色）。

5. 请做出以下效果，效果如图 3-38 所示。

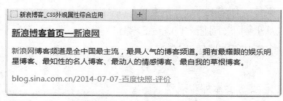

图 3-38　上机题 3-5 效果图

该上机题考察的知识点为 CSS 文本外观属性的综合应用。

要求如下。

（1）设置所有文本为微软雅黑、14 像素、黑色字体。

（2）新浪"　"新浪网"为红色字体，"博客首页"为蓝色字体，网址及日期为绿色字体。

（3）设置标题为 16 像素、左对齐、下画线的效果。

（4）设置文本"-百度快照-评价"为灰色、下画线的效果。

6. 请做出以下网页中常见的新闻页面效果，效果如图 3-39 所示。

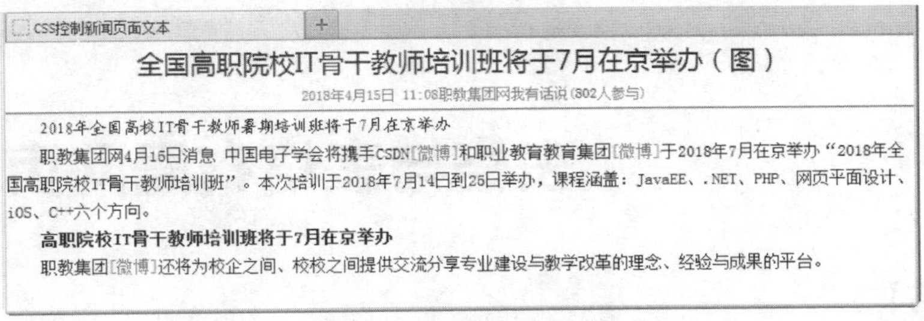

图 3-39　上机题 3-6 效果图

该上机题考察的知识点为 CSS 文本外观属性的综合应用。

单元 4
表格与表格布局网页的制作

【教学导航】

教学目标	（1）学会正确地插入表格，并合理地设置表格的属性 （2）学会正确地在表格中插入嵌套表格，并合理地设置嵌套表格的属性 （3）掌握单元格的合并、拆分的操作方法，行、列的插入和删除的操作方法 （4）学会正确地设置表格中行和列的属性 （5）学会正确设置表格、单元格的背景图像和背景颜色 （6）学会正确地在表格中输入文字 （7）学会正确地在表格中插入图像 （8）学会制作流行的细线表格的方法 （9）学会设置滚动文本效果的方法 （10）能使用表格布局网页，能正确理解适合表格布局的含义
本单元重点	（1）插入表格、设置表格的属性 （2）合并或拆分单元格 （3）设置表格、单元格的背景图像和背景颜色 （4）在表格中输入文字、插入图像 （5）制作流行的细线表格 （6）使用表格布局网页
本单元难点	（1）在表格中插入嵌套表格，并设置嵌套表格的属性 （2）设置滚动文本效果
教学方法	任务驱动法、分组讨论法

【本单元单词】

1. table ['teibl] 表格，目录
2. caption ['kæpʃən] 解说词，标题
3. cell [sel] 组成单元
4. row [rəʊ] 排，行
5. column ['kɔləm] 柱，列
6. item ['aɪtəm] 一个物品，条目，项目

【预备知识】

表格、表格布局及 CSS 控制表格样式

4.1 表格

一、创建表格

1. 为什么要应用表格

日常生活中，为了清晰地显示数据或信息，常常使用表格对数据或信息进行统计，同样在制作网页时，

为了使网页中的元素有条理地显示，也需要使用表格对网页进行规划。

【说明】　表格标签既适合制作表格，也可用适当用于网页布局。虽然，使用表格进行网页布局的方法已被摒弃。

　2．创建表格的基本语法

创建表格的基本语法格式如下：

```
<table>
    <tr>
        <td>单元格内的文字</td>
        ……
    </tr>
    ……
</table>
```

在上面的语法中包含 3 对 HTML 标记，分别为<table></table>、<tr></tr>、<td></td>，它们是创建表格的基本标记，缺一不可，对它们的具体解释如下。

（1）<table></table>：用于定义一个表格。

（2）<tr></tr>：用于定义表格中的一行，必须嵌套在<table></table>标记中，在<table></table>中包含几对<tr></tr>，就表示该表格有几行。

（3）<td></td>：用于定义表格中的单元格，必须嵌套在<tr></tr>标记中，一对<tr></tr>中包含几对<td></td>，就表示该行中有多少列（或多少个单元格）。

接下来，通过案例演示表格的定义方法，具体代码如下：

```
<!DOCTYPE html PUBLIC "-//W3C//DTD XHTML 1.0 Transitional//EN"
"http://www.w3.org/TR/xhtml1/DTD/xhtml1-transitional.dtd">
<html>
    <head>
        ……
        <title>表格的定义方法</title>
        <style type="text/css">

        </style>
    </head>
    <body>
        <table border="1">
            <tr>
                <td>第 1 行第 1 列</td>
                <td>第 1 行第 2 列</td>
                <td>第 1 行第 3 列</td>
                <td>第 1 行第 4 列</td>
            </tr>
            <tr>
                <td>第 2 行第 1 列</td>
                <td>第 2 行第 2 列</td>
                <td>第 2 行第 3 列</td>
                <td>第 2 行第 4 列</td>
            </tr>
            <tr>
                <td>第 3 行第 1 列</td>
                <td>第 3 行第 2 列</td>
                <td>第 3 行第 3 列</td>
                <td>第 3 行第 4 列</td>
            </tr>
            <tr>
                <td>第 4 行第 1 列</td>
                <td>第 4 行第 2 列</td>
                <td>第 4 行第 3 列</td>
                <td>第 4 行第 4 列</td>
            </tr>
        </table>
    </body>
</html>
```

运行完整的案例代码，得到效果如图 4-1 所示。

【注意】 直接在<tr></tr>标记中输入文字的做法是不被允许的。

二、<table>标记

大多数 HTML 标记都有相应的属性，用于为元素提供更多的信息，<table>标记也不例外，HTML 语言为其提供了一系列的属性，用于控制表格的显示样式。

第1行第1列	第1行第2列	第1行第3列	第1行第4列
第2行第1列	第2行第2列	第2行第3列	第2行第4列
第3行第1列	第3行第2列	第3行第3列	第3行第4列
第4行第1列	第4行第2列	第4行第3列	第4行第4列

图 4-1 表格的定义方法

（1）border 属性：在<table>标记中，border 属性用于设置表格的边框，默认值为 0。

（2）cellspacing 属性：cellspacing 属性用于设置单元格与单元格边框之间的空白间距，默认为 2px。

（3）cellpadding 属性：cellpadding 属性用于设置单元格内容与单元格边框之间的空白间距，默认为 1px。

（4）width 与 height 属性：默认情况下，表格的宽度和高度靠其自身的内容来支撑。

（5）align 属性：用于定义元素的水平对齐方式，其可选属性值为 left、center、right。

（6）bgcolor 属性：用于设置表格的背景颜色。

（7）background 属性：用于设置表格的背景图像。

三、<tr>标记

通过对<table>标记应用各种属性，可以控制表格的整体显示样式，但是制作网页时，有时需要表格中的某一行特殊显示，这时就可以为行标记<tr>定义属性，其常用属性如下。

（1）height：设置行高度，常用属性值为像素值。

（2）align：设置一行内容的水平对齐方式，常用属性值为 left、center、right。

（3）valign：设置一行内容的垂直对齐方式，常用属性值为 top、middle、bottom。

（4）bgcolor：设置行背景颜色，预定义的颜色值、十六进制#RGB、rgb(r,g,b)

（5）background：设置行背景图像，url 地址。

接下来，通过一个案例来演示行标记<tr>的常用属性效果，具体代码如下所示：

```
……
<table border="1" width="500" height="240" align="center">
    <tr height="80" align="center" valign="top" bgcolor="pink">
        <td>第 1 行第 1 列</td>
        <td>第 1 行第 2 列</td>
        <td>第 1 行第 3 列</td>
        <td>第 1 行第 4 列</td>
    </tr>
    <tr>
        <td>第 2 行第 1 列</td>
        <td>第 2 行第 2 列</td>
        <td>第 2 行第 3 列</td>
        <td>第 2 行第 4 列</td>
    </tr>
    <tr>
        <td>第 3 行第 1 列</td>
        <td>第 3 行第 2 列</td>
        <td>第 3 行第 3 列</td>
        <td>第 3 行第 4 列</td>
    </tr>
    <tr>
        <td>第 4 行第 1 列</td>
        <td>第 4 行第 2 列</td>
        <td>第 4 行第 3 列</td>
        <td>第 4 行第 4 列</td>
    </tr>
</table>
……
```

运行完整的案例代码，得到效果如图 4-2 所示。

四、<td>标记

（1）width：设置单元格的宽度，常用属性值为像素值。

（2）height：设置单元格的高度，常用属性值为像素值。

（3）align：设置单元格内容的水平对齐方式，常用属性值为 left、center、right。

图 4-2　行标记<tr>的常用属性

（4）valign：设置单元格内容的垂直对齐方式，常用属性值为 top、middle、bottom。

（5）bgcolor：设置单元格的背景颜色，常用属性值为预定义的颜色值、十六进制#RGB、rgb(r,g,b)。

（6）background：设置单元格的背景图像，常用属性值为 URL 地址。

（7）colspan：设置单元格横跨的列数（用于合并水平方向的单元格），常用属性值为正整数。

（8）rowspan：设置单元格竖跨的行数（用于合并竖直方向的单元格），常用属性值为正整数。

与<tr>标记不同的是，可以对<td>标记应用 width 属性，用于指定单元格的宽度，同时<td>标记还拥有 colspan 和 rowspan 属性，用于对单元格进行合并。

接下来，通过一个案例演示单元格的合并方式，具体如下。

（1）合并竖直方向的单元格，具体代码如下所示：

```
……
<table border="1" width="500" height="240" align="center">
    <tr height="80" align="center" valign="top" bgcolor="yellow">
            <td>第 1 行第 1 列</td>
            <td>第 1 行第 2 列</td>
            <td>第 1 行第 3 列</td>
            <td>第 1 行第 4 列</td>
    </tr>
    <tr>
            <td>第 2 行第 1 列</td>
            <td>第 2 行第 2 列</td>
            <td>第 2 行第 3 列</td>
            <td rowspan="3">第 2 行第 4 列</td>    <!--rowspan 设置单元格竖跨的行数-->
    </tr>
    <tr>
            <td>第 3 行第 1 列</td>
            <td>第 3 行第 2 列</td>
            <td>第 3 行第 3 列</td>

                                            <!--删除了 <td>第 3 行第 4 列</td>-->
    </tr>
    <tr>
            <td>第 4 行第 1 列</td>
            <td>第 4 行第 2 列</td>
            <td>第 4 行第 3 列</td>

                                            <!--删除了 <td>第 4 行第 4 列</td>-->
    </tr>
</table>
……
```

运行完整的案例代码，得到效果如图 4-3 所示。

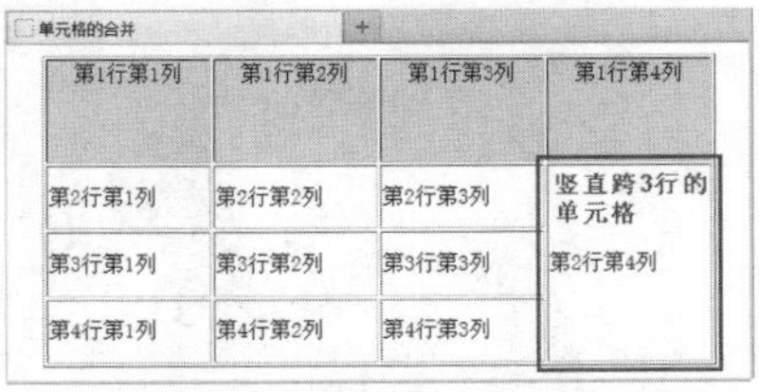

（2）合并水平方向的单元格，具体方法如下。

水平相邻的单元格也可以合并，例如将上例图中的"第 4 行第 1 列"和"第 4 行第 2 列"两个单元格合并，只需对"第 4 行第 1 列"的<td>标记应用 colspan="2"，同时删掉"第 4 行第 2 列"的<td>标记代码即可。

图 4-3　单元格的合并（垂直相邻）

具体代码如下所示：

```
......
<table border="1" width="500" height="240" align="center">
    <tr height="80" align="center" valign="top" bgcolor="yellow">
        <td>第 1 行第 1 列</td>
        <td>第 1 行第 2 列</td>
        <td>第 1 行第 3 列</td>
        <td>第 1 行第 4 列</td>
    </tr>
    <tr>
        <td>第 2 行第 1 列</td>
        <td>第 2 行第 2 列</td>
        <td>第 2 行第 3 列</td>
        <td rowspan="3">第 2 行第 4 列</td>    <!--rowspan 设置单元格竖跨的行数-->
    </tr>
    <tr>
        <td>第 3 行第 1 列</td>
        <td>第 3 行第 2 列</td>
        <td>第 3 行第 3 列</td>
    </tr>
    <tr>
        <td colspan="2">第 4 行第 1 列</td>     <!--colspan 设置单元格横跨的列数-->
                                            <!--删除了 <td>第 4 行第 2 列</td>-->
        <td>第 4 行第 3 列</td>
    </tr>
</table>
......
```

运行完整的案例代码，得到效果如图 4-4 所示。

五、<th>标记

应用表格时经常需要为表格设置表头，以使表格的格式更加清晰，方便查阅。设置表头非常简单，只需用表头标记<th></th>替代相应的单元格标记<td></td>即可。

例如在未加表头的情况下的表格，具体代码如下所示：

图 4-4　单元格的合并（水平相邻）

```
......
<table border="1" width="500" height="120" align="center">
    <tr align="center">
        <td>姓名</td>
        <td>语文</td>
        <td>数学</td>
        <td>外语</td>
    </tr>
    <tr align="center">
        <td>张三</td>
        <td>90</td>
        <td>89</td>
        <td>78</td>
    </tr>
    <tr align="center">
        <td>李四</td>
        <td>77</td>
        <td>88</td>
        <td>98</td>
    </tr>
    <tr align="center">
        <td>王五</td>
        <td>96</td>
        <td>95</td>
        <td>99</td>
    </tr>
</table>
......
```

运行完整的案例代码，得到效果如图 4-5 所示。

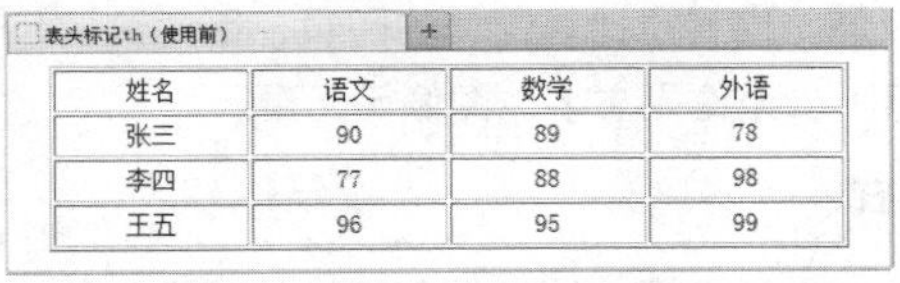

图 4-5 表头标记 th（使用前）

下面为表格设置表头，具体代码如下所示：

```
……
<table border="1" width="500" height="120" align="center">
    <tr align="center">
        <th>姓名</th>
        <th>语文</th>
        <th>数学</th>
        <th>外语</th>
    </tr>
    <tr align="center">
        <th>张三</th>
        <td>90</td>
        <td>89</td>
        <td>78</td>
    </tr>
    <tr align="center">
        <th>李四</th>
        <td>77</td>
        <td>88</td>
        <td>98</td>
    </tr>
    <tr align="center">
        <th>王五</th>
        <td>96</td>
        <td>95</td>
        <td>99</td>
    </tr>
</table>
……
```

运行完整的案例代码，得到效果如图 4-6 所示。

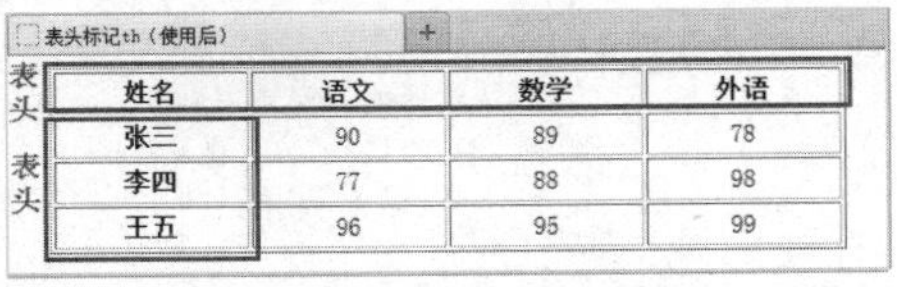

对比设置表头的前后效果，可以看出<th>标记的作用，简言之就是字体加粗的效果。

图 4-6 表头标记 th（使用后）

六、表格的结构

为了使搜索引擎更好地理解网页内容，在使用表格进行布局时，可以将表格划分为表格标题、头部、主体和页脚等结构，用于定义网页中的不同内容，划分表格结构的标记如下。

（1）<caption></caption>：用于定义表格标题。<caption> 标签必须紧随<table>标签之后。您只能对每个表格定义一个标题。通常这个标题会被居中于表格之上。

（2）<thead></thead>：用于定义表格的头部，必须位于<table></table>标记中，一般包含网页的 logo 和导航等头部信息。

（3）<tfoot></tfoot>：用于定义表格的页脚，位于<table></table>标记中<thead></thead>标记之后，一般包含网页底部的企业信息等。

（4）<tbody></tbody>：用于定义表格的主体，位于<table></table>标记中<thead></thead>标记之后，一般包含网页中除头部和底部之外的其他内容。

4.2 表格布局

由于表格布局只适用形式单调，内容也比较简单的网页，因此这里只需了解即可。其布局方法是：在相应的单元格中插入各种元素即可，无论是文字、图像等元素。

4.3 CSS 控制表格样式

定义无序或有序列表时，可以通过标记的属性控制列表的项目符号，但是这种方式实现的效果并不理想，这时就需要用到 CSS 中一系列的列表样式属性。

一、CSS 控制表格边框样式

使用边框样式属性 border 设置表格边框时，要特别注意单元格边框的设置，接下来通过一个具体的案例（细线表格）来说明，具体实现步骤如下。

搭建 HTML 结构，书写基本样式，具体代码如下所示：

```
<!DOCTYPE html PUBLIC "-//W3C//DTD XHTML 1.0 Transitional//EN"
"http://www.w3.org/TR/xhtml1/DTD/xhtml1-transitional.dtd">
<html>
     <head>
         ......
         <title>CSS 控制表格边框样式</title>
         <style type="text/css">
             table{
                 width:400px;
                 height:150px;
                 border:1px solid #F00;  /*设置 table 的边框*/
                 }
         </style>
     </head>
     <body>
         <table>
         <caption>2015~2017 年招生情况</caption>
         <tr>
             <th></th>
             <th>2015</th>
             <th>2016</th>
             <th>2017</th>
         </tr>
         <tr>
             <th>招生人数</th>
             <td>9800</td>
             <td>12 000</td>
             <td>16 000</td>
         </tr>
         <tr>
             <th>男生</th>
             <td>5000</td>
             <td>7000</td>
             <td>9000</td>
         </tr>
         <tr>
             <th>女生</th>
             <td>4800</td>
             <td>5000</td>
             <td>7000</td>
         </tr>
     </table>
     </body>
</html>
```

运行案例代码，得到效果如图 4-7 所示。

接着，给单元格单独设置相应的边框样式，具体代码如下：

```
td,th{border:1px solid #F00;}/*为单元格单独设置边框*/
```

保存文件，刷新网页，效果如图 4-8 所示。

图 4-7   CSS 控制表格边框样式 01

图 4-8   CSS 控制表格边框样式 02

最后，去掉单元格之间的空白距离，制作细线边框效果，具体代码如下所示：

```
……
table{
     width:400px;
     height:150px;
     border:1px solid #F00;      /*设置 table 的边框*/
     border-collapse:collapse;  /*边框合并*/
}
……
```

保存文件，刷新网页，效果如图 4-9 所示。

图 4-9   CSS 控制表格边框样式 03

细线表格关键代码如下：

```
<!DOCTYPE html PUBLIC "-//W3C//DTD XHTML 1.0 Transitional//EN"
"http://www.w3.org/TR/xhtml1/DTD/xhtml1-transitional.dtd">
<html>
       <head>
          ……
          <title>CSS 控制表格边框样式</title>
          <style type="text/css">
               table{
                    width:400px;
                    height:150px;
                    border:1px solid #F00;         /*设置 table 的边框*/
                    border-collapse:collapse;      /*边框合并*/
                    }
               td,th{
                    border:1px solid #F00;         /*为单元格单独设置边框*/
                    }
          </style>
       </head>
    ……
</html>
```

二、CSS 控制单元格边距

对单元格设置内边距 padding 和外边距 margin 样式，同样可以控制单元格边距。

接下来，通过一个案例对 CSS 控制单元格边距做具体演示，实现步骤如下。

搭建 HTML 结构，书写基本样式，具体代码如下所示：

```
<!DOCTYPE html PUBLIC "-//W3C//DTD XHTML 1.0 Transitional//EN"
"http://www.w3.org/TR/xhtml1/DTD/xhtml1-transitional.dtd">
    <html>
        <head>
            ......
            <title>CSS 控制单元格边距</title>
            <style type="text/css">
                td{
                    padding:20px;
                    margin:20px;
                    }
            </style>
        </head>
        <body>
            <table border="1">
                <tr>
                    <td>单元格 1</td>
                    <td>单元格 2</td>
                </tr>
                <tr>
                    <td>单元格 3</td>
                    <td>单元格 4</td>
                </tr>
            </table>
        </body>
</html>
```

运行完整的案例代码，得到效果如图 4-10 所示。

【注意】 行标记<tr>无内边距属性 padding 和外边距属性 margin。

三、CSS 控制单元格宽高

单元格的宽度和高度，有着和其他元素不同的特性，主要表现在单元格之间的互相影响上。接下来通过一个具体的案例来说明。

搭建 HTML 结构，书写基本样式，具体代码如下所示：

图 4-10　CSS 控制单元格边距

```
<!DOCTYPE html PUBLIC "-//W3C//DTD XHTML 1.0 Transitional//EN"
"http://www.w3.org/TR/xhtml1/DTD/xhtml1-transitional.dtd">
    <html>
        <head>
            ......
            <title>CSS 控制单元格宽高</title>
            <style type="text/css">
                table{ border:1px solid #F00;}
                td{ border:1px solid #F00;}
                .one{ width:60px; height:60px;}      /*定义单元格 1 的宽度与高度*/
                .two{ height:20px;}                   /*定义单元格 2 的高度*/
                .three{ width:100px;}                 /*定义单元格 3 的宽度*/
            </style>
        </head>
        <body>
            <table>
                <tr>
                    <td class="one">单元格 1</td>
                    <td class="two">单元格 2</td>
                </tr>
                <tr>
                    <td class="three">单元格 3</td>
                    <td>单元格 4</td>
                </tr>
            </table>
        </body>
</html>
```

运行完整的案例代码，得到效果如图 4-11 所示。

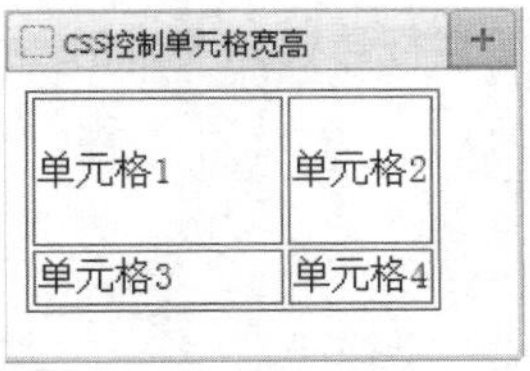

值得一提的是，对同一行中的单元格定义不同的高度，或对同一列中的单元格定义不同的宽度时，最终的宽度或高度将取其中的较大者。

【操作准备】

创建所需的文件夹，复制所需的资源到桌面上。即：在本地硬盘（例如 D 盘）中创建一个文件夹"网页设计与制作练习 Unit04"，然后将光盘中的"start"文件夹中"Unit04"文件夹中的"Unit04 课程资源"文件夹所有内容复制到桌面上。

图 4-11　CSS 控制单元格宽高

微课视频

北京大学网站表格和表格布局网页的制作任务描述、布局结构分析及操作准备

【模仿训练】

任务 4.1　北京大学网站表格与表格布局网页的制作

本单元"模仿训练"的任务卡如表 4.1 所示。

表 4.1　单元 4"模仿训练"任务卡

任务编号	4.1	任务名称	北京大学网站表格与表格布局网页的制作
网页主题	北京大学	计划工时	
网页制作 任务描述	（1）在网页中插入表格，并合理地设置表格的属性 （2）设置表格、行、列和单元格的属性 （3）在表格的单元格中输入文字、图像，并设置文字、图像的属性 （4）插入嵌套表格，并设置嵌套表格的属性 （5）合并与拆分单元格 （6）利用表格对网页进行布局 （7）设置滚动文本效果		
网页布局 结构分析	（1）表格和表格布局方式，如图 4-12 所示 （2）滚动文本效果		
网页色彩 搭配分析	网页中文字的颜色：#2b2b2b。表格各单元格的背景颜色：#000000		
网页组成 元素分析	主要包括表格、标题文本、正文文本、图像及链接		
任务实现 流程分析	插入表格及其属性设置→设置的背景图像、行属性→在表格中输入文本→设置滚动文本效果→插入表格及其属性设置→在表格中插入图像、输入文本及其属性设置→合并与拆分单元格		

本单元"模仿训练"的任务跟踪卡如表 4.2 所示。

表 4.2　单元 4"模仿训练"任务跟踪卡

任务编号	开始时间	完成时间	计划工时	实际工时	当前状态

本单元"模仿训练"网页 task4-1.html 的浏览效果如图 4-12 所示。

任务 4.1.1　表格及细线表格的制作

〖任务描述〗

（1）创建 Unit04 站点结构，将所需图片复制到"images"文件夹中，使用"网页骨架.html"文件，保存为"task4-1.html"网页文件，将其拖曳到编辑器中进行编辑，修改网页标题为"表格与表格布局网页"。

（2）使用<table>、<tr>、<td>/<th>、<caption>、<thead>、<tbody>、<tfoot>

微课视频

表格及细线表格的制作结构的搭建

创建符合 Web 标准的表格基本结构。设置窗口的背景色为#cce8cf。

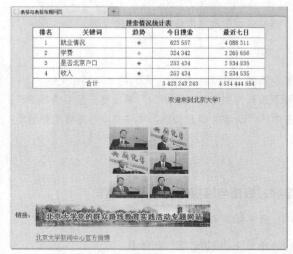

图 4-12　北京大学网站表格与表格布局网页 task4-1.html 的浏览效果图

该部分代码如下：

```
<!DOCTYPE html PUBLIC "-//W3C//DTD XHTML 1.0 Transitional//EN"
"http://www.w3.org/TR/xhtml1/DTD/xhtml1-transitional.dtd">
<html>
    <head>
        ......
        <title>表格与表格布局网页</title>
        <style type="text/css">

        </style>
    </head>
    <body bgcolor="#cce8cf">
        <table>
            <caption>搜索情况统计表</caption>
             <thead>
                     <tr>
                     <th>排名</th>
                     <th>关键词</th>
                     <th>趋势</th>
                     <th>今日搜索</th>
                     <th>最近七日</th>
            </tr>
        </thead>

        <tbody>
            <tr>
                     <td>1</td>
                     <td>就业情况</td>
                     <td>2.3</td>
                     <td>623557</td>
                     <td>4088311</td>
            </tr>
            <tr>
                     <td>2</td>
                     <td>学费</td>
                     <td>3.3</td>
                     <td>324342</td>
                     <td>3265656</td>
            </tr>
```

```
            <tr>
                <td>3</td>
                <td>是否北京户口</td>
                <td>4.3</td>
                <td>253 434</td>
                <td>2 534 535</td>
            </tr>
            <tr>
                <td>4</td>
                <td>收入</td>
                <td>5.3</td>
                <td>253 434</td>
                <td>2 534 535</td>
            </tr>
        </tbody>

        <tfoot>
            <tr>
                <td>6.1</td>
                <td>6.2</td>
                <td>6.3</td>
                <td>3 423 243 243</td>
                <td>4 534 444 554</td>
            </tr>
        </tfoot>
    </table>
    </body>
</html>
```

微课视频

表格属性的设置、样式的书写及滚动文本效果的制作

浏览器效果如图 4-13 所示。

（3）设置<table>标签的属性，代码为

```
<table border="1" width="600" align="center" cellspacing="0" cellpadding="3"
bgcolor="white">
```

浏览器效果如图 4-14 所示。 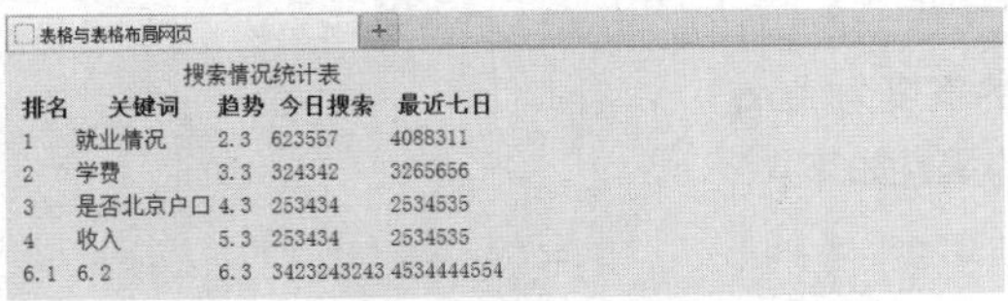

图 4-13　符合 Web 标准的表格基本结构

图 4-14　设置 table 标签属性后的表格

（4）设置所有<tr>标签的属性"居中"，代码为<tr align="center">

设置第 2～5 行第二列<td>标签的属性"左对齐"，代码为<td align="left">就业情况</td>

浏览器效果如图 4-15 所示。

（5）在第 2～5 行第三列使用<img>标签插入图像。分别替换掉 2.3～5.3 的文字，代码为

```
<td><img src="images/up.jpg" /></td>
```

浏览器效果如图 4-16 所示。 

图 4-15　设置 tr、td 标签属性后的表格 

图 4-16　插入图像后的表格

（6）合并第 6 行的 1、2、3 列。

使用"colspan"属性，合并第 6 行的 1、2、3 列后（注意：将 6.2、6.3 的<td></td>都删除），接着，将 6.1 修改为"合计"。

代码为

```
<tr align="center">
        <td colspan="3">合计</td>
        <td>3 423 243 243</td>
        <td>4 534 444 554</td>
</tr>
```

浏览器效果如图 4-17 所示。

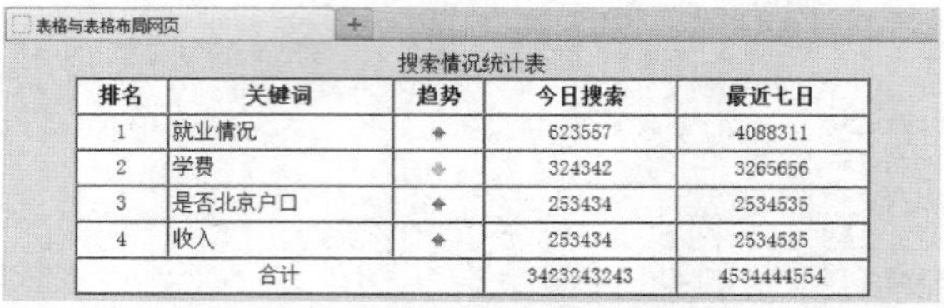

图 4-17　合并单元格后的表格

（7）将表格线制作成细线。

【提示】　制作细线表格的步骤如下。

（1）设置表格的边框为 0，即：border="0"。

（2）设置单元格与单元格之间的距离为 1，cellspacing="1"。

（3）设置表格的背景色 bgcolor，表格的背景色就是表格线的颜色（如：bgcolor="red"）。

（4）设置每一个单元格的背景色，如：白色（也可和浏览器的背景色一致）。

例如，设置<table>标签的属性如下：

```
<table border="0" width="600" align="center" cellspacing="1" cellpadding="3" bgcolor="red">
```

属性 cellspacing="1"，可以明确地知道表格细线的宽度为 1px。

设置每一个单元格的背景色，也可设置<tr>标签的属性如下：

```
<tr align="center" bgcolor="#ffffff">
```

最后，使用<b></b>标签将表格标题"搜索情况统计表"进行加粗设置。

task4-1.html 细线表格部分的代码如下：

```
<!DOCTYPE html PUBLIC "-//W3C//DTD XHTML 1.0 Transitional//EN"
 "http://www.w3.org/TR/xhtml1/DTD/xhtml1-transitional.dtd">
<html>
    <head>
        ......
        <title>表格与表格布局网页</title>
        <style type="text/css">

        </style>
    </head>
    <body>
        <table border="0" width="600" align="center" cellspacing="1" cellpadding="3" bgcolor="red">
            <caption><b>搜索情况统计表</b></caption>
        <thead>
        <tr align="center" bgcolor="#ffffff">
                <th>排名</th>
            <th>关键词</th>
                <th>趋势</th>
```

```
            <th>今日搜索</th>
         <th>最近七日</th>
      </tr>
   </thead>

   <tbody>
      <tr align="center" bgcolor="#ffffff">
         <td>1</td>
         <td align="left">就业情况</td>
         <td><img src="images/up.jpg" /></td>
         <td>623 557</td>
         <td>4 088 311</td>
      </tr>
      <tr align="center" bgcolor="#ffffff">
            <td>2</td>
               <td align="left">学费</td>
               <td><img src="images/down.jpg" /></td>
               <td>324 342</td>
            <td>3 265 656</td>
      </tr>
      <tr align="center" bgcolor="#ffffff">
         <td>3</td>
            <td align="left">是否北京户口</td>
            <td><img src="images/up.jpg" /></td>
            <td>253 434</td>
         <td>2 534 535</td>
      </tr>
      <tr align="center" bgcolor="#ffffff">
         <td>4</td>
            <td align="left">收入</td>
            <td><img src="images/up.jpg" /></td>
            <td>253 434</td>
         <td>2 534 535</td>
      </tr>
      </tbody>

      <tfoot>
        <tr align="center" bgcolor="#ffffff">
            <td colspan="3">合计</td>
            <td>3 423 243 243</td>
            <td>4 534 444 554</td>
         </tr>
        </tfoot>
      </table>
   </body>
</html>
```

浏览器效果如图 4-18 所示。

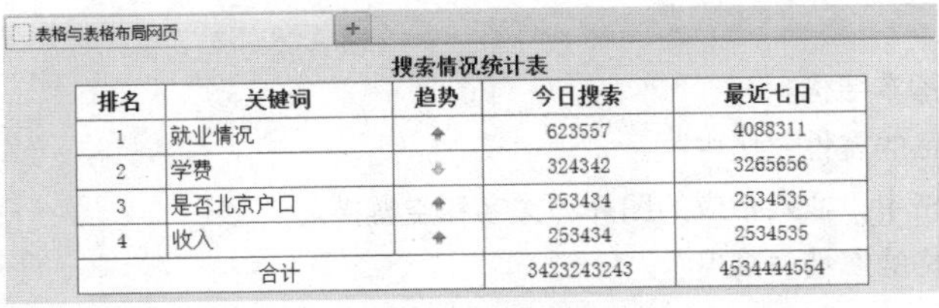

搜索情况统计表

排名	关键词	趋势	今日搜索	最近七日
1	就业情况		623557	4088311
2	学费		324342	3265656
3	是否北京户口		253434	2534535
4	收入		253434	2534535
合计			3423243243	4534444554

图 4-18　完成后的细线表格

〖任务实施〗

（1）创建站点结构，使用“网页骨架.html”文件，创建“task4-1.html”网页文件。

（2）创建符合 Web 标准的表格基本结构。

（3）设置<table>标签的属性，定义宽度、居中，设置边框线、单元格边距、内容边距。

（4）设置"居中""左对齐"属性。

（5）插入图像。

（6）合并单元格。

（7）将表格线制作成细线表格。

（8）滚动文字效果的制作。

任务 4.1.2　滚动文本效果的制作

〖任务描述〗

在细线表格下将所输入的文本设置为滚动效果。

〖任务实施〗

（1）在【任务 4.1.1】的基础上继续编辑。

（2）在<table></table>标签下，输入
换行，然后，输入以下代码：

```
<br />
<marquee direction=left width="90%" height="80">欢迎来到北京大学！</marquee>
```

（3）保存滚动文字的设置。浏览器效果如图 4-19 所示。

任务 4.1.3　表格布局网页的制作

〖任务描述〗

（1）分析布局结构，其结构由两个表格构成，上表格为三行两列，居中。下表格为两行两列，第 2 行第 1 列无内容，如图 4-20 所示。

（2）使用<table>、<tr>、<td>创建两个表格基本结构。

（3）设置第一个表格的属性"居中"，代码为<table align="center">。

（4）在相应的单元格中，插入相应的图片、文字和空链接。

（5）设置第二个表格的属性"高度"为 120px，代码为<table height="120">。

图 4-19　添加滚动文本后的浏览器效果　　　　图 4-20　表格布局的结构分析图

〖任务实施〗

（1）分析布局结构。

（2）创建两个表格基本结构。

（3）设置第一个表格的属性"居中"。

（4）在相应的单元格中，插入相应的图片、文字和空链接。

（5）设置第二个表格的属性"高度"。

该页面最终代码为

```
<!DOCTYPE html PUBLIC "-//W3C//DTD XHTML 1.0 Transitional//EN"
"http://www.w3.org/TR/xhtml1/DTD/xhtml1-transitional.dtd">
<html>
    <head>
        ......
        <title>表格与表格布局网页</title>
```

微课视频

表格布局
网页的制作

```
        <style type="text/css">

        </style>
</head>
<body>
        ……
        </br>
        <marquee direction=left width="90%" height="80">欢迎来到北京大学！</marquee>
        <table align="center">
                <tr>
                        <td><img src="images/001.jpg"></td>
                        <td><img src="images/002.jpg"></td>
                </tr>
                <tr>
                        <td><img src="images/003.jpg"></td>
                        <td><img src="images/004.jpg"></td>
                </tr>
                <tr>
                        <td><img src="images/005.jpg"></td>
                        <td><img src="images/006.jpg"></td>
                </tr>
        </table>
        <table height="120">
                <tr>
                        <td>链接：</td>
                        <td><img src="images/dang.jpg"></td>
                </tr>
                <tr>
                        <td></td>
                        <td><a href="#">北京大学新闻中心官方微博</a></td>        <!-- 添加空链接 -->
                </tr>
        </table>
</body>
</html>
```

【拓展训练】

任务 4.2　绿色食品网站表格与表格布局网页的制作

本单元"拓展训练"的任务卡如表 4.3 所示。

表 4.3　单元 4"拓展训练"任务卡

任务编号	4.2	任务名称	绿色食品网站表格与表格布局网页的制作	
网页主题		绿色食品	计划工时	
拓展训练 任务描述	（1）在网页中插入表格，并合理地设置表格的属性 （2）设置表格、行、列和单元格的属性 （3）在表格的单元格中输入文字、图像，并设置文字、图像的属性 （4）插入嵌套表格，并设置嵌套表格的属性 （5）合并与拆分单元格 （6）利用表格对网页进行布局 （7）设置滚动文本效果			

本单元"拓展训练"的任务跟踪卡如表 4.4 所示。

表 4.4　单元 4"拓展训练"任务跟踪卡

任务编号	开始时间	完成时间	计划工时	实际工时	当前状态

【单元小结】

本单元所制作的网页应用表格插入表格元素（细线表格）和进行布局，通过本项目的学习，读者应熟悉在网页中插入表格的方法，在表格中插入嵌套表格及行、列的方法，表格及单元格的属性设置方法，拆分和合并单元格的方法。同时本单元还介绍了设置滚动文本的方法，读者应对表格元素的插入、细线表格的制作和表格布局的使用有一定的认识。

【单元习题】

一、单选题

1. 用于设置表格背景颜色的属性的是(　　)
   A. Background B. bgcolor C. BorderColor D. backgroundColor
2. 表格的基本语法结构是(　　)。
   A. `<table><td><tr></tr></td></table>` B. `<table><td></tr><tr></td></table>`
   C. `<tr><table><td></td></table></tr>` D. `<table><tr><td></td></tr></table>`
3. 在 HTML 中，(　　)能够实现表格跨列。
   A. colspan 属性 B. rowspan 属性
   C. colspan 标签 D. rowspan 标签
4. 在 HTML 中，td 标签的(　　)属性用于创建跨多个行的单元格。
   A. spancol B. row C. rowspan D. span
5. 在 HTML 中，以下在表格页眉标签中，可以实现单元格内容加粗居中的是(　　)。
   A. `<thead>` B. `<tbody>` C. `<th>` D. `<tfooter>`

二、上机题

1. 请结合给出的素材，做出以下效果，并在浏览器中测试，效果如图 4-21 所示。
   该上机题考察的知识点为创建表格、`<tr>`标记属性、`<td>`标记属性。
2. 请结合给出的素材，做出以下效果，并在浏览器中测试，效果如图 4-22 所示。

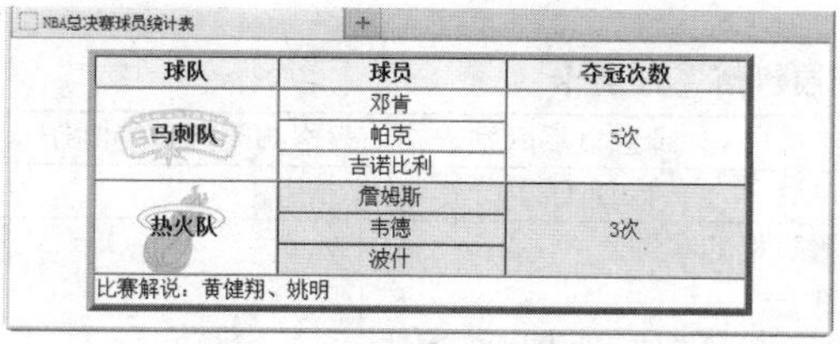

图 4-21　上机题 4-1 效果图

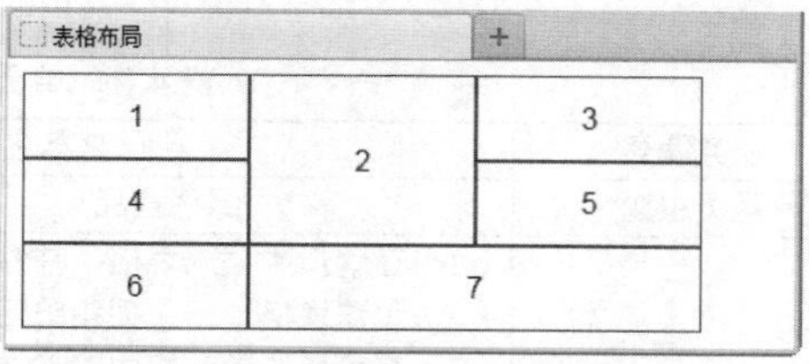

图 4-22　上机题 4-2 效果图

该上机题考察的知识点为创建表格、`<tr>`标记属性、`<td>`标记属性。

要求如下：三行三列布局，其中，第一行的第二列和第二行的第二列合并，第三行的第二列和第三列合并，不准嵌套使用表格。

5 Project

包含 Flash 元素和超级链接的网页制作

【教学导航】

教学目标	（1）进一步熟悉使用表格进行网页布局，灵活设置表格及单元格的属性 （2）能正确在网页中插入 SWF 动画 （3）熟练创建网页的内部链接和外部链接 （4）熟练创建文件下载链接和电子邮件链接 （5）熟练创建空链接，能理解和创建脚本链接 （6）熟练更改链接颜色、设置链接的打开方式、设置空地址链接 （7）熟练创建命名锚记和到该命名锚记的链接 （8）熟练测试链接的有效性 （9）理解绝对路径和相对路径，知道链接路径的类型 （10）熟悉在图像中设置热点区域，并创建图像热点链接
本单元重点	（1）在网页中插入 SWF 动画 （2）创建网页的内部链接和外部链接 （3）创建命名锚记和到该命名锚记的链接 （4）在图像中设置热点区域，并创建图像热点链接
本单元难点	（1）在网页中插入 SWF 动画 （2）在图像中设置热点区域，并创建图像热点链接
教学方法	任务驱动法、分组讨论法

【本单元单词】

1. list [lɪst] 列表，清单，目录
2. order [ˈɔːdə(r)] 秩序，命令，次序
3. definition [ˌdefɪˈnɪʃn] 定义，规定
4. disc [dɪsk] 圆盘，磁盘，唱片
5. circle [ˈsɜːkl] 圆，圈子，圆状物
6. square [skweə(r)] 平方，广场，正方形
7. anchor [ˈæŋkə(r)] 锚，锚状物

【预备知识】

列表和超级链接

5.1 列表

5.1.1 认识列表

为什么要应用列表？

为了使网页更易读，我们经常需要将网页信息以列表的形式呈现。例如，图 5-1 所示的淘宝商城首页的商品服务分类，就应用了列表的形式。

为了满足网页排版的需求，HTML 语言提供了 3 种常用的列表，分别为无序列表、有序列表和定义列表，下面将对这 3 种列表进行详细地讲解。

5.1.2　无序列表（ul）

无序列表是网页中最常用的列表，之所以称为"无序列表"，是因为其各个列表项之间没有顺序级别之分，通常是并列的。

图 5-1　淘宝商城首页的商品服务分类截图

一、无序列表的语法

定义无序列表的基本语法格式如下：

```
<ul>
    <li>列表项 1</li>
    <li>列表项 2</li>
    <li>列表项 3</li>
    ……
</ul>
```

在上面的语法中，<ul></ul>标记用于定义无序列表，<li></li>标记嵌套在<ul></ul>标记中，用于描述具体的列表项，每对<ul></ul>中至少应包含一对<li></li>。

二、无序列表的 type 属性值

<ul>和<li>都拥有 type 属性，用于指定列表项目符号。在无序列表中 type 属性的常用值有 3 个，它们呈现的效果如下：

· disc（默认样式）：显示"●"

· circle：显示"○"

· square：显示"■"

接下来，我们通过案例演示无序列表的创建方法，具体代码如下：

```
<!DOCTYPE html PUBLIC "-//W3C//DTD XHTML 1.0 Transitional//EN"
"http://www.w3.org/TR/xhtml1/DTD/xhtml1-transitional.dtd">
<html>
    <head>
        ……
        <title>无序列表的 type 属性值</title>
        <style type="text/css">
        </style>
    </head>
    <body>
        <h2>机械工程系</h2>
        <ul type="circle">                              <!--对 ul 应用 type=circle-->
            <li>模拟电子技术</li>
```

```
                <li>数字电子技术</li>
                <li>电路 CAD </li>
                <li>单片机原理及应用</li>
        </ul>
        <h2>计算机科学系</h2>
        <ul>
                <li>网页平面</li>                       <!--不定义 type 属性-->
                <li type="square">Java</li>          <!--对 li 应用 type=square-->
                <li type="disc">PHP</li>             <!--对 li 应用 type=disc-->
        </ul>
</body>
</html>
```

　　运行完整的案例代码，效果如图 5-2 所示。

　　【注意】　实际应用中通常不赞成使用无序列表的 type 属性，一般通过 CSS 样式属性替代。

5.1.3　有序列表（ol）

　　有序列表即为有排列顺序的列表，其各个列表项按照一定的顺序排列。

　　一、有序列表的语法

　　定义有序列表的基本语法格式如下：

图 5-2　无序列表的 type 属性值

```
<ol>
    <li>列表项 1</li>
    <li>列表项 2</li>
    <li>列表项 3</li>
    ......
</ol>
```

　　在上面的语法中，<ol></ol>标记用于定义有序列表，<li></li>为具体的列表项，和无序列表类似，每对<ol></ol>中也至少应包含一对<li></li>。

　　二、有序列表的相关属性

　　在有序列表中，除了 type 属性之外，我们还可以为<ol>定义 start 属性、为<li>定义 value 属性，它们决定有序列表的项目符号的初始值。其取值和含义如下。

　　1．type 属性取值

　　·1（默认属性值）：项目符号显示为数字 1 2 3…

　　·a 或 A：项目符号显示为英文字母 a b c d...或 A B C...

　　·i 或 I：项目符号显示为罗马数字 i ii iii…或 I II III…

　　2．start 属性取值

　　·数字：规定项目符号的起始值。

　　3．value 属性取值

　　·数字：规定项目符号的数字。

　　接下来，我们通过案例演示有序列表的创建方法，具体代码如下：

```
......
        <body>
            <h2>计算机科学系就业率</h2>
            <ol>
                    <li>软件技术专业：93%</li>
                    <li>计算机及应用：95%</li>
                    <li>广告设计与制作专业：98%</li>
                    <li>计算机网络技术专业：90%</li>
            </ol>
            <h2>游戏排行榜</h2>
            <ol>
```

```
            <li type="1" value="1">魔兽世界</li>        <!--阿拉伯数字排序-->
            <li type="a">梦幻西游</li>                <!--英文字母排序-->
            <li type="I">诛仙 2</li>                  <!--罗马数字排序-->
        </ol>
    </body>
......
```

运行完整的案例代码，效果如图 5-3 所示。

【注意】 实际应用中通常不赞成使用<ol>及<li>的 type、start 和 value 属性，一般通过 CSS 样式属性替代。

5.1.4 定义列表（dl）

定义列表常用于对术语或名词进行解释和描述，与无序和有序列表不同，定义列表的列表项前没有任何项目符号。

一、定义列表的语法

定义列表的基本语法格式如下：

图 5-3 有序列表的 type 属性值

```
<dl>
    <dt>名词 1</dt>
    <dd>名词 1 解释 1</dd>
    <dd>名词 1 解释 2</dd>
    ......
    <dt>名词 2</dt>
    <dd>名词 2 解释 1</dd>
    <dd>名词 2 解释 2</dd>
    ......
</dl>
```

在上面的语法中，<dl></dl>标记用于指定定义列表，<dt></dt>和<dd></dd>并列嵌套于<dl></dl>中，其中，<dt></dt>标记用于指定术语名词，<dd></dd>标记用于对名词进行解释和描述。一对<dt></dt>可以对应多对<dd></dd>，即可以对一个名词进行多项解释。

二、定义列表的创建

下面，我们通过案例演示定义列表的创建方法，具体代码如下：

```
<!DOCTYPE html PUBLIC "-//W3C//DTD XHTML 1.0 Transitional//EN"
"http://www.w3.org/TR/xhtml1/DTD/xhtml1-transitional.dtd">
<html>
    <head>
        ......
        <title>定义列表的创建</title>
        <style type="text/css">
        </style>
    </head>
    <body>
        <dl>
            <dt>计算机</dt>                      <!--定义术语名词-->
            <dd>用于大型运算的机器</dd>            <!--解释和描述名词-->
            <dd>可以上网冲浪</dd>
            <dd>工作效率非常高</dd>
        </dl>
    </body>
</html>
```

运行完整的案例代码，效果如图 5-4 所示。

从上面的语法中容易看出，相对于<dt></dt>标记中的术语或名词，<dd></dd>标记中解释和描述性的内容会产生一定的缩进效果。

图 5-4 定义列表的创建

三、定义列表的应用

定义列表常用于图文混排，在<dt></dt>标记中插入图片，在<dd></dd>标记中放入对图片解释说明的文字。接下来，我们再通过案例演示定义列表在图文混排中的应用，具体代码如下所示。

```html
<!DOCTYPE html PUBLIC "-//W3C//DTD XHTML 1.0 Transitional//EN"
"http://www.w3.org/TR/xhtml1/DTD/xhtml1-transitional.dtd">
<html>
    <head>
        ......
        <title>定义列表在图文混排中的应用</title>
        <style type="text/css">
            /*清除浏览器的默认样式*/
            body,dl,dt,dd,h2,h3,p,img{ padding:0; margin:0; border:0;}       /*全局控制*/
            body{ font-size:12px; line-height:24px;}
            .box{                                      /*定义dl 构成的大盒子的样式*/
                width:620px;
                height:160px;
                background:#D9F3F4;
                padding:20px;
                margin:20px auto;
            }
            .box dt{
                float:left;                            /*图像所在的盒子左浮动 */
                width:120px;
            }
            .box dd{
                float:left;                            /*dd 构成的盒子左浮动 */
                width:480px;
                margin-left:20px;
            }
            h2,h3{font-size:14px;}
            h2 span{color:#069;}
            p{
                text-indent:2em;
                margin-top:10px;
            }
        </style>
    </head>
    <body>
        <dl class="box">
            <dt><img src="images/zp.jpg"/></dt>
            <dd>
                <h2><span>张三</span>（网页设计与制作主讲老师）</h2>
                <h3>职 务：高级讲师</h3>
                <p>资深网站工程师和资深网站设计讲师,具有 20 年网站开发与教学工作经验, 拥有上百个网站项目的成功案
例, 精通网站前端设计和 PHP+MySQL 网站后台开发的全部课程。曾主持了同仁堂和七匹狼等著名大型网站的设计与开发工作, 后来
又自主创业创建了***设计工作室, 专门从事网站建设、网站安全和软件开发等业务。</p>
            </dd>
        </dl>
    </body>
</html>
```

运行完整的案例代码，效果如图 5-5 所示。

【说明】　该代码使用了浮动的布局方式，学习者可对其先有个基本的了解即可，后面的章节将进行详细的介绍。

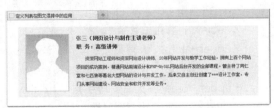

图5-5　定义列表在图文混排中的应用

5.1.5　列表嵌套

在使用列表时，列表项中也有可能包含若干子列表项。要想在列表项中定义子列表项就需要将列表进行嵌套。如图 5-1 所示，即为一个应用了列表嵌套的商品分类导航。

接下来，我们通过一个具体的案例来演示列表嵌套的方法，具体代码如下所示：

```
<!DOCTYPE html PUBLIC "-//W3C//DTD XHTML 1.0 Transitional//EN"
"http://www.w3.org/TR/xhtml1/DTD/xhtml1-transitional.dtd">
<html>
    <head>
        ......
        <title>列表嵌套</title>
        <style type="text/css">
        </style>
    </head>
    <body>
        <h2>饮品</h2>
        <ul>
            <li>咖啡
                <ol>                    <!--有序列表的嵌套-->
                    <li>拿铁</li>
                    <li>摩卡</li>
                    <li>卡布奇诺</li>
                </ol>
            </li>
            <li>茶
                <ul>                    <!--有序列表的嵌套-->
                    <li>碧螺春</li>
                    <li>龙井</li>
                </ul>
            </li>
        </ul>
    </body>
</html>
```

运行完整的案例代码，效果如图5-6所示。

5.2　CSS 控制列表样式

定义无序或有序列表时，可以通过标记的属性控制列表的项目符号，但是这种方式实现的效果并不理想，这时就需要用到CSS中一系列的列表样式属性。接下来，我们就对这些属性进行详细的讲解。

图5-6　列表嵌套

一、list-style-type属性（列表符号）

在CSS中，list-style-type属性用于控制无序和有序列表的项目符号，其取值和显示效果如下。

1. 无序列表（ul）属性值

·disc：显示"●"。

·circle：显示"○"。

·square：显示"■"。

2. 有序列表（ol）属性值

·decimal：阿拉伯数字1、2、3…

·upper-alpha：大写英文字母A、B、C...

·lower-alpha：小写英文字母a、b、c...

·upper-roman：大写罗马数字I、II、III…

·lower-roman：小写罗马数字i、ii、iii…

了解了list-style-type的常用属性值及其显示效果，接下来我们通过一个案例来演示其用法，具体步骤如下。

搭建HTML结构，定义CSS样式，具体代码如下所示：

```
<!DOCTYPE html PUBLIC "-//W3C//DTD XHTML 1.0 Transitional//EN"
"http://www.w3.org/TR/xhtml1/DTD/xhtml1-transitional.dtd">
<html>
    <head>
        ......
        <title>list-style-type 属性</title>
        <style type="text/css">
            .ls2{ list-style-type:circle;}
            .ls3{ list-style-type:square;}
            .ls4{ list-style-type:decimal;}
            .ls5{ list-style-type:upper-roman;}
            .ls6{ list-style-type:lower-alpha;}
        </style>
    </head>
    <body>
        <ul class="ls1">
            <li>咖啡</li>
            <li>果汁</li>
        </ul>
        <ul class="ls2">
            <li>卷珠帘</li>
            <li>时间都去哪儿了</li>
        </ul>
        <ul class="ls3">
            <li>家</li>
            <li>春</li>
        </ul>
        <ul class="ls4">
            <li>语文</li>
            <li>数学</li>
        </ul>
        <ul class="ls5">
            <li>叶问</li>
            <li>黄飞鸿</li>
        </ul>
        <ul class="ls6">
            <li>电脑</li>
            <li>手机</li>
            <li>电视</li>
        </ul>
    </body>
</html>
```

运行完整的案例代码，效果如图 5-7 所示。

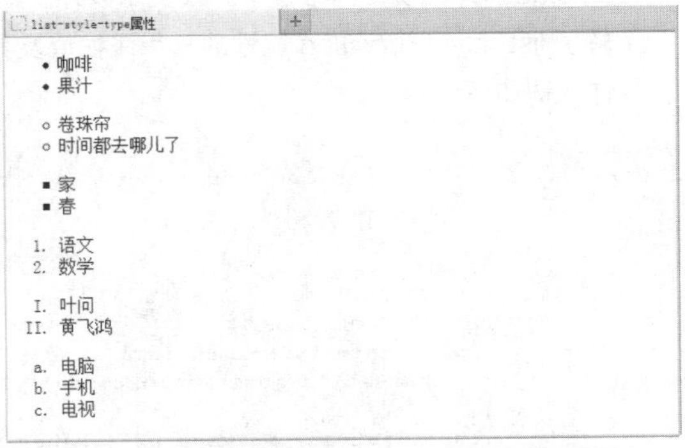

【注意】　因为各个浏览器对 list-style-type 属性的解析不同。因此，在实际网页制作过程中不推荐使用 list-style-type 属性。

二、list-style-image 属性（列表图像符号）

除了采用系统提供的一些列表符号，在 CSS 中还可以利用图像作为列表符号。

使用 list-style-image 属性可以为各个列表项设置项目图像，使列表的样式更加美观。

列表图像符号的基本语法格式如下：

list-style-image:url(源文件地址)

【说明】　为了使列表符号清晰，不要选择过大的图片。

图 5-7　CSS 控制列表样式：list-style-type 属性

了解了 list-style-image 的常用属性值及其显示效果，我们接下来通过一个案例来演示其用法，具体代码如下所示：

```
<!DOCTYPE html PUBLIC "-//W3C//DTD XHTML 1.0 Transitional//EN"
"http://www.w3.org/TR/xhtml1/DTD/xhtml1-transitional.dtd">
<html>
    <head>
        ......
        <title>list-style-images 属性</title>
        <style type="text/css">
            .ls1{ list-style-type:circle;}
            .ls2{ list-style-image:url(images/rw.gif);}
        </style>
    </head>
    <body>
        <h3>音乐</h3>
        <ul class="ls1">
            <li>卷珠帘</li>
            <li>时间都去哪儿了</li>
        </ul>
        <h3>人物</h3>
        <ul class="ls2">
            <li>叶问</li>
            <li>黄飞鸿</li>
            <li>李小龙</li>
        </ul>
    </body>
</html>
```

运行完整的案例代码，效果如图 5-8 所示。

在上述代码中，音乐部分为列表设置普通的符号，人物部分设置图像符号。

三、list-style-position 属性

在 CSS 中，list-style-position 属性用于控制列表项目符号的位置。

列表图像符号的基本语法格式如下：

图 5-8　CSS 控制列表样式：list-style-image 属性

```
list-style-position: outside | inside
```

其取值有 inside 和 outside 两种，对它们的解释如下。

·inside：列表项目符号位于列表文本以内。

·outside：列表项目符号位于列表文本以外（默认值）。

了解了 list-style-position 属性的常用属性值及其基本语法格式，我们接下来通过一个案例来演示其用法，具体代码如下所示：

```
<!DOCTYPE html PUBLIC "-//W3C//DTD XHTML 1.0 Transitional//EN"
"http://www.w3.org/TR/xhtml1/DTD/xhtml1-transitional.dtd">
<html>
    <head>
        ......
        <title>list-style-position 属性</title>
        <style type="text/css">
            .ls1{ list-style-image:url(images/yy.gif);
                list-style-position:outside;
            }
            .ls2{ list-style-image:url(images/rw.gif);
                list-style-position:inside;
            }
        </style>
    </head>
    <body>
        <ul class="ls1">
            <li>卷珠帘</li>
            <li>时间都去哪儿了</li>
```

```
        </ul>
        <ul class="ls2">
            <li>叶问</li>
            <li>黄飞鸿</li>
            <li>李小龙</li>
        </ul>
    </body>
</html>
```

运行完整的案例代码，效果如图 5-9 所示。

在上述代码中，第 1 段列表应用 outside 的值，第 2 段列表应用 inside 的值。

四、list-style 复合属性

list-style 属性用于综合设置列表样式，其语法格式如下：

图 5-9　CSS 控制列表样式：list-style-position 属性

list-style: 列表的各种属性值；

使用复合属性 list-style 时，通常按列表项目符号、列表项目符号的位置、列表项目图像的顺序书写，各个样式之间以空格隔开，不需要的样式可以省略。

接下来通过一个案例来演示其用法，具体代码如下所示：

```
<!DOCTYPE html PUBLIC "-//W3C//DTD XHTML 1.0 Transitional//EN"
"http://www.w3.org/TR/xhtml1/DTD/xhtml1-transitional.dtd">
<html>
    <head>
        ......
        <title>list-style复合属性</title>
        <style type="text/css">
            .ls1{ list-style:circle;
            }
            .ls2{ list-style:outside url(images/yy.gif);
            }
            .ls3{ list-style:square inside url(images/rw.gif);
            }
        </style>
    </head>
    <body>
        <ul class="ls1">
            <li>茶</li>
            <li>咖啡</li>
        </ul>
        <ul class="ls2">
            <li>卷珠帘</li>
            <li>时间都去哪儿了</li>
        </ul>
        <ul class="ls3">
            <li>叶问</li>
            <li>黄飞鸿</li>
            <li>李小龙</li>
        </ul>
    </body>
</html>
```

运行完整的案例代码，效果如图 5-10 所示。

5.3　超级链接

超级链接是网站中使用比较频繁的 HTML 元素，因为网站的各种页面都是由超级链接串接而成的，超级链接完成了页面之间的跳转。超级链接是浏览者和服务器交互的主要手段。

图 5-10　CSS 控制列表样式：list-style 复合属性

5.3.1 超级链接

一、为什么要应用超级链接?

超级链接又叫超链接。一个网站通常由多个页面构成，进入网站时首先看到的是其首页，如果想从首页跳转到其子页面，就需要在首页相应的位置添加超级链接。

二、创建超级链接

创建超链接非常简单，只需用<a></a>标记环绕需要被链接的对象即可，其基本语法格式如下：

```
<a href="跳转目标" target="目标窗口的弹出方式">文本或图像</a>
```

在上面的语法中，<a>标记是一个行内标记，用于定义超链接，href 和 target 为其常用属性，对它们的具体解释如下。

• href：用于指定链接目标的 url 地址，当为<a>标记应用 href 属性时，它就具有了超链接的功能。

当<a>标记应用 href 属性为"#"时，它就具有了超链接的特性，但不具备超链接的功能。

• target：用于指定链接页面的打开方式，其取值有_self 和_blank 两种，其中_self 为默认值，意为在原窗口中打开，_blank 为在新窗口中打开。

5.3.2 设置文本超链接

最常见的超级链接方式是设置文本超链接。

接下来，我们通过一个案例演示设置文本超链接的方法，具体代码如下：

```
<!DOCTYPE html PUBLIC "-//W3C//DTD XHTML 1.0 Transitional//EN"
"http://www.w3.org/TR/xhtml1/DTD/xhtml1-transitional.dtd">
<html>
    <head>
        ......
        <title>设置文本超链接</title>
        <style type="text/css">
        </style>
    </head>
    <body>
        <a href="http://www.sina.com.cn/" target="_self">新浪</a>    <!--target="_self"原窗口打开-->
        <a href="http://www.baidu.com/" target="_blank">百度</a>    <!-- target="_blank"新窗口打开-->
    </body>
</html>
```

运行完整的案例代码，效果如图 5-11 所示。

在上述代码中，单击上图的"新浪"，即可在原窗口中跳转到新浪官网首页。单击上图的"百度"，即可在新窗口中跳转到百度官网首页。

图 5-11　设置文本超链接

5.3.3 给超链接添加提示文字

很多情况下，超级链接的文字不足以描述所要链接的内容，超级链接标签提供了 title 属性，能很方便地给浏览者做出提示。title 属性的值即为提示内容，当浏览者的鼠标指针停留在超级链接上时，提示内容才会出现，这样不会影响页面排版的整洁。

接下来，我们通过一个案例演示给链接添加提示文字的方法，具体代码如下：

```
<!DOCTYPE html PUBLIC "-//W3C//DTD XHTML 1.0 Transitional//EN"
"http://www.w3.org/TR/xhtml1/DTD/xhtml1-transitional.dtd">
<html>
    <head>
        ......
        <title>超级链接的提示文字</title>
        <style type="text/css">
        </style>
    </head>
```

```
    <body>
        <a href="http://www.sina.com.cn/" target="_blank" title="读者你好，现在你看到的是提示文字，单
击本链接可以新开窗口跳转到新浪的页面。">新浪</a>
    </body>
</html>
```

运行完整的案例代码，效果如图 5-12 所示。

图 5-12　超级链接的提示文字

5.3.4　设置图像超链接

图片也可以作超链接。

接下来，我们通过一个案例演示设置图像超链接
的方法，具体代码如下：

```
<!DOCTYPE html PUBLIC "-//W3C//DTD XHTML 1.0 Transitional//EN"
"http://www.w3.org/TR/xhtml1/DTD/xhtml1-transitional.dtd">
<html>
    <head>
        ......
        <title>设置图像超链接</title>
        <style type="text/css">
        </style>
    </head>
    <body>
        <a href="#"><img src="images/yqlj.jpg" width="97" height="28" border="0" /></a>
    </body>
</html>
```

运行完整的案例代码，效果如图 5-13 所示。

图 5-13　设置图像超链接

5.3.5　使用锚在网页内部链接（锚点链接）

通过创建锚点链接，我们能够使用户快速地
定位到目标内容。

那么，什么是锚呢？

很多网页文章的内容比较多，导致页面很长，浏览者需要不断地拖动浏览器的滚动条才能找到需要的
内容。超级链接的锚功能可以解决这个问题，锚（anchor）是引自于船只上的锚，锚被抛下后，船只就不
容易飘走、迷路。实际上锚就是用于在单个页面内不同位置的跳转，有的地方叫作书签。

超级链接标签的 name 属性用于定义锚的名称，一个页面可以定义多个锚，通过超级链接的 href 属性
可以根据 name 跳转到对应的锚。

下面通过一个案例演示锚点链接的方法，具体代码如下：

```
<!DOCTYPE html PUBLIC "-//W3C//DTD XHTML 1.0 Transitional//EN"
"http://www.w3.org/TR/xhtml1/DTD/xhtml1-transitional.dtd">
<html>
    <head>
        <meta http-equiv="content-type" content="text/html;charset=UTF-8" />
        <meta name="keywords" content="关键字1,关键字2" />
        <meta name="description" content="网页的描述" />
        <title>超级链接的锚</title>
        <style type="text/css">

        </style>
    </head>
    <body>
        <font size="3">
        <a name="top">这里是顶部的锚</a><br />
        <a href="#1">一、梅花——花中君子</a><br />
        <a href="#2">二、兰花——天下第一香</a><br />
        <a href="#3">三、杜鹃花——花中西施</a><br />
        <a href="#4">四、桂花——九里飘香</a><br />
```

```
        <a href="#5">五、山茶花——花中珍品</a><br />
        <a href="#6">六、荷花——花中仙子</a><br />
        <a href="#7">七、菊花——花中君子</a><br />
        <a href="#8">八、牡丹——花中之王</a><br />
        <a href="#9">九、水仙——水波仙子</a><br />
        <a href="#10">十、月季——花中皇后</a><br />
        <h2>中国十大名花古诗</h2>
        ●一、梅花——花中君子。<a name="1">这里是梅花的锚</a><br />
    墙角数枝梅，凌寒独自开。<br />
    遥知不是雪，为有暗香来。<br />
        ●二、兰花——天下第一香。<a name="2">这里是兰花的锚</a><br />
    身在千山顶上头，突岩深缝妙香稠。<br />
    非无脚下浮云闹，来不相知去不留。<br />
        ●三、杜鹃花——花中西施。<a name="3">这里是杜鹃花的锚</a><br />
    闲折两枝持在手，细看不是人间有。<br />
    花中此物是西施，芙蓉芍药皆嫫母。<br />
        ●四、桂花——九里飘香。<a name="4">这里是桂花的锚</a><br />
    梦骑白凤上青空，径度银河入月宫。<br />
    身在广寒香世界，觉来帘外木樨风。<br />
        ●五、山茶花——花中珍品。<a name="5">这里是山茶花的锚</a><br />
    似有浓妆出绛纱，行光一道映朝霞。<br />
    飘香送艳春多少，犹如真红耐久花。<br />
        ●六、荷花——花中仙子。<a name="6">这里是荷花的锚</a><br />
    毕竟西湖六月中，风光不与四时同。<br />
    接天莲叶无穷碧，映日荷花别样红。<br />
        ●七、菊花——花中君子。<a name="7">这里是菊花的锚</a><br />
    飒飒西风满院栽，蕊寒香冷蝶难来。<br />
    他年我若为青帝，报与桃花一处开。<br />
        ●八、牡丹——花中之王。<a name="8">这里是牡丹的锚</a><br />
    庭前芍药妖无格，池上芙蕖净少情。<br />
    唯有牡丹真国色，花开时节动京城。<br />
        ●九、水仙——水波仙子。<a name="9">这里是水仙的锚</a><br />
    娉婷玉立碧水间，倩影相顾堪自怜。<br />
    只因无意缘尘土，春衫单薄不胜寒。<br />
        ●十、月季——花中皇后。<a name="10">这里是月季的锚</a><br />
    牡丹殊绝委春风，露菊萧疏怨晚丛。<br />
    何似此花荣艳足，四时常放浅深红。<br />
        </font>
    </body>
</html>
```

在测试之前，读者从以上代码可以看到，定义锚也用的是<a></a>标签，锚的名称用 name 属性定义（名称没有限制，可自定义）。而寻找锚的链接用 href 属性指定对应的名称，在名称前面要加个#符号。

运行完整的案例代码，效果如图 5-14 所示。

当浏览者单击超级链接时，页面将自动滚动到 href 属性值名称的锚位置。

【注意】 定义锚的标签<a name="">>></a>内不一定需要具体内容，只是作一个定位。

5.3.6 电子邮件的链接

超级链接还可以进一步扩展网页的功能，比较常用的是发电子邮件。完成以上的功能只需要修改超级链接的 href 值。发电子邮件的编写格式为

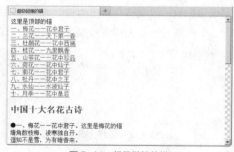

图 5-14 超级链接的锚

```
<a href = "mailto:邮件地址">给我发 email</a>
```

邮件地址必须完整，如 1227759997@qq.com。

接下来，我们通过一个案例演示电子邮件链接的方法，具体代码如下：

```
<!DOCTYPE html PUBLIC "-//W3C//DTD XHTML 1.0 Transitional//EN"
"http://www.w3.org/TR/xhtml1/DTD/xhtml1-transitional.dtd">
<html>
```

```
<head>
    ......
    <title>电子邮件的链接</title>
    <style type="text/css">

    </style>
</head>
<body>
    <font size="5">
    <a href="mailto:1227759997@qq.com" title="读者你好，单击这里可以发电子邮件。">给我发 E-mail
</a><br />
    </font>
</body>
</html>
```

运行完整的案例代码，效果如图 5-15 所示。

图 5-15　电子邮件的链接

5.3.7　设置超级链接的样式

定义超级链接时，为了提高用户体验，经常需要为超级链接指定不同的状态，使得超级链接在单击前、单击后和鼠标指针悬停时的样式不同。在 CSS 中，链接伪类可以实现不同的链接状态。伪类并不是真正意义上的类，它的名称是由系统定义的，通常由标记名、类名或 id 名加 ":" 构成。

CSS 使用伪类来控制链接在各种状态下的显示效果，伪类包括 link、hover、active、visited。

·link 伪类：可以定义未访问链接的各种显示效果，包括文本颜色、字体大小、字体样式等。

·hover 伪类：可以定义链接鼠标指针悬停的各种显示效果，包括文本颜色、字体大小、字体样式等。

·active 伪类：可以定义链接激活时的显示效果，链接激活是指鼠标按下与释放之间。

·visited 伪类：可以定义链接访问后的效果，包括文本颜色、字体大小、字体样式等。

在定义这些状态时，有一个顺序 "l v h a"。为方便大家记忆，我们只需要记住这样一个准则——"爱恨准则"，即："love hate"。

接下来，我们通过一个案例演示设置超级链接的样式的方法，具体代码如下：

```
<!DOCTYPE html PUBLIC "-//W3C//DTD XHTML 1.0 Transitional//EN"
"http://www.w3.org/TR/xhtml1/DTD/xhtml1-transitional.dtd">
<html>
    <head>
......
        <title>设置超级链接的样式</title>
        <style type="text/css">
            a:link,a:visited{                    /*未访问和访问后*/
                color:#000000;
                text-decoration:none;            /*清除超链接默认的下画线*/
                margin-right:20px;
            }
            a:hover{                             /*鼠标指针悬停*/
                color:red;
                text-decoration:underline;       /*鼠标指针悬停时出现下画线*/
            }
            a:active{ color:green;}              /*鼠标单击不动*/
        </style>
    </head>
    <body>
        <a href="#">公司首页</a>
        <a href="#">公司简介</a>
        <a href="#">产品介绍</a>
        <a href="#">联系我们</a>
    </body>
</html>
```

运行完整的案例代码，得到效果如图 5-16
所示。

以上代码中，我们通常将 a:link 和 a:visited
两种伪类写在一起。

上图中，超链接按设置的默认样式显示，文

图 5-16 设置超级链接的样式

本颜色为黑、无下划线。当鼠标指针移上链接文本时和单击链接文本不动时，会分别显示相应样式效果。

【注意】 同时使用链接的 4 种伪类时，通常按照 a:link、a:visited、a:hover 和 a:active 的顺序书写，
否则定义的样式可能不起作用。

【操作准备】

创建所需的文件夹，复制所需的资源到桌面上。即：在本地硬盘（例如 D 盘）中创建一个文件夹"网
页设计与制作练习 Unit05"，然后将光盘中的"start"文件夹中"Unit05"文件夹中的"Unit05 课程资源"
文件夹所有内容复制到桌面上。

【模仿训练】

任务 5.1 北京大学网站包含 Flash 元素和超级链接的网页制作

本单元"模仿训练"的任务卡如表 5.1 所示。

表 5.1 单元 5"模仿训练"任务卡

任务编号	5.1	任务名称	北京大学网站包含 Flash 元素和超级链接的网页制作	
网页主题	北京大学		计划工时	
网页制作 任务描述	（1）创建表格布局的网页 task5-1.html，该网页中包含多个表格 （2）在网页中插入 SWF 动画或图像 （3）在网页中创建多个超级链接，包括文本形式的外部链接和内部链接、图片形式的内部链接、电子邮件链接、文件下载链接、锚点链接、空地址链接、图像热点链接、对链接有效性和正确性进行检查			
网页布局 结构分析	（1）采用表格布局方式，主体结构为上、中、下结构 （2）文字型导航栏（位于网页底部）			
网页色彩 搭配分析	网页中文字的颜色：#2b2b2b，链接颜色：#6633CC，变换图像链接颜色：#FF6600，已访问链接颜色：#00FFFFF，活动链接颜色：#FF9999			
网页组成 元素分析	主要包括表格、文本、图像、SWF 动画和多种形式的超级链接等网页元素			
任务实现 流程分析	新建网页文档 task5.html→在网页中插入多个表格→在表格单元格中输入文字、插入图像→插入 SWF 动画或图像→创建多个超级链接			

本单元"模仿训练"的任务跟踪卡如表 5.2 所示。

表 5.2 单元 5"模仿训练"任务跟踪卡

任务编号	开始时间	完成时间	计划工时	实际工时	当前状态

本单元"模仿训练"网页 task5-1.html 的浏览效果如图 5-17 所示。

图 5-17 包含 Flash 元素和超级链接的网页效果图

任务 5.1.1 北京大学网站包含 Flash 元素的网页制作

〖任务描述〗

（1）创建 Unit05 站点结构，将所需图片复制到"images"文件夹中，使用"网页骨架.html"文件，保存为"task5-1.html"网页文件，将其拖曳到编辑器中进行编辑，修改标题为"包含 Flash 元素和超级链接的网页"，并且，加上<div>标签，作为一个"容器"。

该部分代码为

微课视频

北京大学网站包含
Flash 元素的网页
制作任务描述

```
<!DOCTYPE html PUBLIC "-//W3C//DTD XHTML 1.0 Transitional//EN"
"http://www.w3.org/TR/xhtml1/DTD/xhtml1-transitional.dtd">
<html>
    <head>
        ......
        <title>包含 Flash 元素和超级链接的网页</title>
        <style type="text/css">

        </style>
    </head>
    <body>
        <div align="center">

        </div>
    </body>
</html>
```

（2）在火狐浏览器中，打开 Adobe 官网的 Flash 帮助页面，如图 5-18 所示。

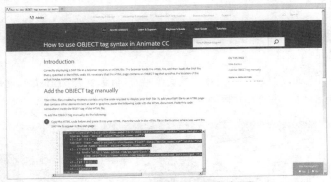

图 5-18 Adobe 官网的 Flash 帮助页面

Adobe 官网的 Flash 帮助页面可复制代码如下：

```
<object classid="clsid:d27cdb6e-ae6d-11cf-96b8-444553540000" width="550" height="400" id= "movie_name"
align="middle">
    <param name="movie" value="movie_name.swf"/>
```

```
    <!--[if !IE]>-->
    <object type="application/x-shockwave-flash" data="movie_name.swf" width="550" height="400">
        <param name="movie" value="movie_name.swf"/>
    <!--<![endif]-->
        <a href="http://www.adobe.com/go/getflash">
            <img src="http://www.adobe.com/images/shared/download_buttons/get_flash_player.gif" alt="Get
Adobe Flash player"/>
        </a>
    <!--[if !IE]>-->
    </object>
    <!--<![endif]-->
</object>
```

（3）将 Adobe 官网的 Flash 帮助页面<object></object>标签中的所有代码复制到编辑器中"task5-1.html"网页文件中的<div></div>标签中。复制后的代码为

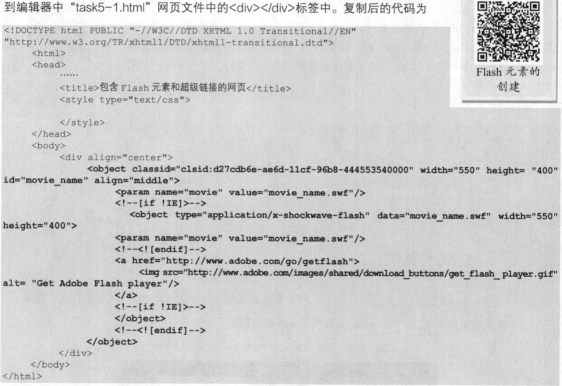

微课视频

Flash 元素的
创建

```
<!DOCTYPE html PUBLIC "-//W3C//DTD XHTML 1.0 Transitional//EN"
"http://www.w3.org/TR/xhtml1/DTD/xhtml1-transitional.dtd">
    <html>
    <head>
        ……
        <title>包含 Flash 元素和超级链接的网页</title>
        <style type="text/css">

        </style>
    </head>
    <body>
        <div align="center">
            <object classid="clsid:d27cdb6e-ae6d-11cf-96b8-444553540000" width="550" height= "400"
id="movie_name" align="middle">
                <param name="movie" value="movie_name.swf"/>
                <!--[if !IE]>-->
                    <object type="application/x-shockwave-flash" data="movie_name.swf" width="550"
height="400">
                    <param name="movie" value="movie_name.swf"/>
                <!--<![endif]-->
                <a href="http://www.adobe.com/go/getflash">
                    <img src="http://www.adobe.com/images/shared/download_buttons/get_flash_ player.gif"
alt= "Get Adobe Flash player"/>
                </a>
                <!--[if !IE]>-->
                </object>
                <!--<![endif]-->
            </object>
        </div>
    </body>
</html>
```

（4）获得 Flash 的尺寸大小。

使用 Adobe Flash Player 播放器，打开提供的资源中的 Flash 文件：bd-flash.swf（该 Flash 文件的目录：images/ bd-flash.swf）。其在播放器中的效果如图 5-19 所示。

图 5-19 提供的 bd-flash.swf 文件效果截图

使用 FastStone Capture "截图"工具，如图 5-20 所示，可获得其尺寸为：980px×175px。

图 5-20　FastStone Capture 软件图标

（5）修改以上代码中的 7 个参数（Flash 的尺寸大小 980px×175px），修改参数后的代码如下：

```
<!DOCTYPE html PUBLIC "-//W3C//DTD XHTML 1.0 Transitional//EN"
"http://www.w3.org/TR/xhtml1/DTD/xhtml1-transitional.dtd">
    <html>
    <head>
        ......
        <title>包含 Flash 元素和超级链接的网页</title>
        <style type="text/css">

        </style>
    </head>
    <body>
        <div align="center">
            <object classid="clsid:d27cdb6e-ae6d-11cf-96b8-444553540000" width="980" height="175"
id="movie_name" align="middle">
                <param name="movie" value="images/bd-flash.swf"/>
                <!--[if !IE]>
                    <object type="application/x-shockwave-flash" data="images/bd-flash.swf" width="980"
height="175">
                    <param name="movie" value="images/bd-flash.swf"/>
                <!--<![endif]-->
                <a href="http://www.adobe.com/go/getflash">
                    <img src="http://www.adobe.com/images/shared/download_buttons/get_flash_ player.gif"
alt="Get Adobe Flash player"/>
                </a>
                <!--[if !IE]>-->
                </object>
                <!--<![endif]-->
            </object>
        </div>
    </body>
</html>
```

（6）保存后，查看浏览器效果，如图 5-21 所示。至此，北京大学网站包含 Flash 元素的网页制作完成。

图 5-21　Flash 文件插入后的页面效果

【说明】　使用该方法的好处：对于没有安装 Adobe Flash Player 播放器的用户，程序会自动提示用户进行安装，如图 5-22 所示。

图 5-22　Adobe Flash Player 播放器安装界面

〖任务实施〗

（1）创建 Unit05 站点结构，将所需图片复制到"images"文件夹中，使用"HTML 骨架.html"文件，保存为"task5-1.html"网页文件，将其拖曳到编辑器中进行编辑，修改标题为"包含 Flash 元素和超级链接的网页制作"。

（2）从 Adobe 官网复制插入 Flash 对象的最权威的源代码到"HTML 骨架.html"文件中。

（3）获得 Flash 的尺寸大小。

（4）修改相应的尺寸、.swf 文件名及标题。

（5）保存后，查看浏览效果。

任务 5.1.2　北京大学网站包含超链接的网页制作

〖任务描述〗

北京大学网站包含超链接的网页效果如图 5-23 所示。

图 5-23　包含超级链接的网页效果图

任务 5.1.2.1　内部链接的创建

〖任务描述〗

（1）使用绘制细线表格的方法，对以下内容进行布局。并在下面绘制水平线，通过查询手册，设置其属性。

（2）对第二行的第一个图像（我的大学课堂）加上链接，网页文件为 wddxkt.html。图 5-24 所示为该文件的浏览效果图。

微课视频

内部链接的
创建

（3）为第二行上的另外 5 个图像分别加上链接，分别为 xlf.html、xxzz.html、yxb.html、zsw.html 和 jyxxw.html。

代码如下：

```
<!DOCTYPE html PUBLIC "-//W3C//DTD XHTML 1.0 Transitional//EN"
"http://www.w3.org/TR/xhtml1/DTD/xhtml1-transitional.dtd">
<html>
    <head>
        ......
        <title>包含 Flash 元素和超级链接的网页</title>
        <style type="text/css">

        </style>
    </head>
    <body>
        <div align="center">
            <object classid="clsid:d27cdb6e-ae6d-11cf-96b8-444553540000" width="980" height= "175"
id="movie_name" align="middle">
                <param name="movie" value="images/bd-flash.swf"/>
                <!--[if !IE]-->
                    <object type="application/x-shockwave-flash" data="images/bd-flash.swf"
width="980" height="175">
                    <param name="movie" value="images/bd-flash.swf"/>
                <!--<![endif]-->
                    <a href="http://www.adobe.com/go/getflash">
                        <img
src="http://www.adobe.com/images/shared/download_buttons/get_flash_player.gif" alt="Get Adobe Flash
```

```
player"/>
                    </a>
                    <!--[if !IE]>-->
                    </object>
                    <!--<![endif]-->
            </object>
        </div>
        <br />
        <table border="0" align="center" cellpadding="5px" cellspacing="1" bgcolor="#cccccc">
            <tr bgcolor="#f1f1f1">
                <td align="center"><img src="images/yqlj.jpg"></td>
                <td align="center">清华大学</td>
                <td align="center">复旦大学</td>
                <td align="center">浙江大学</td>
                <td align="center">武汉大学</td>
                <td align="center">同济大学</td>
            </tr>
            <tr bgcolor="#ffffff">
                <td><a href="wddxkt.html"><img src="images/01.jpg"></a></td>
                <td><a href="xlf.html"><img src="images/02.jpg"></a></td>
                <td><a href="xxzz.html"><img src="images/03.jpg"></a></td>
                <td><a href="yxb.html"><img src="images/04.jpg"></a></td>
                <td><a href="zsw.html"><img src="images/05.jpg"></a></td>
                <td><a href="jyxxw.html"><img src="images/06.jpg"></a></td>
            </tr>
            <tr bgcolor="#ffffff">
                <td colspan="6" align="center">首页 | 设为首页 | 加入收藏 | 给我写信 | 资料下载 | 打开
窗口 | 关闭窗口</td>
            </tr>
        </table>
        <br />
        <hr align="center" size="3px"  width="980px" color="red" />
    </body>
</html>
```

浏览效果如图 5-25 所示。

图 5-24　wddxkt.html 页面浏览效果图

图 5-25　设置了图像内部链接的网页浏览效果

〖任务实施〗

（1）使用绘制细线表格的方法，对以下内容进行布局，并在下面绘制水平线，通过查询手册，设置其属性。

（2）对表格第 2 行上的各个图像分别加上链接，在火狐浏览器中浏览。

任务 5.1.2.2 外部链接的创建

〖任务描述〗

对表格中第 1 行上的 2~6 列的各个文字分别加上该大学的链接，在 href 属性中直接输入网址即可。

微课视频

外部链接的
创建

代码如下：

```
……
<tr bgcolor="#f1f1f1">
    <td align="center"><img src="images/yqlj.jpg"></td>
    <td align="center"><a href="http://www.tsinghua.edu.cn/publish/newthu/index.html">清华大学</a></td>
    <td align="center"><a href="http://www.fudan.edu.cn">复旦大学</a></td>
    <td align="center"><a href="http://www.zju.edu.cn">浙江大学</a></td>
    <td align="center"><a href="http://www.whu.edu.cn">武汉大学</a></td>
    <td align="center"><a href="http://www.tongji.edu.cn">同济大学</a></td>
</tr>
……
```

浏览效果如图 5-26 所示。

图 5-26 设置了文字外部链接的网页浏览效果

单击文字"清华大学"的链接，打开清华大学官网首页，如图 5-27 所示。

图 5-27 清华大学官网首页

〖任务实施〗

（1）对表格第 1 行上的 2~6 列的各个文字分别加上该大学的链接，其方法是：在 href 属性中直接输入网址即可。

（2）在浏览器中浏览。

（3）单击相应的文字的链接。

任务 5.1.2.3 电子邮件链接和文件下载链接的创建

〖任务描述〗

（1）对表格中第 3 行上的第 4 项"给我写信"文字加上链接，其方法是：在 href 属性中直接输入"电子邮件地址"，即"mailto:1227759997@qq.com"。

（2）对表格第 3 行上的第 5 项"资料下载"文字加上链接，其方法是：在 href 属性中直接输入被下载的"目标文档位置及全称"，即"ziti.zip"。如图 5-28 所示。

图 5-28 网页文件和下载资料的相对位置

代码如下：

```
……
<tr bgcolor="#ffffff">
    <td colspan="6" align="center">首页  |  设为首页  |  加入收藏  |  <a href="mailto:seo100@126.com">
给我写信</a>  |  <a href="ziti.zip">资料下载</a>  |  打开窗口  |  关闭窗口</td>
</tr>
……
```

〖任务实施〗

（1）对表格第 3 行上的第 5 项"资料下载"文字加上链接，在 href 属性中直接输入被下载的"目标文档位置及全称"。

（2）对表格第 3 行上的第 4 项"给我写信"文字加上链接，在 href 属性中直接输入"电子邮件地址"。

任务 5.1.2.4　空链接和脚本链接的创建

〖任务描述〗

（1）对表格第 3 行上的第 1 项"首页"文字加上链接，在 href 属性中输入"#"。创建了一个没有目标端点的链接，即：空链接。

（2）将该行上的"设为首页""加入收藏""打开窗口""关闭窗口"的内容分别加上空链接和脚本链接（JavaScript 的内容）。

代码如下：

```
……
<tr bgcolor="#ffffff">
    <td colspan="6" align="center"><a href="#">首页</a>  |  <a href="#"
onClick="this. style.behavior='url(#default#homepage)';this.sethomepage('http://www.sohu.com')">设为首页</a> | <a
href="#" onClick="javascript:window.external.addfavorite ('http://www. sohu.com','搜狐')">加入收藏</a> | <a
href="mailto:seo100@126.com">给我写信</a>  |
<a href="ziti.zip">资料下载</a>  | <a
href=javascript:window.open("http://www.163.com")>打开窗口</a>  | <a href=javascript: window.close()> 关闭窗口
</a></td>
</tr>
……
```

浏览效果如图 5-29 所示。

图 5-29　电子邮件链接和其他链接的创建效果图

〖任务实施〗

（1）对第 3 行上的第 1 项"资料下载"文字加上链接，创建一个空链接。

（2）将该行上的"设为首页""加入收藏""打开窗口""关闭窗口"的内容分别加上空链接和脚本链接。

（3）在浏览器中浏览。

【说明】　由于该部分内容牵涉到 JavaScript 的内容，故读者只需对其进行了解即可。本单元对"脚本链接的创建"任务不做要求。

任务 5.1.2.5　锚点（局部）链接的创建

〖任务描述〗

（1）在编辑器中打开"wddxkt.html"文件，另存为"wddxkt02.html"文件。

（2）在编辑器中打开"wddxkt02.html"文件。

（3）创建锚点：在需要跳转的指定位置，如在详情部分"【我的大学课堂 03】"位置创建锚点，锚点名称为"03"，关键代码如下所示：

```
<p><a name="03">【我的大学课堂03】</a>03 分析之美——我的"数学分析"课    提起数学分析，
大家应该都并不陌生：外行视之为天书，满篇符号定理，似无美感可言；内行则深谙"分析乃数学基础"这一金科玉律，勤学苦练，却
往往仍是疑惑无数，哀叹力不从心。故江湖有言曰"数分猛于虎也"。然而，有这么一位老教师，他的数分课堂妙趣横生，干巴巴的定
理在他的描绘下胜似一件件艺术品；他的"作业"极具指导性与针对性，特殊的训练使学生们高效地掌握了这门主干基础课的基本内容，
做到"心中有数"。他，就是北京大学数学科学学院教授谭小江老师……与往常一样，课后老师仍然会被众星捧月般地围在中间，黑板
上又会多几行不一样的字体。那些密密麻麻的数学符号，凝聚的是师生间的相互信任，以及他们对于数学共同的热爱，恰如数学本身一
样，美好而纯粹。</p>
```

（4）链接锚点：在需要出现链接锚点的位置，即导航对应的位置，如在列表项"【我的大学课堂03】"位置创建锚点链接，注意在锚点名称前加"#"，关键代码如下所示：

```
<li><a href="#03">【我的大学课堂03】</a>03 分析之美——我的"数学分析"课</li>
```

锚点（局部）链接的创建完整代码如下：

```
<!DOCTYPE html PUBLIC "-//W3C//DTD XHTML 1.0 Transitional//EN"
"http://www.w3.org/TR/xhtml1/DTD/xhtml1-transitional.dtd">
<html>
    <head>
        ......
        <title>我的大学课堂</title>
        <style type="text/css">
            ul{
                list-style: none;
            }
        </style>
    </head>
    <body>
        <h3>我的大学课堂</h3>
        <ul>
            <li>【我的大学课堂01】01 莫小欢老师的欢乐——我的"线性代数"课</li>
            <li>【我的大学课堂02】02 有特色的通识教育——我的"地震概论"课</li>
            <li><a href="#03">【我的大学课堂03】</a>03 分析之美——我的"数学分析"课</li>
            <li>【我的大学课堂04】04 一片新意在教学——我的"普通化学"课</li>
            <li>【我的大学课堂05】05 收获的不只是音乐——我的"中国音乐概论"课</li>
        </ul>
        <p>【我的大学课堂01】01 莫小欢老师的欢乐——我的"线性代数"课    线性代数(Linear
Algebra)是数学的一个分支，它的研究对象是向量、向量空间、线性变换和有限维的线性方程组。向量空间是现代数学的一个重要课
题，因而，线性代数被广泛地应用于抽象代数和泛函分析中……莫小欢式的欢乐，来源于对数学的激情和对数学之外一切的天真无邪，
这种欢乐令我们深深地感动，在课程结束很久之后，仍留有千般咀嚼与回味。</p>
        <p>【我的大学课堂02】02 有特色的通识教育——我的"地震概论"课    赵克常老师在
地震概论课堂上聘请交谊舞教练的帖子在网上受到许多人的关注……看着周围忙忙碌碌生怕迟到错过点名的人群，回顾着马寅初校长和
学生们称兄道弟的年代，审视着这个经常翘课看闲书的迷茫的自己，我开始怀念地震概论和那个音调很高的独特嗓音，怀念它不点名的
自由和以两分钟为周期出现的笑点，怀念那个通识教育的五百人课堂，怀念那个普普通通衣裳发旧的赵老师。</p>
        <p>【我的大学课堂03】03 分析之美——我的"数学分析"课    
提起数学分析，大家应该都并不陌生：外行视之为天书，满篇符号定理，似无美感可言；内行则深谙"分析乃数学基础"这一金科玉律，
勤学苦练，却往往仍是疑惑无数，哀叹力不从心。故江湖有言曰"数分猛于虎也"。然而，有这么一位老教师，他的数分课堂妙趣横生，
干巴巴的定理在他的描绘下胜似一件件艺术品；他的"作业"极具指导性与针对性，特殊的训练使学生们高效地掌握了这门主干基础课
的基本内容，做到"心中有数"。他，就是北京大学数学科学学院教授谭小江老师……与往常一样，课后老师仍然会被众星捧月般地围
在中间，黑板上又会多几行不一样的字体。那些密密麻麻的数学符号，凝聚的是师生间的相互信任，以及他们对于数学共同的热爱，恰
如数学本身一样，美好而纯粹。</p>
        <p>【我的大学课堂04】04 一片新意在教学——我的"普通化学"课    隆冬腊月，生命
科学学院"普通化学"期末考试后，每位同学都收到了一份特别的新年礼物——科普读物《相同与不同》……也相信2017年这份期末
考试后的新年礼物，每位生科的大一新生都不会忘记。而同样珍藏的，是王老师的背影，以及那些关于普通化学课程的美好记忆。</p>
        <p>【我的大学课堂05】05 收获的不只是音乐——我的"中国音乐概论"课    2017年春
季，我上了一门文史大类平台课"中国音乐概论"。看这名字，我以为这只是一门对中国音乐的历史和文化进行概括性介绍的普通课程，
然而一个学期下来，我真的学到了太多太多。一门课程的风格与授课老师有很大联系，"中国音乐概论"的授课老师是艺术学院副教授
刘小龙，他幽默风趣，笑容坦荡，充满了艺术气息。主攻西方音乐史的刘老师谈及中国音乐的名人轶事、历史花絮，依然信手拈来……
"中国音乐概论"的课程，让我深刻感悟到音乐的价值，不仅仅停留在遥远的艺术审美意义上，它更是一种追求爱与美的生活期许，是
一种领悟世界和人生的思维方式。这就是让我聆听、触摸音乐以及音乐之外的东西的殿堂，这就是我的大学课堂。</p>
    </body>
</html>
```

【注意】 a 标签中的 href 值要和被转到位置标签中的 name 值相同。

（5）在火狐浏览器中浏览，效果如图 5-30 和图 5-31 所示。

图 5-30　设置锚点链接后的页面效果

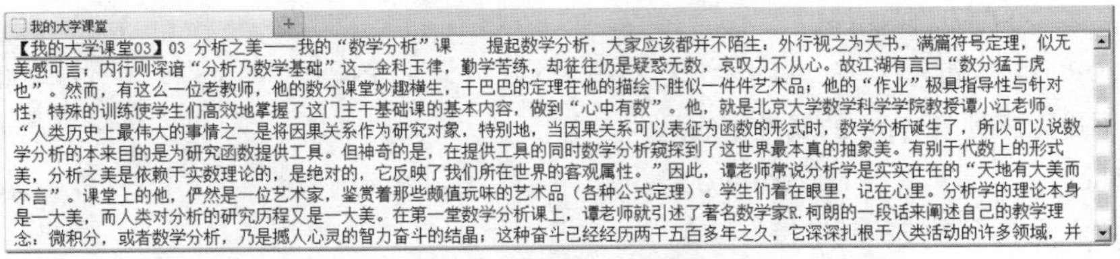

图 5-31　单击锚点链接后的页面效果

〖任务实施〗

（1）在编辑器中打开"wddxkt02.html"文件。

（2）创建锚点。

（3）链接锚点。

（4）在浏览器中浏览。

【拓展训练】

任务 5.2　绿色食品网站包含 Flash 元素和超级链接的网页制作

本单元"拓展训练"的任务卡如表 5.3 所示。

表 5.3　单元 5"拓展训练"任务卡

任务编号	5.2	任务名称	绿色食品网站包含 Flash 元素和超级链接的网页制作	
网页主题	绿色食品		计划工时	
拓展训练 任务描述	（1）创建表格布局的网页，该网页中包含多个表格 （2）在网页中插入 SWF 动画或图像 （3）在网页中创建多个超级链接，包括文本形式的外部链接和内部链接、图片形式的内部链接、电子邮件链接、文件下载链接、锚点链接、空地址链接、图像热点链接，对链接有效性和正确性进行检查			

本单元"拓展训练"的任务跟踪卡如表 5.4 所示。

表 5.4　单元 5"拓展训练"任务跟踪卡

任务编号	开始时间	完成时间	计划工时	实际工时	当前状态

【单元小结】

　　一个网站通过各种形式的超级链接将各个网页联系起来，形成一个整体，这样浏览者可以通过单击网页中的链接找到自己所需的网页和信息。

本单元介绍了插入 Flash 动画和创建超级链接的方法。其中，主要介绍了外部链接、文本形式的内部链接、图片形式的内部链接、电子邮件链接、文件下载链接、锚点链接、空地址链接（和图像热点链接）的创建方法。

【单元习题】

一、单选题

1. 有序列表的 HTML 代码是(　　)。
   A. `<ul><li>...</ul>`　　B. `<li><ul>...</li>`　　C. `<ol><li>...</ol>`　　D. `<li><ol>...<li>`

2. 无序列表的 HTML 代码是(　　)。
   A. `<li><ul>...</li>`　　B. `<ul><li>...</ul>`　　C. `<ol><li>...</ol>`　　D. `<li><ol>...<li>`

3. 下面不是无序列表 type 的属性值的是(　　)。
   A. disc　　　　　　B. square　　　　　　C. solid　　　　　　D. circle

4. 如何显示没有下画线的超链接(　　)。
   A. a {text-decoration:none}
   B. a {text-decoration:no underline}
   C. a {underline:none}
   D. a {decoration:no underline}

5. 以下创建 E-mail 链接的方法，正确的是(　　)。
   A. `<a href="master@163.com">管理员</a>`
   B. `<a href="callto:master@163.com">管理员</a>`
   C. `<a href="mailto:master@163.com">管理员</a>`
   D. `<a href="Email:master@163.com">管理员</a>`

6. 跳转到"hello.html"页面的"bn"锚点的代码是(　　)。
   A. `<a href="hello.html&bn"> ... </a>`
   B. `<a href="bnl#hellohtml"> ... </a>`
   C. `<a href="hello.html#bn"> ... </a>`
   D. `<a href="#bn"> ... </a>`

7. 下列 CSS 代码，(　　)能控制鼠标悬浮其上的超链接样式。
   A. a:link{color:#ff7300;}
   B. a:visited{color:#ff7300;}
   C. a:hover{color:#ff7300;}
   D. a:active{color:#ff7300;}

8. 下列关于超链接的伪类(　　)是鼠标悬浮其上的超链接样式。
   A. a:link　　　　　B. a:visited　　　　C. a:hover　　　　D. a:active

9. 下列关于超链接的伪类(　　)是鼠标单击时的超链接样式。
   A. a:link　　　　　B. a:visited　　　　C. a:hover　　　　D. a:active

10. 在 HTML 网页中添加如下 CSS 样式，鼠标悬浮在链接上面时，网页中的链接呈现的颜色为(　　)。

```
body { color:red; }
a { color:black; }
a:link,a:visited { color:blue; }
a:hover,a:active { color:green; }
...
```

   A. 红色　　　　　B. 绿色　　　　　C. 蓝色　　　　　D. 黑色

11. 在 CSS 中，要实现链接字体颜色为红色，无下画线，当鼠标移过时显示下画线的效果，以下选项正确的是(　　)。
   A. a:link{color:#ff0000;}
       a:hover{text-decoration:underline;}
   B. a{color:#ff0000;text-decoration:none;}
       a:hover{text-decoration:overline;}
   C. a{text-decoration:underline;}

a:hover{color:#ff0000;text-decoration:none;}

    D. a:link{color:#ff0000;text-decoration:none;}

       a:hover{text-decoration:underline;}

12. 在 HTML 中,若实现单击超链接时,弹出一个新的网页窗口,下列的(　　　)选项符合要求。

    A. <a href="right.html" target="_blank">节目</a>

    B. <a href="right.html" target="_self">节目</a>

    C. <a href="right.html" target="_parent">节目</a>

    D. <a href="right.html" target="_top">节目</a>

二、判断题

1. 建立锚点链接时必须在锚点前加"#"。　　　　　　　　　　　　　　　　　　（　　　）

2. 超链接：是一种标记,形象的说法就是单击网页中的这个标记则能够加载另一个网页,这个标记可以做在文本上也可以做在图像上。　　　　　　　　　　　　　　　　　　　　　　（　　　）

3. 在本窗口打开超链接的代码是<a href=URL target=_top>…</a>。　　　　　（　　　）

4. 超级连接里面有 target 属性,当 target="_blank"时,表示单击连接时将重新打开一个新的网页。（　　　）

5. 在创建网站的内部链接时,应尽量使用相对路径。　　　　　　　　　　　　　（　　　）

三、上机题

1. 请做出以下效果,并在浏览器测试,效果如图 5-32 所示。

该上机题考察的知识点为超链接标记、链接伪类控制超链接样式、元素类型的转换、盒子模型的内边距属性。

要求：文字颜色正常是#3c3c3c、白色背景,鼠标指针经过时变为#FF8400、#EDEEF0 色背景。

2. 请结合给出的素材,做出以下效果,并在浏览器测试,效果如图 5-33 所示。

图 5-32 上机题 5-1 效果图

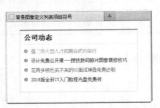
图 5-33 上机题 5-2 效果图

要求如下：

（1）鼠标指针经过时文字变为橙色并带有下画线。

（2）应用背景属性定义列表项目符号。

该上机题考察的知识点为列表、超链接、盒子模型属性的综合应用。

6 Project

单元 6
表单网页的制作

【教学导航】

教学目标	（1）学会制作表单网页 （2）在网页中正确插入表单域 （3）在表单域中正确插入文本域和文本区域 （4）在表单域中正确插入单选按钮、单选按钮组和复选框 （5）在表单域中正确插入列表/菜单、按钮和图像域 （6）在表单域中正确插入表单外框 （7）掌握检查提交表单数据正确性的方法
本单元重点	（1）在网页中正确插入表单域，在表单域中正确插入各种表单元素 （2）检查提交表单数据的正确性
本单元难点	（1）在表单域中插入列表/菜单 （2）在表单域中插入表单外框
教学方法	任务驱动法、分组讨论法

【本单元单词】

1. form [fɔ:m] 表，表单
2. input ['input] 输入
3. text [tekst] 文本
4. password ['pɑ:swə:d] 密码
5. radio ['reidiəu] 无线电，单选按钮
6. checkbox ['tʃɛkbɑks] 检验盒，复选框
7. file ['fail] 文件
8. hidden ['hidən] 隐藏
9. submit [səb'mit] 呈送，提交
10. reset ['ri:set] 清零，重置
11. button ['bʌtən] 纽扣，电钮，按钮
12. textarea [tekst] 文本区域
13. fieldset [fi:ldset] 字段集，元素
14. legend ['ledʒənd] 图例，铭文
15. action ['ækʃn] 行动，活动，功能
16. method ['meθəd] 方法，条理
17. readonly [rei'dɒnli] 只读的
18. disabled [dis'eibld] 使无效
19. checked [tʃekt] 方格图案，封闭的
20. maxlength [mæksleŋθ] 最大长度
21. multiple ['mʌltipl] 多重的，复杂的
22. option ['ɒpʃn] 选项，选择权

【预备知识】

表　　单

在 Web 网页中，浏览者经常需要与 WEB 服务器进行数据交换。当浏览者需要填写数据，并将这些数据发送到服务器端时，需要在页面中创建表单。

例如：

163 免费邮箱的登录表单，如图 6-1 所示。

博客园的登录表单，如图 6-2 所示。

华声论坛的注册表单，如图 6-3 所示。

由以上的例子可以看出，浏览者可以填写表单中的文本框、密码框等表单元素，并确认向服务器发送这批数据，由此实现浏览器与服务器之间的数据交换。

图 6-1　表单示例——163 免费邮箱登录页

图 6-2　表单示例——博客园登录页

图 6-3　表单示例——华声论坛注册

6.1　表单的构成与创建

6.1.1　认识表单

简单地说，"表单"是网页上用于输入信息的区域，它的主要功能是收集用户信息，并将这些信息传递给后台服务器，实现网页与用户的沟通。一个完整的表单通常由表单控件（也称为表单元素）、提示信息和表单域 3 个部分构成，对它们的具体解释如下。

（1）表单控件：包含了具体的表单功能项，如单行文本输入框、密码输入框、复选框、提交按钮、重置按钮等。

（2）提示信息：一个表单中通常还需要包含一些说明性的文字，提示用户进行填写和操作。

（3）表单域：它相当于一个容器，用来容纳所有的表单控件和提示信息，可以通过它定义处理表单数据所用程序的 url 地址，以及数据提交到服务器的方法。如果不定义表单域，表单中的数据就无法传送到后台服务器。

6.1.2　创建表单

创建表单的基本语法格式如下。

```
<form action="url 地址" method="提交方式" name="表单名称">
    各种表单控件
</form>
```

在上面的语法中，<form>与</form>之间的表单控件是由用户自定义的，action、method 和 name 为表单标记<form>的常用属性，对它们的具体解释如下。

一、action

在表单收集到信息后，需要将信息传递给服务器进行处理，action 属性用于指定接收并处理表单数据的服务器程序的 url 地址。例如：

```
<form action="form_action.asp">
```

表示当提交表单时，表单数据会传送到名为"form_action.asp"的页面去处理。

action 的属性值可以是相对路径或绝对路径，还可以为接收数据的 E-mail 邮箱地址。例如：

```
<form action=mailto:htmlcss@163.com>
```

表示当提交表单时，表单数据会以电子邮件的形式传递出去。

二、method

method 属性用于设置表单数据的提交方式，其取值为 get 或 post。其中 get 为默认值，这种方式提交的数据将显示在浏览器的地址栏中，保密性差，且有数据量的限制。而 post 方式的保密性好，并且无数据量的限制，使用 method="post"可以大量地提交数据。

三、name

name 属性用于指定表单的名称，以区分同一个页面中的多个表单。

说了这么多，我们还是看一个最简单的表单例子吧。

下面是最简单的表单的代码，不妨命名为 Unit06-1.html。

```
<!DOCTYPE html PUBLIC "-//W3C//DTD XHTML 1.0 Transitional//EN"
"http://www.w3.org/TR/xhtml1/DTD/xhtml1-transitional.dtd">
<html>
    <head>
        ......
        <title>最简单的表单</title>
        <style type="text/css">

        </style>
    </head>
    <body>
        <h2 align = "center">用户注册</h2>
        <form name = "myform1" method = "get" action = "Unit06-1_login.html" target = "_blank"> <!--表单开始-->
        请输入用户名: <input type = "text" name = "username" size = "10"><br /><br />
        请输入电子邮箱: <input type = "text" name = "email" size = "20"><br /><br />
        <center>
            <input type = "submit" value = "确定">   
            <input type = "reset" value = "重写">
        </center>
        </form>    <!—表单结束-->
    </body>
</html>
```

在这里，<form>和</form>中有不少内容。

在运行它之前，再编写一个简单的 Unit06-1_login.html 文件，内容如下。

```
<!DOCTYPE html PUBLIC "-//W3C//DTD XHTML 1.0 Transitional//EN"
"http://www.w3.org/TR/xhtml1/DTD/xhtml1-transitional.dtd">
<html>
    <head>
        ......
        <title>itsway——表单</title>
        <style type="text/css">

        </style>
    </head>
    <body>
```

> **到此为止，说明表单成功执行了！**
```
    </body>
</html>
```

然后，运行 Unit06-1.html，显示结果如图 6-4 所示。

其中，两个文本框中本来是没有内容的。我们可以在其中填写一些内容，如图 6-4 所示。此时如果单击【重写】按钮，将清空文本框，以便用户重写；如果单击【确定】，浏览器将打开一个新窗口显示 Unit06-1_login.html 文件的内容，如图 6-5 所示。

图 6-4　最简单的表单 01

图 6-5　最简单的表单 02

请注意在地址栏中显示的内容：

```
file:///D:/Unit06-1_login.html?username=tzh&email=abcd%26shou.com
```

这是因为表单的提交方式 method = get，所以 Unit06-1.html 把用户填写的数据附加在 url 后面，传送给 Unit06-1_login.html。把这个结果和前面讲的对照一下，是不是可以更好地理解前面的内容了？

读者可以把表单的提交方式 method 改成 post，再看看执行结果。

这里在表单的 action 属性中定义的处理程序是 Unit06-1_login.html。一般来说不会把表单数据再提交给一个简单的 HTML 网页文件，而是提交给扩展名为.asp（ASP 编写）、.aspx（ASP.NET 编写）、.jsp（Java 编写）或.php（PHP 编写）的程序，并由它们处理。

在上例的表单中，不仅有一些文字和过去学过的一些 HTML 标记，而且还有两个文本框和两个按钮对象。这就是表单控件。

【注意】　<form>标记的属性并不会直接影响表单的显示效果。要想让一个表单有意义，就必须在<form>与</form>之间添加相应的表单控件。

6.2　表单控件

表单控件用于定义不同的表单功能，如密码输入框、文本域、下拉列表、复选框等，下面将对这些表单控件进行详细的讲解。

6.2.1　input 控件

浏览网页时经常会看到单行文本输入框、单选按钮、复选框、提交按钮、重置按钮等，要想定义这些元素就需要使用 input 控件，其基本语法格式如下：

```
<input type="控件类型"/>
```

在上面的语法中，<input />标记为单标记，type 属性为其最基本的属性，其取值有多种，用于指定不同的控件类型。除了 type 属性之外，<input />标记还可以定义很多其他的属性，具体解释如下。

（1）type。

● text：单行文本输入框。

● password：密码输入框。

● radio：单选按钮。

● checkbox：复选框。

● button：普通按钮。

● submit：提交按钮。

- reset：重置按钮。
- image：图像形式的提交按钮。
- hidden：隐藏域。
- file：文件域。

（2）name：由用户自定义，表示控件的名称。

（3）value：由用户自定义，表示 input 控件中的默认文本值。

（4）size：正整数，表示 input 控件在页面中的显示宽度。

（5）readonly：表示该控件内容为只读（不能编辑修改）。

（6）disabled：表示第一次加载页面时禁用该控件（显示为灰色）。

（7）checked：表示定义选择控件默认被选中的项。

（8）maxlength：正整数，表示控件允许输入的最多字符数。

接下来通过一个案例来演示它们的用法和效果，具体代码如下所示：

```
<!DOCTYPE html PUBLIC "-//W3C//DTD XHTML 1.0 Transitional//EN"
"http://www.w3.org/TR/xhtml1/DTD/xhtml1-transitional.dtd">
<html>
    <head>
        ......
        <title>input 控件（完整的案例代码）</title>
        <style type="text/css">

        </style>
    </head>
    <body>
        <form action="#" method="post">
            用户名：
            <input type="text" value="张三" maxlength="6" /><br /><br />
            密码：
            <input type="password" size="40" /><br /><br />
            性别：
            <input type="radio" name="sex" checked="checked" />男
            <input type="radio" name="sex" />女<br /><br />
            兴趣：
            <input type="checkbox" />唱歌
            <input type="checkbox" />跳舞
            <input type="checkbox" />游泳<br /><br />
            上传头像：
            <input type="file" /><br /><br />
            <input type="submit" />
            <input type="reset" />
            <input type="button" value="普通按钮" />
            <input type="image" src="img/login.gif" />
            <input type="hidden" />
        </form>
    </body>
</html>
```

运行完整的案例代码，得到效果如图 6-6 所示。

上面我们认识了各种 input 控件，值得一提的是，常常需
要将<input />控件联合<label>标记使用，以扩大控件的选择
范围，从而提供更好的用户体验。例如在选择性别时，希望
单击提示文字"男"或者"女"也可以选中相应的单选按钮。

在图 6-6 所示的页面中，单击"用户名："时，光标
会自动移动到用户名输入框中，同样单击"男"或"女"时，
相应的单选按钮就会处于选中状态。

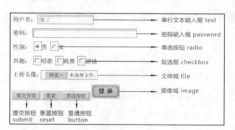

图 6-6　input 控件

6.2.2　textarea 控件

通过 textarea 控件可以轻松地创建多行文本输入框，其基本语法格式如下：

```
<textarea cols="每行中的字符数" rows="显示的行数">
    文本内容
</textarea>
```

在上面的语法格式中，cols 和 rows 为<textarea>标记的必须属性，其中 cols 用来定义多行文本输入框每行中的字符数，rows 用来定义多行文本输入框显示的行数，它们的取值均为正整数。

了解了 textarea 控件的基本语法，接下来通过一个具体的案例来学习它的用法和效果，具体代码如下所示：

```
<!DOCTYPE html PUBLIC "-//W3C//DTD XHTML 1.0 Transitional//EN"
"http://www.w3.org/TR/xhtml1/DTD/xhtml1-transitional.dtd">
<html>
    <head>
        ......
        <title>textarea 控件</title>
        <style type="text/css">

        </style>
    </head>
    <body>
        <form action="#" method="post">
            评论：
            <br />
            <textarea cols="60" rows="5">评论的时候，请遵纪守法并注意语言文明，多给文档分享人一些支持。
            </textarea><br /><br />
            <input type="submit" value="提交"/>
        </form>
    </body>
</html>
```

运行完整的案例代码，得到效果如图 6-7 所示。

值得一提的是，除了 cols 和 rows 属性外，<textarea>标记还拥有几个可选属性，分别为 disabled、name 和 readonly，它们的含义和用法同<input />标记中相应的属性相同。

图 6-7　textarea 控件

6.2.3　select 控件

在 HTML 中，要想制作如图 6-8、图 6-9 所示的下拉菜单，就需要使用 select 控件。

图 6-8　select 控件 01

图 6-9　select 控件 02

使用 select 控件定义下拉菜单的基本语法格式如下：

```
<select>
    <option>选项 1</option>
    <option>选项 2</option>
    <option>选项 3</option>
    ......
</select>
```

值得一提的是，在 HTML 中，可以为<select>和<option>标记定义属性，以改变下拉菜单的外观显示效果，具体解释如下。

一、<select>

size：指定下拉菜单的可见选项数（取值为正整数）。

multiple：定义 multiple="multiple"时，下拉菜单将具有多项选择的功能，方法为按住<Ctrl>键的同时选择多项。

二、<option>

selected：定义 selected =" selected "时，当前项即为默认选中项。

接下来通过一个案例来演示几种不同的下拉菜单效果，具体代码如下所示：

```html
<!DOCTYPE html PUBLIC "-//W3C//DTD XHTML 1.0 Transitional//EN"
"http://www.w3.org/TR/xhtml1/DTD/xhtml1-transitional.dtd">
<html>
    <head>
        ......
        <title>select 控件</title>
        <style type="text/css">

        </style>
    </head>
    <body>
     <form action="#" method="post">
        所在校区:<br />
        <select>
            <option>-请选择-</option>
            <option>北京</option>
            <option>上海</option>
            <option>广州</option>
            <option>武汉</option>
            <option>成都</option>
            <option>遵义</option>
        </select><br /><br />
        特长（单选）:<br />
         <select>
            <option>唱歌</option>
            <option selected="selected">画画</option>
            <option>跳舞</option>
        </select><br /><br />
        爱好（多选）:<br />
        <select multiple="multiple" size="4">
            <option>读书</option>
            <option selected="selected">写代码</option>
            <option>旅行</option>
            <option selected="selected">听音乐</option>
            <option>踢球</option>
        </select><br /><br />
        <input type="submit" value="提交"/>
     </form>
    </body>
</html>
```

运行完整的案例代码，得到效果如图 6-10 所示。

图 6-10　select 控件——几种不同的下拉菜单效果

图 6-11　select 控件——选项分组的下拉菜单效果

上面我们实现了不同的下拉菜单效果，但是，在实际网页制作过程中，有时候需要对下拉菜单中的选项进行分组，这样当存在很多选项时，要想找到相应的选项就会更加容易。如图 6-11 所示即为选项分组后的下拉菜单中选项的展示效果。

要想实现如图 6-11 所示的效果，可以在下拉菜单中使用<optgroup></optgroup>标记，下面通过一个具体的案例来演示为下拉菜单中的选项分组的方法和效果，具体代码如下所示：

```
<!DOCTYPE html PUBLIC "-//W3C//DTD XHTML 1.0 Transitional//EN"
"http://www.w3.org/TR/xhtml1/DTD/xhtml1-transitional.dtd">
<html>
    <head>
        ......
        <title>select 控件</title>
        <style type="text/css">

        </style>
    </head>
    <body>
        <form action="#" method="post">
            城区：<br />
            <select>
                <optgroup label="北京">
                    <option>东城区</option>
                    <option>西城区</option>
                    <option>朝阳区</option>
                    <option>海淀区</option>
                </optgroup>
                <optgroup label="上海">
                    <option>浦东新区</option>
                    <option>徐汇区</option>
                    <option>虹口区</option>
                </optgroup>
            </select>
        </form>
    </body>
</html>
```

运行完整的案例代码，即得到图 6-11 所展示的效果图。

【操作准备】

创建所需的文件夹，复制所需的资源到桌面上。即：在本地硬盘（例如 D 盘）中创建一个文件夹"网页设计与制作练习 Unit06"，然后将光盘中的"start"文件夹中"Unit06"文件夹中的"Unit06 课程资源"文件夹所有内容复制到桌面上。

【模仿训练】

任务 6.1 北京大学网站新生注册表单网页的制作

本单元"模仿训练"的任务卡如表 6.1 所示。

表 6.1 单元 6"模仿训练"任务卡

任务编号	6.1	任务名称	北京大学网站新生注册表单网页的制作	
网页主题	北京大学		计划工时	
网页制作 任务描述	（1）制作一个表格布局的网页 （2）在网页插入表单域，且设置该表单域的属性 （3）在表单域中分别插入单行文本域、文本区域、单选按钮、单选按钮组、复选框、下拉式菜单、列表、跳转菜单、表单按钮、图像域和表单外框			

续表

网页布局结构分析	（1）网页布局结构，如图 6-12 所示 （2）无导航栏
网页色彩搭配分析	网页中文字的颜色：#2b2b2b，背景颜色：#000000
网页组成元素分析	主要包括表格、表单域、表单控件、表单外框、文本和图像等网页元素
任务实现流程分析	制作表格布局的网页→插入表单域→插入表单控件→检查提交表单数据的正确性

本单元"模仿训练"的任务跟踪卡如表 6.2 所示。

表 6.2　单元 6"模仿训练"任务跟踪卡

任务编号	开始时间	完成时间	计划工时	实际工时	当前状态

本单元"模仿训练"网页 task6-1.html 的浏览效果如图 6-12 所示。

图 6-12　北京大学网站新生注册表单网页 task6-1.html 的浏览效果图

微课视频

北京大学网站新生
注册表单网页的制作
任务描述

微课视频

插入表单域、设置
属性及其表格布局 1

微课视频

插入表单域、设置
属性及其表格布局 2

任务 6.1.1　插入表单域、设置属性及其表格布局

〖任务描述〗

（1）操作准备。创建 Unit06 站点结构，将所需图片复制到"images"文件夹中，使用"网页骨架.html"文件，保存为"task6-1.html"网页文件，将其拖曳到编辑器中进行编辑，修改网页标题为"北京大学新生注册页面"。

（2）在网页中插入一个表单标记，设置表单属性。

（3）在表单中插入表格用于布局网页。设置表格属性，并合并单元格。

（4）在表格中，输入文字"用户名："，插入一个单行文本域，插入一个提交按钮，并设置属性。

（5）保存该网页，浏览并试用该表单网页。

浏览器效果如图 6-13、图 6-14 所示。

图 6-13　插入表单域、设置属性及其表格布局

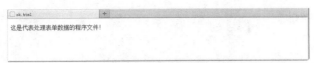

图6-14 模拟处理表单数据的程序文件

〖任务实施〗

（1）创建Unit6站点结构，将所需图片复制到"images"文件夹中，使用"网页骨架.html"文件，保存为"task6-1.html"网页文件，将其拖曳到编辑器中进行编辑，修改网页标题为"北京大学新生注册页面"，接着设置及其他属性，保存该网页，并在浏览器中浏览。

（2）在网页中插入一个表单标记，设置action属性为"ok.html"，其中"ok.html"代表处理表单数据的程序文件。设置表单的method属性为"post"。

（3）在网页的表单中插入一个2行2列的表格用于布局网页，表格的宽度（width）为600像素，边框（border）为1，对齐方式（align）为居中对齐（center），边距（cellpadding）为3像素，将表格第2行的两个单元格合并。

（4）在第1行第1列，输入文字"用户名："，在第1行第2列，插入一个单行文本域(名称为"username")，在第2行，插入一个提交按钮，设置value属性为"注册"。

（5）保存该网页，浏览并单击"注册"按钮，测试该表单将"张三"这些信息传递给后台服务器是否成功。

该部分代码为

```
<!DOCTYPE HTML PUBLIC "-//W3C//DTD HTML 4.01 Transitional//EN"
"http://www.w3.org/TR/html4/loose.dtd">
<html>
    <head>
        ......
            <title>北京大学新生注册页</title>
    </head>
    <body>
        <form action="ok.html" method="post">
            <table border="1" cellpadding="3" width="600" align="center">
                <tr>
                    <td>用户名：</td>
                    <td><input type="text" name="username" /></td>
                </tr>
                <tr>
                    <td colspan="2"><input type="submit" value="注册" /></td>
                </tr>
            </table>
        </form>
    </body>
</html>
```

任务6.1.2 插入表单控件并设置其属性

〖任务描述〗

（1）插入4个单行文本域。

（2）插入1个单选按钮组。

（3）插入4个复选框。

（4）插入1个下拉式菜单。

（5）插入1个列表框。

（6）插入1个浏览框（文件上传域）。

（7）插入1个多行文本框。

微课视频

插入表单控件并设置其属性1

（8）插入 2 个表单按钮。

（9）插入 1 个图像域。

〖任务实施〗

1. 插入单行文本域

在表单的文本域中，可以输入文本、数字或字母。输入的内容可以单行显示，也可以是多行显示，还可以将密码以星号形式显示。

插入文本域的过程如下。

（1）将表格中第 1 行的代码复制，粘贴作为表格的第 2 行。

（2）将"用户名："改为"密码："，接着设置文本域的属性：将 type 的属性值改为"password"，name 的属性值改为"pwd1"，删除其他属性。

插入 1 个文本域。默认插入的是单行文本域。

（3）用同样的方法：从第 2 行复制出表格的第 3 行，将"密码："改为"确认密码："，name 的属性值改为"pwd2"，其他属性同第 2 行。

从第 1 行复制出表格的第 4 行，将"用户名："改为"年龄："，name 的属性值改为"age"，"初始值"valued 的属性改为"18"，设置文本框中能显示的字节长度 size 为"2"，设置文本框最多能输入2 个字节的长度，即 maxlength 为"2"。

从第 1 行复制出表格的第 5 行，将"用户名："改为"电子邮箱："，name 的属性值改为"e-mail"，删除其他属性。

（4）保存该网页，预览其效果，如图 6-15 所示。

代码为

图 6-15　插入 4 个单行文本域后的表单

```
<!DOCTYPE HTML PUBLIC "-//W3C//DTD HTML 4.01 Transitional//EN"
"http://www.w3.org/TR/html4/loose.dtd">
<html>
    <head>
        ……
        <title>北京大学新生注册页面</title>
    </head>
    <body>
        <form action="ok.html" method="post">
            <table border="1" cellpadding="3" width="600" align="center">
                <tr>
                    <td>用户名：</td>
                    <td><input type="text" name="username" value="张三" /></td>
                </tr>
                <tr>
                    <td>密码：</td>
                    <td><input type="password" name="pwd1" /></td>
                </tr>
                <tr>
                    <td>确认密码：</td>
                    <td><input type="password" name="pwd2" /></td>
                </tr>
                <tr>
                    <td>年龄：</td>
                    <td><input type="text" name="age" value="18" size="2" maxlength="2" /></td>
                </tr>
                <tr>
                    <td>电子邮箱：</td>
                    <td><input type="text" name="e-mail" /></td>
                </tr>
                <tr>
                    <td colspan="2"><input type="submit" value="注册" /></td>
```

```
                    </tr>
                </table>
            </form>
    </body>
</html>
```

2.　插入单选按钮组

单选按钮通常是多个一起使用，提供彼此排斥的选项值，用户在单选按钮组内只能选择一个选项。使用单选按钮组，可以一次插入一组单选按钮。单选按钮的 type 属性为"radio"。

（1）使用复制、修改的方法，将表格中第 6 行 1 列修改为"性别："。

（2）在表格中第 6 行 2 列使用单选按钮组。该单选按钮组的名称"sex"，插入单选按钮组的好处就是使同一组单选按钮有统一的名称。

中间列出了单选按钮组中所包含的所有单选按钮，每一行代表 1 个单选按钮，包含两行。<input /> 后的文字用来设置单选按钮旁边的说明文字，"值"用来设置选中单选按钮后提交的值。

（3）插入一个空格 ，使其保持合适的间距。

代码为

```
……
<tr>
    <td>性别：</td>
    <td>
    <input type="radio" name="sex" value="男" />男
     
    <input type="radio" name="sex" value="女" />女
    </td>
</tr>
……
```

（4）保存网页，预览其效果，如图 6-16 所示。

3.　插入复选框

复选框允许在一组选项中选择多个选项，用户可以选择任意多个合适的选项。当表单被提交时，被选中复选框对应的值被传递给服务器的应用程序。复选框的 type 属性为"chockbox"。

图 6-16　插入 1 个单选按钮组后的表单

（1）使用复制、修改的方法，将表格中第 7 行第 1 列修改为"爱好："。

（2）在表格中第 7 行第 2 列使用复选框。该复选框的名称为"love"，复选框有统一的名称。

中间列出了所有复选框，它包含了 4 个复选框。<input /> 后的文字用来设置复选框旁边的说明文字，"值"用来设置选中复选框后提交的值。

（3）插入一个空格，使其保持合适的间距。

代码为

```
……
<tr>
    <td>爱好：</td>
    <td>
    <input type="checkbox" name="love" value="art" />艺术
     
    <input type="checkbox" name="love" value="music" />音乐
     
    <input type="checkbox" name="love" value="basketball" />篮球
     
    <input type="checkbox" name="love" value="football" />足球
    </td>
</tr>
……
```

（4）保存网页，预览其效果，如图 6-17 所示。

4. 插入下拉式菜单

还有一些非<input>元素，作为表单元素。

下拉式菜单为<select>元素。

微课视频

插入表单控件并设置其属性 2

图 6-17　插入 1 个复选框后的表单

（1）使用复制、修改的方法，将表格中第 8 行 1 列修改为"所在城市："。

（2）在表格中第 8 行 2 列使用下拉式菜单标签<select>。name 属性设为"city"。

（3）添加列表值。添加<option>标签列出列表项目，分别添加：==选择所属城市==、北京、上海、天津、重庆、遵义等 6 项。对各项给出"提交值"，初始化时选定"==选择所属城市=="选项。

代码为

```
……
<tr>
    <td>所在城市: </td>
    <td>
        <select name="city">
            <option selected="selected">==选择所属城市==</option>
            <option value="北京">北京</option>
            <option value="上海">上海</option>
            <option value="天津">天津</option>
            <option value="重庆">重庆</option>
            <option value="遵义">遵义</option>
        </select>
    </td>
</tr>
……
```

（4）保存网页，预览其效果，如图 6-18 所示。

5. 插入列表框

还有一些非<input>元素，作为表单元素。

列表框也为<select>元素。

（1）使用复制、修改的方法，将表格中第 9 行 1 列修改为"职业意向："。

图 6-18　插入 1 个下拉式菜单后的表单

（2）在表格中第 9 行 2 列使用列表框标签<select>。name 属性设为"target"。

（3）添加列表框值。添加<option>标签列出列表框项目，分别添加：公务员、公司职员、教师、律师和其他 5 项。对各项给出"提交值"。

（4）设置<select>标签的属性，size 属性为："4"，表示显示的行数。multiple="multiple"则表示可以多选。

代码为

```
……
<tr>
    <td>职业意向: </td>
    <td>
        <select name="target" size="4" multiple="multiple">
            <option value="公务员">公务员</option>
            <option value="公司职员">公司职员</option>
            <option value="教师">教师</option>
            <option value="律师">律师</option>
            <option value="其他">其他</option>
```

```
……
    </select>
  </td>
</tr>
……
```

（5）保存网页，预览其效果，如图6-19所示。

6．插入浏览框（文件上传域）

（1）使用复制、修改的方法，将表格中第10行第1列修改为"照片上传:"。

（2）在表格中第10行第2列使用浏览框标签<input>。name属性设为"mypic"。type属性设为"file"。

代码为

```
……
<tr>
  <td>照片上传: </td>
  <td><input type="file" name="mypic" /></td>
</tr>
……
```

（3）保存网页，预览其效果，如图6-20所示。

图6-19　插入1个列表框后的表单　　　　　　图6-20　插入1个浏览框后的表单

7．插入多行文本框

（1）使用复制、修改的方法，将表格中第11行第1列修改为"自我简介："。

（2）在表格中第11行第2列使用浏览框标签<textarea>。name属性设为"zwjj"。rows属性设为"5"。cols属性设为"40"。代码为

```
……
<tr>
  <td>自我简介: </td>
  <td>
    <textarea name="zwjj" rows="5" cols="40">我叫张三</textarea>
  </td>
</tr>
……
```

（3）保存网页，预览其效果，如图6-21所示。

8．插入表单重置按钮

（1）复制"注册"按钮部分，粘贴在其后。

（2）将type属性设为"resrt"。value属性设为"重置"。代码为

```
……
<tr>
  <td colspan="2">
    <input type="submit" value="注册" />
    <input type="reset" value="重置" />
  </td>
</tr>
……
```

保存网页，预览其效果，如图 6-22 所示。

图 6-21 插入 1 个多行文本框后的表单　　　　　图 6-22 插入重置按钮后的表单

9. 插入图像域

（1）复制"重置"按钮部分，粘贴在其后。

（2）将 type 属性设为"images"。输入图像的正确路径。代码为

微课视频

插入图像域及
表单外框

```
......
<tr>
    <td colspan="2">
        <input type="submit" value="注册" />
        <input type="reset" value="重置" />
        <input type="image" name="botton" src="images/button.jpg" />
    </td>
</tr>
......
```

（3）保存网页，预览其效果，如图 6-23 所示。

（4）单击图像按钮，得到以下结果，如图 6-24 所示。这说明该表单将信息传递给后台服务器是成功的。

图 6-23 插入图像按钮后的表单　　　　　图 6-24 模拟处理表单数据的程序文件

于是，我们可以得出结论：图像按钮具有"提交"功能。

任务 6.1.3 插入表单外框并设置其属性

〖任务描述〗

（1）插入表单外框。

（2）定义外框标题。

（3）在表单的外部加上一个 1 行 1 列的表格。设置该表格的属性。

（4）对表单中第 1 列的所有元素属性进行设置，修改该表格属性。

（5）保存网页，预览其效果。

〖任务实施〗

（1）使用<fieldset>标签在表单域中插入外框。

（2）使用<legend>定义外框标题"北京大学新生注册"。

（3）<fieldset>标签、<form>标签都没有宽度属性，而<table>标签可以控制宽度、高度。在表单的外部加上一个 1 行 1 列的表格。设置该表格的属性，宽度 width 设为"650"，并居中对齐。

（4）将表单中第 1 列的所有元素（如"用户名："）的<td>属性 align 设为"right"，按钮单元格的 align 属性设为"center"。接着删除该表格<table>标签的属性"border='1'"。

（5）保存网页，预览其效果，如图 6-11 所示，任务完成。

该页面的完整代码为

```html
<!DOCTYPE HTML PUBLIC "-//W3C//DTD HTML 4.01 Transitional//EN"
"http://www.w3.org/TR/html4/loose.dtd">
<html>
    <head>
        ......
            <title>北京大学新生注册页面</title>
    </head>
    <body>
        <table width = "650" align="center">
            <tr>
                <td>
                    <form action="ok.html" method="post">
                        <fieldset>
                        <legend>北京大学新生注册</legend>
                        <br />
                        <table cellpadding="3" width="600" align="center">
                            <tr>
                                <td align="right">用户名：</td>
                                <td><input type="text" name="username"  value="张三" /></td>
                            </tr>
                            <tr>
                                <td align="right">密码：</td>
                                <td><input type="password" name="pwd1" /></td>
                            </tr>
                            <tr>
                                <td align="right">确认密码：</td>
                                <td><input type="password" name="pwd2" /></td>
                            </tr>
                            <tr>
                                <td align="right">年龄：</td>
                                <td><input type="text" name="age" value="18" size="2" maxlength="2" /></td>
                            </tr>
                            <tr>
                                <td align="right">电子邮箱：</td>
                                <td><input type="text" name="e-mail" /></td>
                            </tr>
                            <tr>
                                <td align="right">性别：</td>
                                <td>
                                    <input type="radio" name="sex" value="男" />男
 
                                    <input type="radio" name="sex" value="女" />女
                                </td>
                            </tr>
                            <tr>
                                <td align="right">爱好：</td>
                                <td>
                                    <input type="checkbox" name="love" value="art" />艺术
                                     
                                    <input type="checkbox" name="love" value="music" />音乐
                                     
                                    <input type="checkbox" name="love" value="basketball" />篮球
                                     
                                    <input type="checkbox" name="love" value="football" />足球
                                </td>
                            </tr>
                            <tr>
                                <td align="right">所在城市：</td>
                                <td>
                                    <select name="city">
```

```
                                                <option selected="selected">==选择所属城市==</option>
                                                <option value="北京">北京</option>
                                                <option value="上海">上海</option>
                                                <option value="天津">天津</option>
                                                <option value="重庆">重庆</option>
                                                <option value="遵义">遵义</option>
                                            </select>
                                        </td>
                                    </tr>
                                    <tr>
                                        <td align="right">职业意向: </td>
                                        <td>
                                            <select name="target" size="4" multiple="multiple">
                                                <option value="公务员">公务员</option>
                                                <option value="公司职员">公司职员</option>
                                                <option value="教师">教师</option>
                                                <option value="律师">律师</option>
                                                <option value="其他">其他</option>
                                            </select>
                                        </td>
                                    </tr>
                                    <tr>
                                        <td align="right">照片上传: </td>
                                        <td><input type="file" name="mypic" /></td>
                                    </tr>
                                    <tr>
                                        <td align="right">自我简介: </td>
                                        <td>
                                            <textarea name="zwjj" rows="5" cols="40">我叫张三</textarea>
                                        </td>
                                    </tr>
                                    <tr>
                                        <td colspan="2" align="center">
                                            <input type="submit" value="注册" />
                                            <input type="reset" value="重置" />
                                        </td>
                                    </tr>
                                </table>
                            </fieldset>
                        </form>
                    </td>
                </tr>
            </table>
        </body>
</html>
```

【拓展训练】

任务 6.2　绿色食品网站表单网页的制作

本单元"拓展训练"的任务卡如表 6.3 所示。

表 6.3　单元 6 "拓展训练"任务卡

任务编号	6.2	任务名称	绿色食品网站表单网页的制作
网页主题	绿色食品	计划工时	
拓展训练 任务描述	（1）制作一个表格布局的网页 （2）在网页插入表单域，且设置该表单域的属性 （3）在表单域中分别插入单行文本域、文本区域、单选按钮、单选按钮组、复选框、下拉式菜单、列表、跳转菜单、表单按钮、图像域和表单外框		

本单元"拓展训练"的任务跟踪卡如表 6.4 所示。

表 6.4　单元 6"拓展训练"任务跟踪卡

任务编号	开始时间	完成时间	计划工时	实际工时	当前状态

【单元小结】

表单是网页与浏览者交互的一种界面，在网页有着广泛的应用，例如在线注册、在线购物、在线调查问卷等，这些过程都需要填写一系列表单，然后将其发送到网站的服务器，并由服务器端的应用程序来处理，从而实现与浏览者的交互。

本单元介绍了制作表单网页的方法，主要包括在网页插入表单域及其属性设置，在表单域中插入单行文本域、文本区域、单选按钮、单选按钮组、复选框、下拉式菜单、列表、表单按钮、图像域和表单外框，验证表单数据的有效性等。

【单元习题】

一、单选题

1. 以下有关表单的说明中，错误的是（　　　）。

　　A. 表单通常用于搜集用户信息

　　B. 在 form 标签中使用 action 属性指定表单处理程序的位置

　　C. 表单中只能包含表单控件，而不能包含其他诸如图片之类的内容

　　D. 在 form 标签中使用 method 属性指定提交表单数据的方法

2. 在 HTML 中，关于表单提交方式说法错误的是（　　　）。

　　A. action 属性用来设置表单的提交方式　　B. 表单提交有 get 和 post 两种方式

　　C. post 比 get 方式安全　　D. post 提交数据不会显示在地址栏，而 get 会显示

3. 在 HTML 中，<form method=? >中的 method 表示（　　　）。

　　A. 提交的方式　　B. 表单所用的脚本语言

　　C. 提交的 url 地址　　D. 表单的形式

4. 以下（　　　）标签用于在表单中构建复选框。

　　A. <input type="text"/>　　B. <input type="radio"/>

　　C. <input type="checkbox"/>　　D. <input type="password"/>

5. 在 HTML 中，将表单中 input 元素的 type 属性值设置为（　　　）时，用于创建重置按钮。

　　A. reset　　　　B. set　　　　C. button　　　　D. image

6. 在 HTML 中，以下（　　　）创建一个隐藏域。

　　A. <input type="hidden" name="user" value="111">

　　B. <input name="hidden" value="hidden" text="111">

　　C. <input name="hidden" value="111">

　　D. <input name="user" text="111">

7. 若要创建一个 4 行 30 列的多行文本域，以下方法中，正确的是（　　　）。

　　A. <input type="text" rows="4" rols="30" name="txtintrol">

　　B. <textarea rows="4" cols="30" name="txtintro">

    C. <textarea rows="4" cols="30" name="txtintro"></textarea>

    D. <textarea rows="30" cols="4" name="txtintro"></textarea>

8. 在指定单选框时，只有将以下（   ）属性的值指定相同，才能使它们成为一组。

    A. type   B. name   C. value   D. checked

9. 在 HTML 中，关于表单描述错误的是（   ）。

    A. 以<form>标签开始，以</form>标签结束   B. 属性 action 是指表单提交的地址

    C. 属性 method 是指表单提交的方式   D. 一个网页中只能有一个表单

10. 在 HTML 中，下面 form 标签中的 action 属性用于设置（   ）。

```
<form action="..." method="...">
    <!-- 文本框、按钮等表单元素-->
</form>
```

    A. 表单的样式   B. 表单提交方法   C. 表单提交地址   D.表单名称

二、上机题

1. 请做出以下效果，并在浏览器测试，效果如图 6-25 所示。

该上机题考察的知识点为表单的构成、<form>标记及相应属性、input 控件及常用属性。

2. 请做出以下效果，并在浏览器测试，效果如图 6-26 所示。

该上机题考察的知识点为 input 控件及常用属性、<textarea>控件。

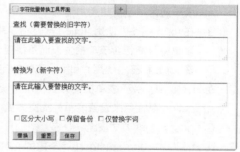

        图 6-25 上机题 6-1 效果图   图 6-26 上机题 6-2 效果图

7 Project

单元 7
CSS 布局与网页美化

【教学导航】

教学目标	（1）学会设计页面的布局结构 （2）学会创建页面布局样式 （3）学会创建美化页面元素的样式 （4）学会插入 DIV 标签对网页的页面进行布局 （5）学会创建代码片断，且在网页插入已有的代码片断 （6）学会在使用 DIV＋CSS 布局的网页中输入文字和插入各种页面元素
本单元重点	（1）设计页面的布局结构 （2）创建页面的布局样式 （3）创建美化页面元素的样式 （4）插入 DIV 标签对网页的页面进行布局
本单元难点	（1）设计页面的布局结构 （2）插入 DIV 标签对网页的页面进行布局
教学方法	任务驱动法、分组讨论法

【本单元单词】

1. structure ['strʌktʃə] 体系，结构
2. presentation [prez(ə)n'teɪʃ(ə)n] 介绍
3. behavior [bɪ'heɪvjə] 反应，行为
4. margin ['mɑ :dʒɪn] 外边的空白，外边距
5. padding ['pædɪŋ] 填充物，内边距
6. block [blɒk] 街区，块

7. inline ['ɪn,laɪn] 内联，行内
8. overflow [əʊvə'fləʊ] 泛滥，溢出
9. relative ['relətɪv] 相对的
10. absolute ['æbsəluːt] 绝对的
11. vertical ['vɜːtɪk(ə)l] 垂直的

【预备知识】

CSS 核心内容：标准文档流、盒子模型、浮动与定位

7.1　标准文档流

宏观来讲，我们的 Web 页面和 Photoshop 等设计软件有本质区别——Web 页面的制作是个"流"，必须从上而下。所谓标准"流"，就是标签的排列方式。

先来看一个例子，代码如下：

```
<!DOCTYPE HTML PUBLIC "-//W3C//DTD HTML 4.01 Transitional//EN"
"http://www.w3.org/TR/html4/loose.dtd">
<html>
    <head>
        ......
        <title>标准"流"</title>
        <style type="text/css">
            div{
                color: white;
                background-color: red;
                font-size: 32px;
            }
            span{
                background-color: greenyellow;
                font-size: 24px;
            }
        </style>
    </head>
    <body>
        <div>
            我的未来不是梦
        </div>
        <span>栏目一</span>
        <span>栏目二</span>
        <span>栏目三</span>
    </body>
</html>
```

运行例程代码，得到效果如图 7-1 所示。

我们可以清楚地看到，以上代码是标签的一个排列方式，浏览器效果图是网页内容的呈现方式，它是以标签的排列方式来呈现的。它就像流水，排在前面的标签内容前面出现，排后面的标签内容后面出现，这就是我们对标准"流"的理解。

图 7-1　标准"流"

7.1.1　标准"流"的微观现象

微观来讲，标准"流"会出现一些特别的现象。

我们再来看一个例子，代码如下：

```
<!DOCTYPE HTML PUBLIC "-//W3C//DTD HTML 4.01 Transitional//EN"
"http://www.w3.org/TR/html4/loose.dtd">
<html>
    <head>
        ......
        <title>标准"流"的微观现象</title>
        <style type="text/css">
            div{
                color: white;
                background-color: red;
                font-size: 32px;
            }
            span{
                background-color: greenyellow;
                font-size: 24px;
            }
        </style>
    </head>
    <body>
        <div>
            我的未来不是梦
        </div>
        <span >栏目一</span>
        <span >栏目二</span>
        <span >栏目三</span>
        <br />
        <img src="images/jh.jpg" /><img src="images/kl.jpg" />
```

```
        <img  src="images/yjx.jpg"  /><span>怎么啦怎么啦怎么啦</span><span>怎么啦怎么啦怎么啦
</span><span>怎么啦怎么啦怎么啦</span><span>怎么啦怎么啦怎么啦</span>
    </body>
</html>
```

运行例程代码，得到效果如图 7-2 所示。

从标签的排列方式和浏览器效果图看，标准"流"的微观现象如下。

图 7-2　标准"流"的微观现象

1. 空白折叠现象

"栏目一""栏目二""栏目三"的<span>标签由于是换行书写的，出现了空白折叠现象。而"怎么啦怎么啦怎么啦"的<span>标签由于是紧凑型书写，所以无空白折叠现象。<img>标签也是如此。

2. 高矮不齐，底边对齐

如果又有图片且图片参差不齐、又有文字。则会出现高矮不齐，底边对齐的情况。

3. 自动换行，一行不满，换行写

同时，我们发现"我的未来不是梦"的<div>标签自动换行了。怎么会出现以上的标准"流"的微观现象呢？这是因为<div></div>为块级元素，一般用于配合 CSS 完成网页的基本布局。而<span></span>为行内元素，一般用于配合 CSS 修改网页中的一些局部信息。

7.1.2　块级元素和行内元素

标准文档流等级森严。标签分为两种等级：块级元素和行内元素。

HTML 标记语言提供了丰富的标记，用于组织页面结构。为了使页面结构的组织更加轻松、合理，HTML 标记被定义成了不同的类型，一般分为块标记和行内标记，也称块级元素和行内元素。

HTML 中将标签分为两类：文本级、容器级。

容器级和文本级标签的区别是：容器级的标签中可以嵌套其他所有的标签，文本级标签中只能嵌套文字、超链接、图片。

- 文本级：p、span、a、b、i、u、em。所有的文本级标签都是行内元素，除了 p，p 是一个文本级，但是是一个块级元素。

- 容器级：div、h 系列、ul、li、ol、dl、dt、dd。所有的容器级标签都是块级元素。

一、块级元素

块级元素在页面中以区域块的形式出现，其特点是：每个块级元素通常都会独自占据一整行或多整行，可以对其设置宽度、高度、对齐等属性，常用于网页布局和网页结构的搭建。

下面来看一个例子，代码如下：

```
<!DOCTYPE HTML PUBLIC "-//W3C//DTD HTML 4.01 Transitional//EN"
"http://www.w3.org/TR/html4/loose.dtd">
<html>
    <head>
        ……
        <title>块级元素</title>
        <style type="text/css">
            *{   font-size: 24px;    }
            #hezi1{
                width: 400px;
                background-color: pink;
            }
            #hezi2{
                width: 200px;
                background-color: greenyellow;
            }
```

```
                p{
                        background-color: red;
                        color: white;
                }
        </style>
    </head>
    <body>
        <div id="hezi1">我是第一个div</div>
        <div id="hezi2">我是第二个div</div>
        <p>我是段落1</p>
        <p>我是段落2</p>
    </body>
</html>
```

运行例程代码，得到效果如图7-3所示。

从以上标签的排列方式和浏览器效果图看，块级元素具有以下特点。

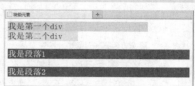

图7-3　块级元素

● 首尾自动换行，会另起一行；

● 在没有设置width属性的时候，宽度是自动伸展的，伸展到不能伸展为止；

● 即使在设置width的时候，给后面的块级元素腾出了位置，后面的块级元素也不会自动上来。

● 块级元素有：div、p、ul、li、h系列、ol、dl。

二、行内元素

行内元素即没有任何样式的时候，自动排成一行的元素。行内元素也称内联元素或内嵌元素，其特点是：不必在新的一行开始，同时，也不强迫其他的元素在新的一行显示。一个行内元素通常会和它前后的其他行内元素显示在同一行中，它们不占有独立的区域，仅仅靠自身的字体大小和图像尺寸来支撑结构，一般不可以设置宽度、高度、对齐等属性，常用于控制页面中文本的样式。

同样地，下面再来看一个行内元素的例子，代码如下：

```
<!DOCTYPE HTML PUBLIC "-//W3C//DTD HTML 4.01 Transitional//EN"
"http://www.w3.org/TR/html4/loose.dtd">
<html>
    <head>
        ......
        <title>行内元素</title>
        <style type="text/css">
            *{    font-size: 24px;    }
            #hezi1{
                    background-color: pink;
            }
            #hezi2{
                    width: 200px;
                    background-color: greenyellow;
            }
            #hn1,#hn3{
                    width: 300px;
                    color: white;
                    background-color: red;
                    padding-left: 30px;
            }
            #lianjie{
                    width: 200px;
                    height: 100px;
                    background: pink;
            }
        </style>
    </head>
    <body>
```

```
        <div id="hezi1">我是第一个div</div>
        <div id="hezi2">我是第二个div</div>
        <img src="images/jh.jpg" /><img src="images/kl.jpg" />
        <img src="images/yjx.jpg" />
        <span id="hn1">我是行内元素 1</span><span>我是行内元素 2</span><span id="hn3">我是行内元素 3</span>
        <a id="lianjie">链接 1</a>
        <a>链接 2</a>
    </body>
```

运行例程代码，得到效果如图 7-4 所示。

从以上标签的排列方式和浏览器效果图看，行内元素具
有以下特点。

● 一个行内元素，在不设定 width 的时候，width 自动收
缩为自己的内容的真实宽度。

图 7-4　行内元素

● 行内元素不接受 width 和 height 的值，它就认准了自
己真实内容的宽、高。但是能接受 padding 值！

● 在父容器不够宽的时候，行内元素能够自动折行。

● 行内元素有：span、a、img、b、i。

7.1.3　块级元素和行内元素的相互转换

定义：网页是由多个块级元素和行内元素构成的盒子排列而成的，如果希望行内元素具有块级元素的
某些特性，例如可以设置宽高，或者需要块级元素具有行内元素的某些特性，例如不独占一行排列，就可
以使用 display 属性对元素的类型进行转换。

任何一个元素（body 元素除外）都可以通过 CSS 来进行块、行转换。

● 行内元素转换为块级元素：display:block。

● 块级元素转换为行内元素：display:inline。

在以上代码的基础上，对相关元素进行类型转换，代码如下：

```
<!DOCTYPE HTML PUBLIC "-//W3C//DTD HTML 4.01 Transitional//EN"
"http://www.w3.org/TR/html4/loose.dtd">
<html>
    <head>
        ......
        <title>块级元素和行内元素的相互转换</title>
        <style type="text/css">
            *{    font-size: 24px;    }
            #hezi1{
                display: inline;
                background-color: pink;
            }
            #hezi2{
                display: inline;
                width: 200px;
                background-color: greenyellow;
            }
            #hn1,#hn3{
                width: 300px;
                color: white;
                background-color: red;
                padding-left: 30px;
            }
            #lianjie{
                display:block;
                width: 200px;
                height: 100px;
                background: pink;
            }
        </style>
    </head>
......
```

运行例程代码，得到效果如图 7-5 所示。

从以上标签的排列方式和浏览器效果图看，块级元素和行内元素相互转换后，发生了如下变化。

图 7-5　块级元素和行内元素的相互转换

- 当给#hezi1、#hezi2 设置 display:inline;时，这个 DIV 就转换成了行内元素。它开始以行内元素的标准流的行事规则来定位，控制自己的样式，它自己收缩了，width:属性对它无效了。能在一行显示了。

- 当给#lianjie 设置 display:block;时，原本行内元素<a>之后就变成了块级元素，有块级元素的特点了，首位换行，能接受 width、height 了。<a>元素是做超级链接的，变为 block 之后，接受鼠标单击的区域就变成了自己这个盒子 border 之内的区域。

7.1.4　块级元素和行内元素的区别

块级元素和行内元素有较大的区别。

一、块级元素

（1）会另起一行。

（2）可以设置 width、height、margin、padding、border 属性。

（3）默认宽度是容器的 100%。

二、行内元素

（1）和其他元素在同一行内。

（2）高度和宽度就是内容的高度和宽度。

（3）可以设置 margin-left 和 margin-right 属性，无法设置 margin-top 和 margin-bottom 属性。

（4）border 和 padding 可以设置，但是 border-top 和 padding-top 到页面顶部后就不再增加。

7.2　盒模型

7.2.1　认识盒子模型

什么是"模型"？"模型"就是事物本质特征的抽象。

把一幅带画框的画看成是一个盒子，如图 7-6 所示为两幅带相框的画的示意图。其中，每一幅画有：

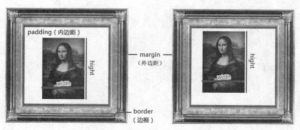

图 7-6　两幅带画框的画示意图

- 外边距（上、右、下、左）；
- 内边距（上、右、下、左）；
- 边框：画框；
- 内容：画的本身（宽、高）。

【注意】　画框与画框之间的距离为外边距。

盒子模型的重要性：盒子模型是 CSS 网页布局的基础，只有掌握了盒子模型的各种规律和特征，才可以更好地控制网页中各个元素所呈现的效果。在 HTML 文档中，每个元素（element）都有盒子模型，每一个元素都是一个盒子，a 元素、div 元素、span 元素、img 元素也是。另外的元素有语义，不要当成盒子用。

所以说在 Web 世界里（特别是页面布局），盒子模型无处不在。因为网页是以长方形为单位渲染页面的。

CSS 盒子模型本质上是一个盒子，封装周围的 HTML 元素，它包括：边距、边框、填充和实际内容。盒子模型允许我们在其他元素和周围元素边框之间的空间放置元素。

我们将上面的一幅带画框的画抽象为一个盒子。

首先我们分析一下盒子的构成。

CSS 中，Box Model 叫盒子模型（或框模型），盒子模型规定了元素框处理元素内容（element content）、内边距（padding）、边框（border）和外边距（margin）的方式。

图 7-7 是抽象出来的盒子模型图示。

【说明】　图 7-7 中，由内而外依次是元素内容（content）、内边矩（padding-top、padding-right、padding-bottom、padding-left）、边框（border-top、border-right、border-bottom、border-left）和外边距（margin-top、margin-right、margin-bottom、margin-left）。

内边距、边框和外边距可以应用于一个元素的所有边，也可以应用于单独的边。而且，外边距可以是负值，而且在很多情况下都要使用负值的外边距。

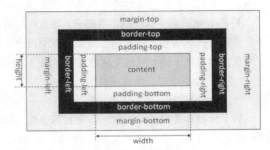

图 7-7　盒子模型图示

为使读者对盒子模型有一个直观的理解，下面我们用代码来实现一个盒子模型。代码如下：

```
<!DOCTYPE HTML PUBLIC "-//W3C//DTD HTML 4.01 Transitional//EN"
"http://www.w3.org/TR/html4/loose.dtd">
<html>
    <head>
        ......
        <title>盒子模型</title>
        <style type="text/css">
            *{  margin: 0px;  padding: 0px;  }
            #box{
                width: 275px;
                height: 175px;
                padding-top:10px;
                padding-right:20px;
                padding-bottom:30px;
                padding-left:40px;
                border-top: 10px solid gray;
                border-right: 20px solid gray;
                border-bottom: 30px solid gray;
                border-left: 40px solid gray;
                margin-top: 10px;
                margin-right: 10px;
                margin-bottom: 10px;
                margin-left:10px;
            }
        </style>
    </head>
    <body>
        <div id="box">
            <img src="images/longxia.jpg" />
```

```
        </div>
    </body>
</html>
```

图 7-8 是对上面 CSS 代码的解释。

【提示】 padding、border、margin 都是可选的，默认值为 0，但是浏览器会自行设置元素的 margin 和 padding，一些元素是默认带有 padding 的，通过在 CSS 样式表中如下设置来覆盖浏览器样式。

```
……
*{  margin: 0px;  padding: 0px;  }
……
```

图 7-8　代码实现的盒子模型

【注意】 这里的*表示所有元素，但是这样性能不好，建议依次列出常用的元素来设置。即：*的效率不高，一般采用并集选择器罗列所有的标签。

图 7-8 就是盒子模型的组成部分，网页中所有的元素和对象都是由图 7-8 所示的基本结构组成。理解了盒子模型的结构后，要想随心所欲地控制页面中每个盒子的样式，还需要掌握盒子模型的相关属性，接下来我们就对盒子模型的相关属性进行详细讲解。

7.2.2　盒子模型的组成属性

一、边框属性

为了分割页面中不同的盒子，常常需要给元素设置边框效果，在 CSS 中边框属性包括边框样式属性（border-style）、边框宽度属性（border-width）、边框颜色属性（border-color）。

1.　设置边框样式（border-style）

边框样式用于定义页面中边框的风格，常用属性值如下。

- none：没有边框即忽略所有边框的宽度（默认值）。
- solid：边框为单实线。
- dashed：边框为虚线。
- dotted：边框为点线。
- double：边框为双实线。

使用 border-style 属性综合设置四边样式时，必须按"上、右、下、左"的顺时针顺序，省略时采用值复制的原则，即一个值为四边，两个值为上下/左右，3 个值为上/左右/下。

接下来运用相应的属性值定义边框样式，具体 CSS 代码如下：

```
<!DOCTYPE html PUBLIC "-//W3C//DTD XHTML 1.0 Transitional//EN"
"http://www.w3.org/TR/xhtml1/DTD/xhtml1-transitional.dtd">
<html>
    <head>
        ……
        <title>设置边框样式</title>
        <style type="text/css">
            h2{ border-style:double}              /*4 条边框相同：双实线*/
            .one{
                border-top-style:dotted;        /*上边框：点线*/
                border-bottom-style:dotted;     /*下边框：点线*/
                border-left-style:solid;        /*左边框：单实线*/
                border-right-style:solid;       /*右边框：单实线*/
                /*上面 4 行代码等价于：border-style:dotted solid;*/
            }
            .two{
                border-style:solid dotted dashed;    /*上实线、左右点线、下虚线*/
            }
```

```
        </style>
    </head>
    <body>
        <h2>边框样式：双实线</h2>
        <p class="one">边框样式：上下为点线，左右为单实线</p>
        <p class="two">边框样式：上边框为单实线，左右为点线，下边框为虚线</p>
    </body>
</html>
```

运行例程代码，得到效果如图 7-9 所示。

图 7-9 所示的就是给盒子分别指定双实线、单实线、虚线、点线后的边框效果。

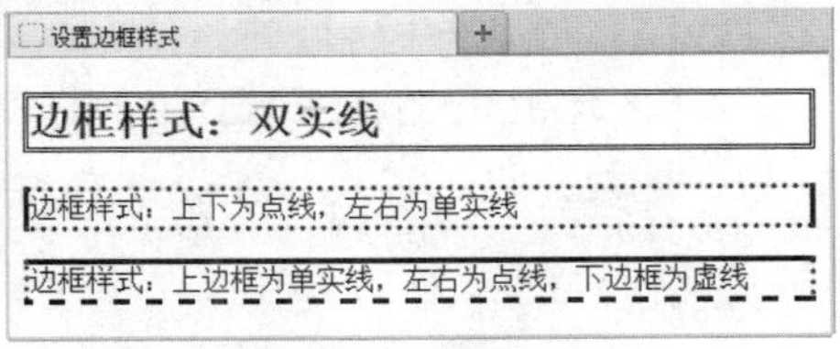

2. 设置边框宽度（border-width）

设置边框宽度的方法如下。

- borer-top-width：上边框宽度。

- borer-right-width：右边框宽度。

- borer-bottom-width：下边框宽度。

- borer-left-width：左边框宽度。

- borer- width：上边框宽度 [右边框宽度 下边框宽度 左边框宽度]。

图 7-9　设置边框样式

综合设置四边宽度必须按"上、右、下、左"的顺时针顺序采用值复制，即一个值为四边，两个值为上下/左右，3 个值为上/左右/下。

接下来运用相应的属性值定义边框宽度，具体 CSS 代码如下：

```
<!DOCTYPE html PUBLIC "-//W3C//DTD XHTML 1.0 Transitional//EN"
"http://www.w3.org/TR/xhtml1/DTD/xhtml1-transitional.dtd">
<html>
    <head>
        ......
        <title>设置边框宽度</title>
        <style type="text/css">
            p{
                border-style: solid;        /*边框样式：单实线*/
                border-width:1px;           /*综合设置 4 边宽度*/
                border-top-width:5px;       /*设置上边宽度覆盖*/
                                            /*上面 2 行代码等价于：border-width:5px 1px 1px; */
            }
        </style>
    </head>
    <body>
        <p>边框宽度：上 5px，下左右 1px，边框样式：单实线</p>
    </body>
</html>
```

运行例程代码，得到效果如图 7-10 所示。

图 7-10 所示的就是给段落文本同时设置边框宽度和样式的效果图。

图 7-10　设置边框宽度

3. 设置边框颜色（border-color）

设置边框颜色的方法如下。

- border-top-color：上边框颜色。

- border-right-color：右边框颜色。

- border-bottom-color：下边框颜色。

- border-left-color：左边框颜色。

- border- color：上边框颜色[右边框颜色 下边框颜色 左边框颜色]。

其取值可为预定义的颜色值、#十六进制、rgb(r,g,b)或 rgb(r%,g%,b%)，实际工作中最常用的是#十六进制。

边框的默认颜色为元素本身的文本颜色，对于没有文本的元素，例如只包含图像的表格，其默认边框颜色为父元素的文本颜色。

综合设置四边颜色必须按"上、右、下、左"的顺时针顺序采用值复制，即一个值为四边，两个值为上下/左右，3 个值为上/左右/下。

接下来运用相应的属性值定义边框样式，具体 CSS 代码如下：

```
<!DOCTYPE html PUBLIC "-//W3C//DTD XHTML 1.0 Transitional//EN"
"http://www.w3.org/TR/xhtml1/DTD/xhtml1-transitional.dtd">
<html>
    <head>
        ......
        <title>设置边框颜色</title>
        <style type="text/css">
            p{
                border-style:solid;              /*综合设置边框样式*/
                border-color:#CCC #FF0000;       /*设置边框颜色：两个值为上下、左右*/
            }
        </style>
    </head>
    <body>
        <p>边框颜色：两个值——上下 #CCC，左右 #FF0000</p>
    </body>
</html>
```

运行例程代码，得到效果如图 7-11 所示。

总结：能够用一个属性定义元素的多种样式，这种属性在 CSS 中称之为复合属性。常用的复合属性有 font、border、margin、padding 和 background 等。实际工作中常使用复合属性，它可以简化代码，提高页面的运行速度，但是如果只有一项值，最好不要应用复合属性，以免样式不被兼容。

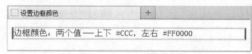

图 7-11　设置边框宽度

二、内边距、外边距属性

1. 内边距属性

为了调整内容在盒子中的显示位置，常常需要给元素设置内边距，所谓内边距指的是元素内容与边框之间的距离，也常常称为内填充。

在 CSS 中 padding 属性用于设置内边距，同边框属性 border 一样，padding 也是复合属性，其相关设置如下。

- padding-top：上边距。
- padding-right：右边距。
- padding-bottom：下边距。
- padding-left：左边距。
- padding：上边距 [右边距 下边距 左边距]。

在上面的设置中，padding 相关属性的取值可为 auto 自动（默认值）、不同单位的数值、相对于父元素（或浏览器）宽度的百分比%，实际工作中最常用的是像素值 px，不允许使用负值。

同边框相关属性一样，使用复合属性 padding 定义内边距时，必须按"上、右、下、左"的顺时针顺序采用值复制：一个值为四边、两个值为上下/左右，3 个值为上/左右/下。

接下来通过案例演示元素内边距的设置方式，具体 CSS 代码如下：

```
<!DOCTYPE html PUBLIC "-//W3C//DTD XHTML 1.0 Transitional//EN"
"http://www.w3.org/TR/xhtml1/DTD/xhtml1-transitional.dtd">
<html>
    <head>
        ......
        <title>设置内边距</title>
        <style type="text/css">
            img{
                border-style: solid;
                border-color: gray;
                padding:30px;              /*图像 4 个方向内边距相同*/
                padding-bottom:0px;        /*单独设置下边距*/
                                           /*上面两行代码等价于 padding:30px 30px 0;*/
            }
            p{
                border-style: solid;
                border-color: gray;
                padding:10%;
            }
        </style>
    </head>
    <body>
        <img src="images/yjx.jpg">
        <p>相对于父元素（或浏览器）宽度的百分比</p>
    </body>
</html>
```

　　运行例程代码，得到效果如图 7-12 所示。

　　使用 padding 相关属性设置图像和段落的内边距，其中段落内边距使用%数值。由于段落的内边距设置为了%数值，当拖动浏览器窗口改变其宽度时，段落的内边距会随之发生变化（这时<p>标记的父元素为<body>）。

　　2. 外边距属性值

　　网页是由多个盒子排列而成的，要想拉开盒子与盒子之间的距离，合理地布局网页，就需要为盒子设置外边距，所谓外边距指的是元素边框与相邻元素之间的距离。

图 7-12　设置内边距

　　在 CSS 中 margin 属性用于设置外边距，它是一个复合属性，与内边距 padding 的用法类似，设置外边距的方法如下。

- margin-top：上边距。
- margin-right：右边距。
- margin-bottom：下边距。
- margin-left：上边距。
- margin：上边距 [右边距 下边距 左边距]。

　　margin 相关属性的值，以及复合属性 margin 取 1 至 4 个值的情况与 padding 相同。但是外边距可以使用负值，使相邻元素重叠，在后面的课程中将详细介绍外边距取负的情况。

　　接下来通过案例演示元素外边距的设置方法，具体 CSS 代码如下：

```
<!DOCTYPE html PUBLIC "-//W3C//DTD XHTML 1.0 Transitional//EN"
"http://www.w3.org/TR/xhtml1/DTD/xhtml1-transitional.dtd">
<html>
    <head>
        ......
        <title>设置外边距</title>
        <style type="text/css">
```

```
img{
    border:5px solid red;
    float:left;
    margin-top: 10px;
    margin-right:30px;              /*设置图像的右外边距*/
    margin-bottom:20px;             /*设置图像的下外边距*/
    margin-left: 10px;
    /*上面两行代码等价于margin:10 30px 20px 10;*/
    }
    </style>
</head>
<body>
    <img src="images/yjx.jpg">
    <p>郁金香（学名：Tulipa gesneriana）是百合科郁金香属的多年生草本植物，具球茎。郁金香原产于地中海沿岸及
中亚细亚、土耳其等地。由于地中海的气候，郁金香形成了适应冬季湿冷和夏季干热的特点，具有夏季休眠、秋冬生根并萌发新芽但不
出土，需经冬季低温后第二年2月上旬（温度在5℃以上）开始伸展生长形成茎叶，3～4月开花的特性，生长开花适温为15～20℃。
花芽分化是在茎叶变黄时，将鳞茎从盆内掘起，放阴冷的室外或贮藏期间进行的。分化适温为20～25℃，最高不得超过28℃。郁金香
属长日照花卉，喜欢向阳、避风，冬季温暖湿润，夏季凉爽干燥的气候。8℃以上即可正常生长，一般可耐-14℃低温，耐寒性很强，
在严寒地区如有厚雪覆盖，鳞茎就可在地上越冬，但怕酷暑，如果夏天来得早，盛夏又很炎热，则鳞茎休眠后难于度夏。郁金香生长要
求腐殖质丰富、疏松肥沃、排水良好的微酸性沙质土壤，忌碱土和连作。</p>
    </body>
</html>
```

运行例程代码，得到效果如图 7-13 所示。

在上面的案例中使用浮动属性 float 使图像居左，同时设置图像的右外边距和下外边距，使图像和文本之间拉开一定的距离，实现常见的排版效果。

三、背景属性

背景属性的重要性：网页能通过背景图像给人留下第一印象，如节日题材的网站一般采用喜庆祥和的图片来突出效果，所以在网页设计中，控制背景颜色和背景图像是一个很重要的步骤。

图 7-13　设置外边距

1. 背景颜色

网页元素的背景颜色使用 background-color 属性来设置，其属性值与文本颜色的取值一样，可使用预定义的颜色、十六进制#RRGGBB、RGB 代码 rgb(r,g,b)，默认为 transparent 透明，即子元素会显示其父元素的背景。

接下来通过案例演示元素背景颜色的设置方法，具体 CSS 代码如下：

```
<!DOCTYPE html PUBLIC "-//W3C//DTD XHTML 1.0 Transitional//EN"
"http://www.w3.org/TR/xhtml1/DTD/xhtml1-transitional.dtd">
<html>
    <head>
        ……
        <title>设置元素背景颜色</title>
        <style type="text/css">
            h2{
                font-family:"微软雅黑";
                color:#FFF;
                background-color:green;          /*设置标题的背景颜色*/
                }
        </style>
    </head>
    <body>
        <h2>设置标题的背景颜色</h2>
    </body>
</html>
```

运行例程代码，得到效果如图 7-14 所示。

2. 背景图像

背景不仅可以设置为某种颜色，还可以将图像作为网页元
素的背景，通过 background-image 属性实现。

图 7-14　设置元素背景颜色

接下来通过案例演示元素背景图像的设置方法，具体 CSS 代码如下：

```
<!DOCTYPE html PUBLIC "-//W3C//DTD XHTML 1.0 Transitional//EN"
"http://www.w3.org/TR/xhtml1/DTD/xhtml1-transitional.dtd">
<html>
    <head>
        ……
        <title>设置网页元素的背景图像</title>
        <style type="text/css">
            body{
                background-color:pink;                 /*设置网页的背景颜色*/
                background-image:url(images/bj02.gif);  /*设置网页的背景图像*/
            }
        </style>
    </head>
    <body>

    </body>
</html>
```

运行例程代码，得到效果如图 7-15 所示。

3. 背景图像平铺

默认情况下，背景图像会自动向水平和竖直两个
方向平铺，如果不希望图像平铺，或者只沿着一个方
向平铺，可以通过 background-repeat 属性来控制，
具体使用方法如下。

图 7-15　设置网页元素的背景图像

- repeat：沿水平和竖直两个方向平铺（默认值）。
- no-repeat：不平铺（图像位于元素的左上角，只显示一次）。
- repeat-x：只沿水平方向平铺。
- repeat-y：只沿竖直方向平铺。

接下来通过案例演示元素背景颜色的设置方法，具体 CSS 代码如下：

```
<!DOCTYPE html PUBLIC "-//W3C//DTD XHTML 1.0 Transitional//EN"
"http://www.w3.org/TR/xhtml1/DTD/xhtml1-transitional.dtd">
<html>
    <head>
        ……
        <title>设置网页元素背景图像平铺</title>
        <style type="text/css">
            body{
                background-color:#eef8ff;               /*更改网页的背景颜色*/
                background-image:url(images/bj02.gif);  /*设置网页的背景图像*/
                background-repeat:repeat-x;             /*设置背景图像的平铺*/
            }
            h2{
                font-family:"微软雅黑";
                color:green;
            }
        </style>
    </head>
    <body>
        <h2>设置元素背景图像平铺</h2>
    </body>
</html>
```

运行例程代码，得到效果如图 7-16 所示。

图 7-16　设置网页元素背景图像平铺

4. 背景图像位置

如果希望背景图像出现在指定位置，就需要另一个 CSS 属性——background-position，设置背景图像的位置。

在 CSS 中，background-position 属性的值通常设置为两个，中间用空格隔开，用于定义背景图像在元素的水平和垂直方向的坐标，例如上面的"right bottom"，默认为"0 0"或"top left"，即背景图像位于元素的左上角。

background-position 属性的取值有多种，具体如下。

（1）使用不同单位（最常用的是像素 px）的数值：直接设置图像左上角在元素中的坐标，例如 background-position:20px 20px。

（2）使用预定义的关键字：指定背景图像在元素中的对齐方式。

- 水平方向值：left、center、right。
- 垂直方向值：top、center、bottom。

（3）使用百分比：按背景图像和元素的指定点对齐。

- 0% 0%　　　表示图像左上角与元素的左上角对齐。
- 50% 50%　　表示图像 50% 50%中心点与元素 50% 50%的中心点对齐。
- 20% 30%　　表示图像 20% 30%的点与元素 20% 30%的点对齐。
- 100% 100%　表示图像右下角与元素的右下角对齐，而不是图像充满元素。

接下来通过案例演示元素背景图像位置的设置方法，具体 CSS 代码如下：

```
<!DOCTYPE html PUBLIC "-//W3C//DTD XHTML 1.0 Transitional//EN"
"http://www.w3.org/TR/xhtml1/DTD/xhtml1-transitional.dtd">
<html>
    <head>
        ……
        <title>设置元素背景图像位置</title>
        <style type="text/css">
            *{
                margin: 0px;
                padding: 0px;
            }
            body{
                background-image:url(images/bj02.gif);;  /*设置网页的背景图像*/
                background-repeat:no-repeat;             /*设置背景图像不平铺*/
                background-position:50px 20px;           /*用像素值控制背景图像的位置*/
            }
        </style>
    </head>
    <body>

    </body>
</html>
```

运行例程代码，得到效果如图 7-17 所示。

图 7-17　设置元素背景图像位置

5. 背景图像固定

在网页上设置背景图像时，随着页面滚动条的移动，背景图像也会跟着一起移动。如果希望背景图像固定在屏幕上，不随着页面元素滚动，可以使用 background-attachment 属性来设置，其属性值如下。

- scroll：图像随页面元素一起滚动（默认值）。
- fixed：图像固定在屏幕上，不随页面元素滚动。

接下来通过案例演示设置元素背景图像的固定，具体 CSS 代码如下。

```
<!DOCTYPE html PUBLIC "-//W3C//DTD XHTML 1.0 Transitional//EN"
"http://www.w3.org/TR/xhtml1/DTD/xhtml1-transitional.dtd">
<html>
    <head>
        ......
        <title>设置元素背景图像固定</title>
        <style type="text/css">
            *{
                margin: 0px;
                padding: 0px;
            }
            body{
                background-image:url(images/yjx.jpg);;    /*设置网页的背景图像*/
                background-repeat:no-repeat;              /*设置背景图像不平铺*/
                background-position:20px 30px;            /*用像素值控制背景图像的位置*/
                background-attachment:fixed;              /*设置背景图像的位置固定*/
            }
        </style>
    </head>
    <body>
        <p>郁金香（学名：Tulipa gesneriana）是百合科郁金香属的多年生草本植物，具球茎。郁金香原产于地中海沿岸及
中亚细亚、土耳其等地。由于地中海的气候，郁金香形成了适应冬季湿冷和夏季干热的特点，具有夏季休眠、秋冬生根并萌发新芽但不
出土，需经冬季低温后第二年 2 月上旬（温度在 5℃以上）开始伸展生长形成茎叶，3～4 月开花的特性，生长开花适温为 15～20℃。
花芽分化是在茎叶变黄时，将鳞茎从盆内掘起，放阴冷的室外或贮藏期间进行的。分化适温为 20～25℃，最高不得超过 28℃。郁金香
属长日照花卉，喜欢向阳、避风，冬季温暖湿润，夏季凉爽干燥的气候。8℃以上即可正常生长，一般可耐-14℃低温，耐寒性很强，
在严寒地区如有厚雪覆盖，鳞茎就可在地上越冬，但怕酷暑，如果夏天来得早，盛夏又很炎热，则鳞茎休眠后难于度夏。郁金香生长要
求腐殖质丰富、疏松肥沃、排水良好的微酸性沙质土壤，忌碱土和连作。</p>
    </body>
</html>
```

运行例程代码，得到效果如图 7-18 所示。

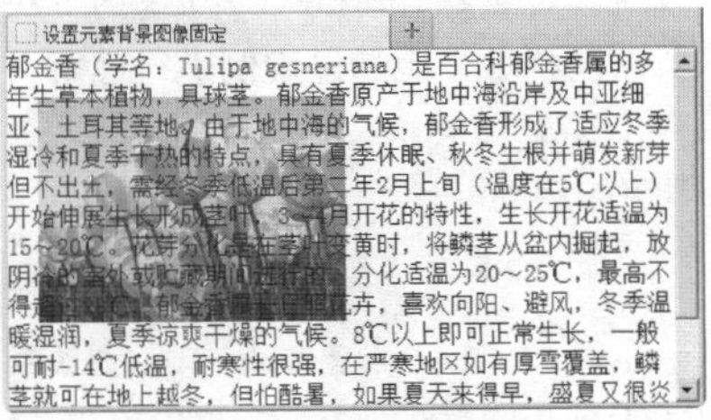

7.2.3　盒子的宽度和高度

网页是由多个盒子排列而成的，每个盒子都有固定的大小，在 CSS 中使用宽度属性 width 和高度属性 height 可以对盒子的大小进行控制。

CSS 规范的盒子模型的总宽度和总高度的计算原则是：

盒子的总宽度 = width + 左右内边距之和 + 左右边框宽度之和 + 左右外边距

盒子的总高度 = height + 上下内边距之和 + 上下边框宽度之和 + 上下外边距

图 7-18　设置元素背景图像固定

7.2.4　盒子外边距合并问题

margin 属性是指的外边距，控制 margin 盒子和盒子之间的距离，可理解为搞"外交"的。

padding 属性是指的内边距，可理解为搞"内政"的。

一、水平 margin（外边距）能够代数相加减（行内元素）

接下来通过案例进行理解，先看代码，如下所示：

```
<!DOCTYPE html PUBLIC "-//W3C//DTD XHTML 1.0 Transitional//EN"
"http://www.w3.org/TR/xhtml1/DTD/xhtml1-transitional.dtd">
<html>
    <head>
        ......
        <title>水平margin（外边距）能够代数相加减</title>
        <style type="text/css">
            *{
                margin: 0px;
                padding: 0px;
            }
            #hezi1{
                background-color: pink;
                padding: 50px;
                margin-right: 60px;
            }
            #hezi2{
                background-color: greenyellow;
                padding: 20px;
                margin-left: 30px;
            }
        </style>
    </head>
    <body>
        <span id="hezi1">盒子一</span><span id="hezi2">盒子二</span>
    </body>
</html>
```

运行例程代码，得到效果如图 7-19 所示。

从以上代码和浏览器效果图看，margin 值在水平方向上能够相加（代数相加，计算代数和）。一般不给出行内元素 margin-top、margin-bottom（上外边距、下外边距）。

图 7-19　水平 margin 能够代数相加减

margin 值为水平方向代数和：

margin-right: 60px

margin-left: 30px

所以，margin 值 = 60px + 30px = 90px。

二、垂直 margin（外边距）有塌陷现象（块级元素）

同样地，也通过案例进行理解，先看代码，如下所示：

```
<!DOCTYPE html PUBLIC "-//W3C//DTD XHTML 1.0 Transitional//EN"
"http://www.w3.org/TR/xhtml1/DTD/xhtml1-transitional.dtd">
<html>
    <head>
        ......
        <title>垂直margin（外边距）有塌陷现象</title>
        <style type="text/css">
            *{
                margin: 0px;
                padding: 0px;
            }
            #hezi1{
                width: 200px;
                height: 100px;
                background-color: pink;
                margin-bottom: 50px;
```

```
            }
            #hezi2{
                width: 200px;
                height: 50px;
                background-color: greenyellow;
                margin-top: 10px;
            }
        </style>
    </head>
    <body>
        <div id="hezi1">盒子一</div>
        <div id="hezi2">盒子二</div>
    </body>
</html>
```

运行例程代码，得到效果如图 7-20 所示。

从以上代码和浏览器效果图看，margin 值在垂直方向上不能相加，而是有塌陷现象存在。

以数的绝对值大的为准，数小的无效。由于 50px＞10px，上下间隙以 50px 为准，10px 无效。

所以，垂直方向 margin 值 ＝ 50px。

提示：由于塌陷现象的存在，若要设置 margin-top，那么

图 7-20　垂直 margin 有塌陷现象

垂直方向这一"溜"都设置 margin-top，若要设 margin-bottom，那么垂直方向这一"溜"都设置 margin-bottom。

三、盒子居中 margin:0 auto;

盒子居中在网页布局中经常用到。

同样地，我们也通过案例对盒子居中的情况进行说明，先看代码，如下所示：

```
<!DOCTYPE html PUBLIC "-//W3C//DTD XHTML 1.0 Transitional//EN"
"http://www.w3.org/TR/xhtml1/DTD/xhtml1-transitional.dtd">
<html>
    <head>
        ......
        <title>盒子居中</title>
        <style type="text/css">
            *{
                margin: 0px;
                padding: 0px;
            }
            #hezi1{
                margin: 0px auto;            /*盒子的居中*/
                margin-top: 10px;
                width: 200px;
                height: 100px;
                background-color: pink;
                text-align:center;           /*文本的居中*/
                font-size: 24px;
            }
        </style>
    </head>
    <body>
        <div id="hezi1">盒子一</div>
    </body>
</html>
```

运行例程代码，得到效果如图 7-21 所示。

从以上代码和浏览器效果图看，盒子居中了，CSS 代码 margin:0px auto;起到了作用。

【注意】

（1）使用 margin:0 auto;的盒子，必须有明确的 width。

（2）只有标准流的盒子才能使用 margin:0 auto;居中。也就是说，当一个盒子浮动了、绝对定位了、固定定位了，都不能使用 margin:0 auto;。

（3）margin:0 auto;是在居中盒子，不是居中文本。文本的居中要使用 text-align:center;。

图 7-21　盒子居中

7.3　浮动

我们回顾一下标准流的概念。

所谓标准流（也称标准文档流），就是指一个元素在没有 CSS 修饰的时候的位置处理方法。

在标准流中，就必须按照标准流的定位规则。任何一个页面，有且仅有一个标准流。

标准文档流里面的限制很多，比如要实现既要并排，又要设置宽高，此刻就要脱离标准流。所有设定了的 float（浮动）、position（定位）属性的元素就都不在标准流中了。

7.3.1　认识浮动

初学者在设计一个页面时，通常会按照默认的排版方式，将页面中的元素从上到下一一罗列，如图 7-22 所示。

通过这样的布局制作出来的页面看起来呆板、不美观，然而大家在浏览网页时，会发现页面中的元素通常会按照左、中、右的结构进行排版，如图 7-23 所示。

图 7-22　页面中的元素默认的排版方式

图 7-23　页面中的元素左、中、右结构的排版方式

通过这样的布局，页面会变得整齐、有节奏。想要实现图 7-23 所示的效果，就需要为元素设置浮动。

所谓元素的浮动是指：设置了浮动属性的元素会脱离标准文档流的控制，移动到其父元素中指定位置的过程。

【注意】　右浮动跟左浮动是一样的原理。

7.3.2　元素的浮动属性 float

一、定义浮动

在 CSS 中，通过 float 属性来定义浮动，其基本语法格式如下：

```
选择器{float:属性值;}
```

在上面的语法中，常用的 float 属性值有 3 个，分别表示不同的含义，具体如下。

- left：元素向左浮动。
- right：元素向右浮动。
- none：元素不浮动（默认值）。

那么，设立浮动功能的初衷是什么呢？CSS 创建者为什么要设立浮动的功能呢？

首先，我们来看一段代码。代码如下：

```
<!DOCTYPE HTML PUBLIC "-//W3C//DTD HTML 4.01 Transitional//EN"
"http://www.w3.org/TR/html4/loose.dtd">
<html>
    <head>
```

```
     ......
         <title>定义浮动——图文混排页面 01</title>
         <style type="text/css">
             #box{
                 margin: 0 auto;
                 width: 750px;
                 border: 1px solid black;
             }
             #box p{
                 text-indent: 2em;        /*设置首行缩进*/
             }
         </style>
     </head>
     <body>
         <div id="box">
             <div id="tupian">
                 <img src="images/1.jpg" />
             </div>
             <p style="background-color:pink;">树袋熊，又称考拉，是澳大利亚的国宝，也是澳大利亚奇特的珍贵
原始树栖动物。其英文名 Koala bear 来源于古代土著文字，意思是 "no drink"。因为树袋熊从它们取食的桉树叶中获得所需的
90%的水分，只在生病和干旱的时候喝水。当地人称它 "克瓦勒"，意思也是 "不喝水"。</p>
             <p>树袋熊并不是熊科动物，而且它们相差甚远。熊科属于食肉目，而树袋熊却属于有袋目。它每天有 18 个小时
处于睡眠状态，性情温顺，体态憨厚。</p>
             <p>考拉肌肉发达，四肢修长且强壮，适于在树枝间攀爬并支持它的体重。前肢与腿几乎等长，攀爬力量主要来自
于发达的大腿肌肉。考拉的爪爪长、尖而弯曲，尤其适应于抓握物体和攀爬。粗糙的掌垫和趾垫可以帮助考拉紧抱树枝，四肢均具尖锐
的长爪。前掌具 5 个手指，其中 2 个手指与其他 3 指相对，就像人类的拇指，因而可与其他指对握，这可以使考拉可以更安全自信地
紧握物体。脚掌上，除大脚趾没有长爪外，其他趾均具尖锐长爪，且第 2 趾与第 3 趾相连。</p>
         </div>
     </body>
</html>
```

运行例程代码，得到效果如图 7-24 所示。

图 7-24　定义浮动——图文混排页面 01

接下来，在样式表中设置图片为左浮动（float: left;）。代码如下：

```
<!DOCTYPE HTML PUBLIC "-//W3C//DTD HTML 4.01 Transitional//EN"
"http://www.w3.org/TR/html4/loose.dtd">
<html>
     <head>
         ......
         <title>定义浮动——图文混排页面 02</title>
         <style type="text/css">
             #box{
                 margin: 0 auto;
                 width: 750px;
                 border: 1px solid black;
             }
             #box p{
                 text-indent: 2em;        /*设置首行缩进*/
             }
             #tupian{
```

```
                    float: left;
                    padding: 10px;
                }
        </style>
    </head>
    <body>
        <div id="box">
            <div id="tupian">
                <img src="images/1.jpg" />
            </div>
            <p style="background-color:pink;"> 树袋熊，又称考拉，是澳大利亚的国宝，也是澳大利亚奇特的珍贵
原始树栖动物。其英文名 Koala bear 来源于古代土著文字，意思是 "no drink"。因为树袋熊从它们取食的桉树叶中获得所需的
90%的水分，只在生病和干旱的时候喝水。当地人称它 "克瓦勒"，意思也是 "不喝水"。</p>
            <p>树袋熊并不是熊科动物，而且它们相差甚远。熊科属于食肉目，而树袋熊却属于有袋目。它每天有 18 个小时
处于睡眠状态，性情温顺，体态憨厚。</p>
            <p>考拉肌肉发达，四肢修长且强壮，适于在树枝间攀爬并支持它的体重。前肢与腿几乎等长，攀爬力量主要来自
于发达的大腿肌肉。考拉的爪爪长、尖而弯曲，尤其适应于抓握物体和攀爬。粗糙的掌垫和趾垫可以帮助考拉紧抱树枝，四肢均具尖锐
的长爪。前掌具 5 个手指，其中 2 个手指与其他 3 指相对，就像人类的拇指，因而可与其他指对握，这可以使考拉可以更安全自信地
紧握物体。脚掌上，除大脚趾没有长爪外，其他趾均具尖锐长爪，且第 2 趾与第 3 趾相连。</p>
        </div>
    </body>
</html>
```

运行例程代码，得到效果如图 7-25 所示。

图 7-25　定义浮动——图文混排页面 02

由此可见，CSS 创建者为了能够制作图文混排效果而创建了浮动的概念。将图片所在的 div 设置成
float:left;，图文混排效果出现了！

从以上效果图还可以看出，图片盒子被设置了左浮动，图片盒子出现如下几个反应。

● 这个盒子收缩了。这个盒子没有 width 属性，自动收缩为内容（img）的宽度了，表现出了行内元素
的一些特点。

● 由于 div 是个块级元素，应该会霸占浏览器的一行，但此时，不再霸占浏览器的一行了。它仍然维持
着自身的块级元素的特点：能接受 width、height。

● 因为此盒子已经脱离了标准流了，而后面 p 标签仍在标准流中，它们的定位会无视此盒子，而文字却
环绕在此盒子的周围。也就是说，后面的标准流中的元素，会在定位考量上无视它，但仍然影响着文字考量。

我们将以上反应称之为浮动元素的 "块行二像性"。

但是后来，浮动被用来定位了。

浮动的元素如果被设置成左浮动，那么它自己会向自己父辈结点中最近的处于标准流的那个元素的左
边框靠齐。

#box 就是所谓的#tubian 父辈的、最近的、处于标准流中的结点。所以#tupian 会靠齐#box 的左边。

right：浮动的元素如果被设置成右浮动，那么它自己会向自己父辈结点中最近的处于标准流的那个元
素的右边框靠齐。

所以，元素被设置浮动之后的效果可以总结为 8 个字："脱标" "字围" "收缩" "贴边"。

值得注意的是：现在，浮动被滥用了！

原本 CSS 创建者设置了两个属性——float（浮动）、position（定位），float 专门用于制作图文混排，而 position 专门用于制作页面的布局。但是，现在 float 也应用于布局了，块级元素在标准流中是怎么都不能排在一行的！所以，在页面上我们只要看见两个 div 并排了，并且还都是块级，那么可以断定：它们都浮动了。

至此，我们可以说：

- "广义定位"：用 float、postition 来定位；
- "狭义定位"：用 postition 来定位。

二、三小盒实验

为了更好地理解浮动，我们来进行几个实验，也就是经典的"三小盒实验"。接下来分别进行详细的说明。

1. 均不浮动的情况

代码如下：

```html
<!DOCTYPE HTML PUBLIC "-//W3C//DTD HTML 4.01 Transitional//EN"
"http://www.w3.org/TR/html4/loose.dtd">
<html>
    <head>
        ......
        <title>三小盒实验——均不浮动的情况</title>
        <style type="text/css">
        *{
            margin: 0px;
            padding: 0px;
        }

        #father{
            width: 700px;
            padding: 10px;
            background-color: pink;
        }
        #son1{
            background-color: greenyellow;
        }
        #son2{
            background-color: #9E55F0;
            height: 40px;
        }
        #son3{
            background-color: #E7EE22;
            height: 70px;
        }
        </style>
    </head>
    <body>
        <div id="father">
            <div id="son1">我是儿子 1</div>
            <div id="son2">我是儿子 2</div>
            <div id="son3">我是儿子 3</div>
            <p>我是 P 我是 P 我是 P 我是 P 我是 P 我是 P 我是 P 我是 P 我是 P 我是 P 我是 P 我是 P 我是 P 我是 P 我是 P 我是 P 我是 P 我是 P 我是 P 我是 P 我是 P 我是 P 我是 P 我是 P 我是 P 我是 P 我是 P 我是 P 我是 P 我是 P 我是 P 我是 P 我是 P 我是 P 我是 P 我是 P 我是 P 我是 P 我是 P 我是 P 我是 P 我是 P 我是 P 我是 P 我是 P 我是 P 我是 P 我是 P 我是 P 我是 P 我是 P 我是 P 我是 P 我是 P 我是 P 我是 P 我是 P 我是 P 我是 P 我是 P 我是 P 我是 P 我是 P 我是 P 我是 P 我是 P 我是 P 我是 P 我是 P 我是 P 我是 P 我是 P 我是 P 我是 P 我是 P 我是 P 我是 P 我是 P 我是 P 我是 P 我是 P 我是 P 我是 P 我是 P 我是 P 我是 P 我是 P 我是 P 我是 P 我是 P 我是 P 我是 P 我是 P 我是 P</p>
        </div>
    </body>
</html>
```

运行例程代码，得到效果如图 7-26 所示。

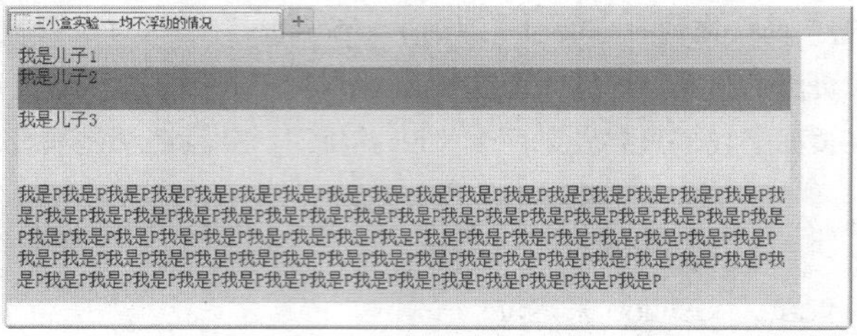

图 7-26　三小盒实验——均不浮动的情况

当对页面中的所有元素均不应用 float 属性，也就是说元素的 float 属性值都为其默认值 none。页面效果如图 7-26 所示。

可见如果不对元素设置浮动，则该元素及其内部的子元素将按照标准文档流的样式显示，即块元素占页面整行。

2. 儿子 1 单独设置左浮动的情况

代码如下：

```
<!DOCTYPE HTML PUBLIC "-//W3C//DTD HTML 4.01 Transitional//EN"
"http://www.w3.org/TR/html4/loose.dtd">
<html>
     <head>
          ……
          <title>三小盒实验——儿子 1 单独左浮动的情况</title>
          <style type="text/css">
          *{
               margin: 0px;
               padding: 0px;
          }
               #father{
                    width: 700px;
                    padding: 10px;
                    background-color: pink;
               }
               #son1{
                    background-color: greenyellow;
                    float: left;
                    width: 500px;
               }
               #son2{
                    background-color: #9E55F0;
                    height: 40px;
               }
               #son3{
                    background-color: #E7EE22;
                    height: 70px;
               }
          </style>
     </head>
     <body>
          <div id="father">
               <div id="son1">我是儿子 1</div>
               <div id="son2">我是儿子 2</div>
               <div id="son3">我是儿子 3</div>
               <p>我是P我是P我是P我是P我是P我是P我是P我是P我是P我是P我是P我是P我是P我是P我是P我是
P我是P我是P我是P我是P我是P我是P我是P我是P我是P我是P我是P我是P我是P我是P我是P我是P我是P我是P我是
P我是P我是P我是P我是P我是P我是P我是P我是P我是P我是P我是P我是P我是P我是P我是P我是P我是P我是P我是
P我是P我是P我是P我是P我是P我是P我是P我是P我是P我是P我是P我是P我是P我是P我是P我是P我是P我是P我是
P我是P我是P我是P我是P我是P我是P我是P我是P我是P我是P我是P</p>
          </div>
     </body>
</html>
```

运行例程代码，得到效果如图 7-27 所示。

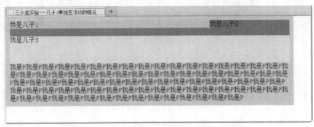

图 7-27　三小盒实验——儿子 1 单独左浮动的情况

通过上图容易看出，设置左浮动的 son1 漂浮到了 son2 的左侧，也就是说 son1 不再受文档流控制，出现在一个新的层次上。

脱标：儿子 1 不在标准流中了，仍在标准流中的元素们需要按照标准流的定位方法来重新定位。儿子 1 脱标了，所以腾出位置了，儿子 2 的盒子取代了原来儿子 1 的位置。儿子 1 压住了儿子 2 的一部分。在布局考量上，儿子 2 无视儿子 1；而在文字考量上如下所示。

字围：文字会环绕了。

收缩：width 属性没有设置，所以收缩为文字的宽度。height 也收缩了。

贴边：由于是左浮动，儿子 2 贴在离其最近的父辈 father 盒子的左边。

3. 儿子 1 单独设置右浮动的情况

代码如下：

```
<!DOCTYPE HTML PUBLIC "-//W3C//DTD HTML 4.01 Transitional//EN"
"http://www.w3.org/TR/html4/loose.dtd">
<html>
    <head>
        ……
        <title>三小盒实验——儿子 1 单独右浮动的情况</title>
        <style type="text/css">
        *{
            margin: 0px;
            padding: 0px;
        }
            #father{
                width: 700px;
                padding: 10px;
                background-color: pink;
            }
            #son1{
                background-color: greenyellow;
                float: right;
            }
            #son2{
                background-color: #9E55F0;
                height: 40px;
            }
            #son3{
                background-color: #E7EE22;
                height: 70px;
            }
        </style>
    </head>
    <body>
        <div id="father">
            <div id="son1">我是儿子 1</div>
            <div id="son2">我是儿子 2</div>
```

```
            <div id="son3">我是儿子 3</div>
            <p>我是 P 我是 P 我是 P 我是 P 我是 P 我是 P 我是 P 我是 P 我是 P 我是 P 我是 P 我是 P 我是 P 我是 P 我是
P 我是 P 我是 P 我是 P 我是 P 我是 P 我是 P 我是 P 我是 P 我是 P 我是 P 我是 P 我是 P 我是 P 我是 P 我是 P 我是
P 我是 P 我是 P 我是 P 我是 P 我是 P 我是 P 我是 P 我是 P 我是 P 我是 P 我是 P 我是 P 我是 P 我是 P 我是 P 我是
P 我是 P 我是 P 我是 P 我是 P 我是 P 我是 P 我是 P 我是 P 我是 P 我是 P 我是 P 我是 P 我是 P 我是 P 我是 P 我是
P 我是 P 我是 P 我是 P 我是 P 我是 P 我是 P 我是 P 我是 P</p>
        </div>
    </body>
</html>
```

运行例程代码，得到效果如图 7-28 所示。

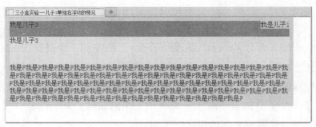

图 7-28　三小盒实验——儿子 1 单独右浮动的情况

float 的另一个属性值“right”在网页布局时也会经常用到，它与“left”属性值的用法相同但方向相反。

4. 儿子 1、儿子 2 一起设置左浮动的情况

代码如下：

```
<!DOCTYPE HTML PUBLIC "-//W3C//DTD HTML 4.01 Transitional//EN"
"http://www.w3.org/TR/html4/loose.dtd">
<html>
    <head>
        ……
        <title>三小盒实验——儿子 1、儿子 2 一起左浮动的情况</title>
        <style type="text/css">
        *{
            margin: 0px;
            padding: 0px;
        }
        #father{
            width: 700px;
            padding: 10px;
            background-color: pink;
        }
        #son1{
            background-color: greenyellow;
            float: left;
        }
        #son2{
            background-color: #9E55F0;
            height: 40px;
            float: left;
        }
        #son3{
            background-color: #E7EE22;
            height: 70px;
        }
        </style>
    </head>
    <body>
        <div id="father">
            <div id="son1">我是儿子 1</div>
            <div id="son2">我是儿子 2</div>
            <div id="son3">我是儿子 3</div>
```

```
            <p>我是 P 我是 P 我是 P 我是 P 我是 P 我是 P 我是 P 我是 P 我是 P 我是 P 我是 P 我是 P 我是 P 我是 P 我是
我是 P 我是 P 我是 P 我是 P 我是 P 我是 P 我是 P 我是 P 我是 P 我是 P 我是 P 我是 P 我是 P 我是 P 我是 P 我是
我是 P 我是 P 我是 P 我是 P 我是 P 我是 P 我是 P 我是 P 我是 P 我是 P 我是 P 我是 P 我是 P 我是 P 我是 P 我是
我是 P 我是 P 我是 P 我是 P 我是 P 我是 P 我是 P 我是 P 我是 P 我是 P 我是 P 我是 P 我是 P 我是 P 我是 P 我是
我是 P 我是 P 我是 P 我是 P 我是 P 我是 P 我是 P 我是 P 我是 P 我是 P 我是 P 我是 P 我是 P 我是 P 我是 P 我是 P</p>
        </div>
    </body>
</html>
```

运行例程代码，得到效果如图 7-29 所示。

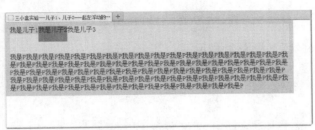

图 7-29　三小盒实验——儿子 1、儿子 2 一起左浮动的情况

在上图中，son1、son2、son3 3 个盒子整齐地排列在同一行，可见通过应用"float:left;"样式可以使
son1 和 son2 同时脱离标准文档流的控制向左漂浮。

儿子 3"发现"，在自己之前没有标准流中的元素了！所以自己就是标准流中的左上角了。

5. 儿子 1、儿子 2、儿子 3 一起设置左浮动的情况

代码如下：

```html
<!DOCTYPE HTML PUBLIC "-//W3C//DTD HTML 4.01 Transitional//EN"
"http://www.w3.org/TR/html4/loose.dtd">
<html>
    <head>
        <meta http-equiv="content-type" content="text/html;charset=utf-8">
        <meta name="Keywords" content="关键字1,关键字2" />
        <meta name="Description" content="描述" />
        <title>三小盒实验——儿子 1、儿子 2、儿子 3 一起左浮动的情况</title>
        <style type="text/css">
        *{
            margin: 0px;
            padding: 0px;
        }
            #father{
                width: 700px;
                padding: 10px;
                background-color: pink;
            }
            #son1{
                background-color: greenyellow;
                float: left;
            }
            #son2{
                background-color: #9E55F0;
                height: 40px;
                float: left;
            }
            #son3{
                background-color: #E7EE22;
                height: 70px;
                float: left;
            }
        </style>
    </head>
```

```
    <body>
        <div id="father">
            <div id="son1">我是儿子 1</div>
            <div id="son2">我是儿子 2</div>
            <div id="son3">我是儿子 3</div>
            <p>我是 P 我是 P 我是 P 我是 P 我是 P 我是 P 我是 P 我是 P 我是 P 我是 P 我是 P 我是 P 我是 P 我是 P 我是 P 我是
P 我是 P 我是 P 我是 P 我是 P 我是 P 我是 P 我是 P 我是 P 我是 P 我是 P 我是 P 我是 P 我是 P 我是 P 我是 P 我是 P 我是 P 我是 P 我是
P 我是 P 我是 P 我是 P 我是 P 我是 P 我是 P 我是 P 我是 P 我是 P 我是 P 我是 P 我是 P 我是 P 我是 P 我是 P 我是 P 我是 P 我是 P 我是
P 我是 P 我是 P 我是 P 我是 P 我是 P 我是 P 我是 P 我是 P 我是 P 我是 P 我是 P 我是 P 我是 P 我是 P 我是 P 我是 P 我是 P 我是 P 我是
P 我是 P 我是 P 我是 P 我是 P 我是 P 我是 P 我是 P 我是 P 我是 P 我是 P 我是 P</p>
        </div>
    </body>
</html>
```

运行例程代码，得到效果如图 7-30 所示。

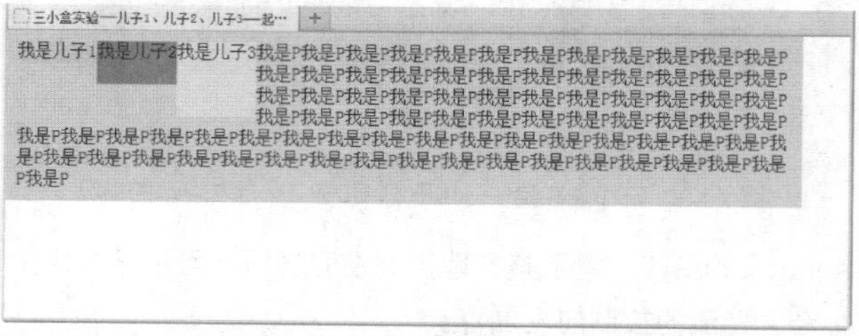

图 7-30　三小盒实验——儿子 1、儿子 2、儿子 3 一起左浮动的情况

在图 7-30 中，son1、son2、son3 3 个盒子排列在同一行，同时，周围的段落文本将环绕盒子，出现了图文混排的网页效果。

在此基础上，我们设置 3 个儿子盒子的宽度为 200px，更改一下 father 的宽度为 599px，看看会发生什么？代码如下：

```
<!DOCTYPE HTML PUBLIC "-//W3C//DTD HTML 4.01 Transitional//EN"
"http://www.w3.org/TR/html4/loose.dtd">
<html>
    <head>
        ……
        <title>三小盒实验——设置父子盒子宽度的情况</title>
        <style type="text/css">
        *{
            margin: 0px;
            padding: 0px;
        }
            #father{
                width: 599px;
                padding: 10px;
                background-color: pink;
            }
            #son1{
                background-color: greenyellow;
                float: left;
                width: 200px;
            }
            #son2{
                background-color: #9E55F0;
                height: 40px;
                float: left;
                width: 200px;
            }
            #son3{
                background-color: #E7EE22;
                height: 70px;
```

```
                    float: left;
                    width: 200px;
            }
        </style>
    </head>
    <body>
        <div id="father">
            <div id="son1">我是儿子 1</div>
            <div id="son2">我是儿子 2</div>
            <div id="son3">我是儿子 3</div>
            <p>我是 P 我是 P 我是 P 我是 P 我是 P 我是 P 我是 P 我是 P 我是 P 我是 P 我是 P 我是
P 我是 P 我是 P 我是 P 我是 P 我是 P 我是 P 我是 P 我是 P 我是 P 我是 P 我是 P 我是 P 我是 P 我是
P 我是 P 我是 P 我是 P 我是 P 我是 P 我是 P 我是 P 我是 P 我是 P 我是 P 我是 P 我是 P 我是 P 我是
P 我是 P 我是 P 我是 P 我是 P 我是 P 我是 P 我是 P 我是 P 我是 P 我是 P 我是 P 我是 P 我是 P 我是
P 我是 P 我是 P 我是 P 我是 P 我是 P 我是 P 我是 P 我是 P 我是 P 我是 P</p>
        </div>
    </body>
</html>
```

运行例程代码，得到效果如图 7-31 所示。

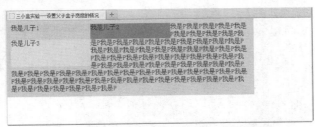

图 7-31　三小盒实验——设置父子盒子宽度的情况

【说明】　3 个儿子盒子的宽度为 200px，而父盒子 father 的总宽度为 599px，难以支持所有儿子浮动。所以儿子 3 就"跳"下去了。

接着，如果让儿子 1 变高，同样将父辈元素的宽度减小，那么将发生什么情况？代码如下：

```
<!DOCTYPE HTML PUBLIC "-//W3C//DTD HTML 4.01 Transitional//EN"
"http://www.w3.org/TR/html4/loose.dtd">
<html>
    <head>
        ......
        <title>三小盒实验——设置儿子 1 高度的情况</title>
        <style type="text/css">
        *{
            margin: 0px;
            padding: 0px;
        }
        #father{
            width: 599px;
            padding: 10px;
            background-color: pink;
        }
        #son1{
            background-color: greenyellow;
            float: left;
            width: 200px;
            height: 150px;
        }
        #son2{
            background-color: #9E55F0;
            height: 40px;
            float: left;
            width: 200px;
        }
```

```
                    #son3{
                        background-color: #E7EE22;
                        height: 70px;
                        float: left;
                        width: 200px;
                    }
            </style>
        </head>
        <body>
            <div id="father">
                <div id="son1">我是儿子1</div>
                <div id="son2">我是儿子2</div>
                <div id="son3">我是儿子3</div>
                <p>我是P我是P我是P我是P我是P我是P我是P我是P我是P我是P我是P我是P我是P我是P我是P我是
    P我是P我是P我是P我是P我是P我是P我是P我是P我是P我是P我是P我是P我是P我是P我是P我是P我是P我是
    P我是P我是P我是P我是P我是P我是P我是P我是P我是P我是P我是P我是P我是P我是P我是P我是P我是P我是
    P我是P我是P我是P我是P我是P我是P我是P我是P我是P我是P我是P我是P我是P我是P我是P我是P我是P我是
    P我是P我是P我是P我是P我是P我是P我是P我是P我是P我是P</p>
            </div>
        </body>
    </html>
```

运行例程代码，得到效果如图7-32所示。

图7-32　三小盒实验——设置儿子1高度的情况

【说明】　对儿子3而言，父元素已经容纳不下我了，我要重新去找一个父辈、标准流、最近的边去贴。但是，能够贴住的father的边，已经被我的"大哥"（儿子1）给贴住了！所以，我只能贴在"大哥"（儿子1）的边上……

以上就是经典的"三小盒实验"。

今后，我们会大量地应用这一现象，对网页进行布局、排版操作。比如，现在要制作如图7-33所示的页面，则只需要对3个儿子盒子设置左浮动，然后设置父元素的宽度，即可完成布局示意图。

图7-33　三小盒实验——布局页面示意图

【注意】　浮动的元素尽量是<div>，别让<p>和<img>（浮动也有字围现象）浮动。

7.3.3　清除浮动带来的影响

由于浮动元素不再占用原文档流的位置，所以它会对页面中其他元素的排版产生影响。

在CSS中，clear属性用于清除浮动，其基本语法格式如下：

选择器{clear:属性值;}

在上面的语法中，clear属性的常用值有3个，分别表示不同的含义，具体如下。

- left：不允许左侧有浮动元素（清除左侧浮动的影响）。

- right：不允许右侧有浮动元素（清除右侧浮动的影响）。

- both：同时清除左右两侧浮动的影响。

接下来用几个案例说明对<p>标记应用clear属性，来清除周围浮动元素对段落文本的影响。

假设现在页面儿子 1、2 左浮动，儿子 3 右浮动。代码如下：

```html
<!DOCTYPE HTML PUBLIC "-//W3C//DTD HTML 4.01 Transitional//EN"
"http://www.w3.org/TR/html4/loose.dtd">
<html>
    <head>
        ......
        <title>清除浮动——儿子 1、2 左浮动，儿子 3 右浮动</title>
        <style type="text/css">
        *{
            margin: 0px;
            padding: 0px;
        }
            #father{
                width: 700px;
                padding: 10px;
                background-color: pink;
            }
            #son1{
                background-color: greenyellow;
                height: 80px;
                float: left;
            }
            #son2{
                background-color: #9E55F0;
                height: 40px;
                float: left;
            }
            #son3{
                background-color: #E7EE22;
                height: 120px;
                float: right;
            }
        </style>
    </head>
    <body>
        <div id="father">
            <div id="son1">我是儿子 1</div>
            <div id="son2">我是儿子 2</div>
            <div id="son3">我是儿子 3</div>
            <p>我是 P 我是 P 我是 P 我是 P 我是 P 我是 P 我是 P 我是 P 我是 P 我是 P 我是 P 我是 P 我是 P 我是 P 我是 P 我是
P 我是 P 我是 P 我是 P 我是 P 我是 P 我是 P 我是 P 我是 P 我是 P 我是 P 我是 P 我是 P 我是 P 我是 P 我是 P 我是
P 我是 P 我是 P 我是 P 我是 P 我是 P 我是 P 我是 P 我是 P 我是 P 我是 P 我是 P 我是 P 我是 P 我是 P 我是 P 我是
P 我是 P 我是 P 我是 P 我是 P 我是 P 我是 P 我是 P 我是 P 我是 P 我是 P 我是 P 我是 P 我是 P 我是 P 我是 P 我是
P 我是 P 我是 P 我是 P 我是 P 我是 P 我是 P 我是 P 我是 P 我是 P 我是 P 我是 P 我是 P 我是 P 我是 P</p>
        </div>
    </body>
</html>
```

运行例程代码，得到效果如图 7-34 所示。

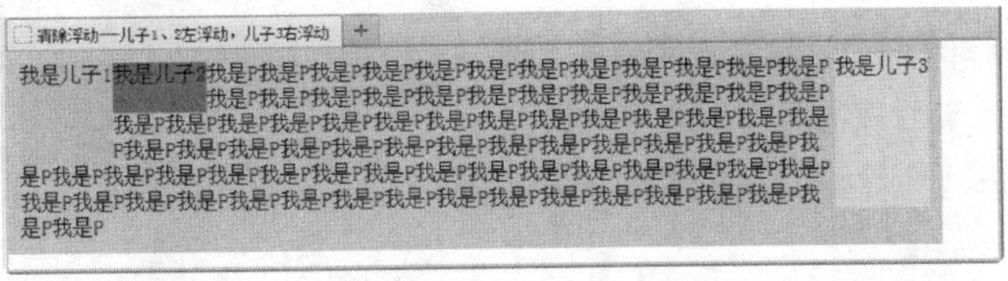

图 7-34　清除浮动——儿子 1、2 左浮动，儿子 3 右浮动

1．只清除左侧浮动的影响

在<p>标记的 CSS 样式中添加 clear:left;代码如下：

```html
<!DOCTYPE HTML PUBLIC "-//W3C//DTD HTML 4.01 Transitional//EN"
"http://www.w3.org/TR/html4/loose.dtd">
```

```
<html>
    <head>
        ……
        <title>清除浮动——只清除左侧浮动的影响</title>
        <style type="text/css">
            *{
            margin: 0px;
            padding: 0px;
        }
            #father{
                width: 700px;
                padding: 10px;
                background-color: pink;
            }
            #son1{
                background-color: greenyellow;
                height: 80px;
                float: left;
            }
            #son2{
                background-color: #9E55F0;
                height: 40px;
                float: left;
            }
            #son3{
                background-color: #E7EE22;
                height: 120px;
                float: right;
            }
            p{
                clear: left;
            }
        </style>
    </head>
    <body>
        <div id="father">
            <div id="son1">我是儿子 1</div>
            <div id="son2">我是儿子 2</div>
            <div id="son3">我是儿子 3</div>
            <p>我是 P 我是 P 我是 P 我是 P 我是 P 我是 P 我是 P 我是 P 我是 P 我是 P 我是 P 我是 P 我是 P 我是 P 我是 P 我是
P 我是 P 我是 P 我是 P 我是 P 我是 P 我是 P 我是 P 我是 P 我是 P 我是 P 我是 P 我是 P 我是 P 我是 P 我是 P 我是 P 我是 P 我是 P 我是
P 我是 P 我是 P 我是 P 我是 P 我是 P 我是 P 我是 P 我是 P 我是 P 我是 P 我是 P 我是 P 我是 P 我是 P 我是 P 我是 P 我是 P 我是 P 我是
P 我是 P 我是 P 我是 P 我是 P 我是 P 我是 P 我是 P 我是 P 我是 P 我是 P 我是 P 我是 P 我是 P 我是 P 我是 P 我是 P 我是 P 我是 P 我是
P 我是 P 我是 P 我是 P 我是 P 我是 P 我是 P 我是 P 我是 P 我是 P 我是 P 我是 P</p>
        </div>
    </body>
</html>
```

运行例程代码，得到效果如图 7-35 所示。

可见文字还在围绕着儿子 3 的左边，即只清除了左浮动。

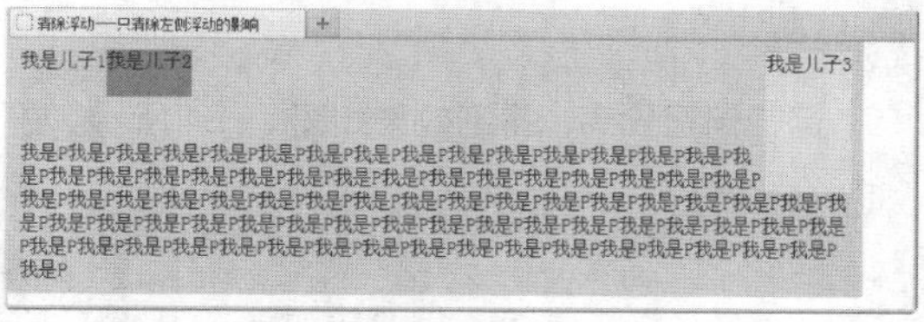

图 7-35　清除浮动——只清除左侧浮动的影响

【注意】　是对<p>清除浮动。需要记住的是：清除浮动永远是针对浮动元素后面的那个元素来说的。很多初学者觉得要为最后一个浮动的元素清除，这是不对的！

2. 只清除右侧浮动的影响

在<p>标记的 CSS 样式中添加 clear:right;代码如下：

```
<!DOCTYPE HTML PUBLIC "-//W3C//DTD HTML 4.01 Transitional//EN"
"http://www.w3.org/TR/html4/loose.dtd">
<html>
    <head>
```

```
......
    <title>清除浮动——只清除右侧浮动的影响</title>
    <style type="text/css">
    *{
        margin: 0px;
        padding: 0px;
    }
        #father{
            width: 700px;
            padding: 10px;
            background-color: pink;
        }
        #son1{
            background-color: greenyellow;
            height: 100px;
            float: left;
        }
        #son2{
            background-color: #9E55F0;
            height: 40px;
            float: left;
        }
        #son3{
            background-color: #E7EE22;
            height: 60px;
            float: right;
        }
        p{
            clear: right;
        }
    </style>
</head>
<body>
    <div id="father">
        <div id="son1">我是儿子 1</div>
        <div id="son2">我是儿子 2</div>
        <div id="son3">我是儿子 3</div>
        <p>我是 P 我是 P 我是 P 我是 P 我是 P 我是 P 我是 P 我是 P 我是 P 我是 P 我是 P 我是 P 我是 P 我是
P 我是 P 我是 P 我是 P 我是 P 我是 P 我是 P 我是 P 我是 P 我是 P 我是 P 我是 P 我是 P 我是 P 我是 P 我是
P 我是 P 我是 P 我是 P 我是 P 我是 P 我是 P 我是 P 我是 P 我是 P 我是 P 我是 P 我是 P 我是 P 我是 P 我是
P 我是 P 我是 P 我是 P 我是 P 我是 P 我是 P 我是 P 我是 P 我是 P 我是 P 我是 P 我是 P 我是 P 我是 P 我是
P 我是 P 我是 P 我是 P 我是 P 我是 P 我是 P 我是 P 我是 P 我是 P 我是 P 我是 P</p>
    </div>
</body>
</html>
```

运行例程代码，得到效果如图 7-36 所示。

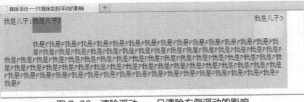

图 7-36　清除浮动——只清除右侧浮动的影响

可见文字还在围绕着儿子 1 的左边，即只清除了右浮动。

3. 同时清除左右两侧浮动的影响

在<p>标记的 CSS 样式中添加 clear: both;代码如下：

```
<!DOCTYPE HTML PUBLIC "-//W3C//DTD HTML 4.01 Transitional//EN"
"http://www.w3.org/TR/html4/loose.dtd">
<html>
    <head>
```

```
......
<title>清除浮动——同时清除左右两侧浮动的影响</title>
<style type="text/css">
*{
    margin: 0px;
    padding: 0px;
}
    #father{
        width: 700px;
        padding: 10px;
        background-color: pink;
    }
    #son1{
        background-color: greenyellow;
        height: 100px;
        float: left;
    }
    #son2{
        background-color: #9E55F0;
        height: 40px;
        float: left;
    }
    #son3{
        background-color: #E7EE22;
        height: 60px;
        float: right;
    }
    p{
        clear: both;
    }
</style>
</head>
<body>
    <div id="father">
        <div id="son1">我是儿子1</div>
        <div id="son2">我是儿子2</div>
        <div id="son3">我是儿子3</div>
        <p>我是P我是P我是P我是P我是P我是P我是P我是P我是P我是P我是P我是P我是P我是P我是
P我是P我是P我是P我是P我是P我是P我是P我是P我是P我是P我是P我是P我是P我是P我是P我是
P我是P我是P我是P我是P我是P我是P我是P我是P我是P我是P我是P我是P我是P我是P我是P我是
P我是P我是P我是P我是P我是P我是P我是P我是P我是P我是P我是P我是P我是P我是P我是P我是
P我是P我是P我是P我是P我是P我是P我是P我是P我是P我是P</p>
    </div>
</body>
</html>
```

运行例程代码，得到效果如图 7-37 所示。

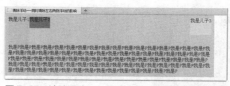

图 7-37　清除浮动——同时清除左右两侧浮动的影响

可见，这个<p>就仿佛它前面没有浮动的元素一样。

4. 将盒子中文字清除的情况

如果将盒子中文字清除，会出现什么情况呢？

在上例的基础上，将<p>元素删除，代码如下：

```
<!DOCTYPE HTML PUBLIC "-//W3C//DTD HTML 4.01 Transitional//EN"
"http://www.w3.org/TR/html4/loose.dtd">
<html>
```

```
<head>
    ......
    <title>清除浮动——将盒子中文字清除的情况</title>
    <style type="text/css">
    *{
        margin: 0px;
        padding: 0px;
    }
    #father{
        width: 700px;
        padding: 10px;
        background-color: pink;
    }
    #son1{
        background-color: greenyellow;
        height: 100px;
        float: left;
    }
    #son2{
        background-color: #9E55F0;
        height: 40px;
        float: left;
    }
    #son3{
        background-color: #E7EE22;
        height: 60px;
        float: right;
    }
    p{
        clear: both;
    }
    </style>
</head>
<body>
    <div id="father">
        <div id="son1">我是儿子1</div>
        <div id="son2">我是儿子2</div>
        <div id="son3">我是儿子3</div>
    </div>
</body>
</html>
```

运行例程代码，得到效果如图 7-38 所示。

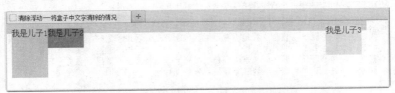

图 7-38　清除浮动——将盒子中文字清除的情况

可见，将<p>元素删除，发现 father 变成这样了。从逻辑上看，父盒子（大盒子）都没有包含 3 个子
盒子（小盒子）。

原因是：父盒子由于没有写 height，所以它的 height 是由它里面的标准流中的元素的高计算出来的，
而现在子元素都浮动了，所以它没有高了。剩下的粉颜色的部分，是 padding:10px;造成的结果。

那么，出现这种情况该如何解决呢？

解决的办法是：只需要在父盒子中创建一个标准流的<div>，并清除左右两侧（所有）浮动的影响。即：
。用这一行代码将父盒子中上面的 3 个子盒子（小盒子）与<p>隔开，这
个<p>就仿佛它前面没有浮动的元素一样，这样就清除了浮动带来的影响。

所以，方法是在上例的基础上，创建一个标准流的<div>，并习惯地在该行的前后分别空出一行来。

代码如下：

```
<!DOCTYPE HTML PUBLIC "-//W3C//DTD HTML 4.01 Transitional//EN"
"http://www.w3.org/TR/html4/loose.dtd">
<html>
    <head>
        ......
        <title>清除浮动——清除浮动带来的影响解决办法</title>
        <style type="text/css">
            *{
            margin: 0px;
            padding: 0px;
            }
            #father{
                width: 700px;
                padding: 10px;
                background-color: pink;
            }
            #son1{
                background-color: greenyellow;
                height: 100px;
                float: left;
            }
            #son2{
                background-color: #9E55F0;
                height: 40px;
                float: left;
            }
            #son3{
                background-color: #E7EE22;
                height: 60px;
                float: right;
            }
        </style>
    </head>
    <body>
        <div id="father">
            <div id="son1">我是儿子1</div>
            <div id="son2">我是儿子2</div>
            <div id="son3">我是儿子3</div>

            <div style="clear:both;"></div>

            <p>我是P我是P我是P我是P我是P我是P我是P我是P我是P我是P我是P我是P我是P我是P我是P我是
P我是P我是P我是P我是P我是P我是P我是P我是P我是P我是P我是P我是P我是P我是P我是P我是P我是
P我是P我是P我是P我是P我是P我是P我是P我是P我是P我是P我是P我是P我是P我是P我是P我是P我是
P我是P我是P我是P我是P我是P我是P我是P我是P我是P我是P我是P我是P我是P我是P我是P我是P我是
P我是P我是P我是P我是P我是P我是P我是P我是P我是P我是P</p>
        </div>
    </body>
</html>
```

运行例程代码，得到效果如图 7-39 所示。

图 7-39　清除浮动——清除浮动带来的影响解决办法

7.3.4　overflow 属性

根据 CSS 的盒模型概念，页面中的每个元素，都是一个矩形的盒子。这些盒子的大小、位置和行为都可以用 CSS 来控制。

对于行为，我们的意思是当盒子内外的内容改变的时候，它如何处理。比如，如果你没有设置一个盒子的高度，该盒子的高度将会根据它容纳内容的需要而增长。但是当你给一个盒子指定了一个高度或宽度而里面的内容超出的时候会发生什么？这就是该添加 CSS 的 overflow 属性的时候了，它允许你设定该种情况下如何处理。

其基本语法格式如下：

```
选择器{overflow:属性值;}
```

在上面的语法中，overflow 属性的常用值有 visible（默认）、hidden、auto 和 scroll 4 个。同样有两个 overflow 的姐妹属性 overflow-y 和 overflow-x，但它们很少被采用。

接下来，我们来看一段代码。代码如下：

```html
<!DOCTYPE HTML PUBLIC "-//W3C//DTD HTML 4.01 Transitional//EN"
"http://www.w3.org/TR/html4/loose.dtd">
<html>
    <head>
        ......
        <title>overflow 属性——内容超出盒子指定的高度</title>
        <style type="text/css">
            *{
                margin: 0px;
                padding: 0px;
            }
            div{
                margin-top: 10px;
                margin-left: 10px;
                width:400px;
                height:100px;
                background-color: pink;
            }
        </style>
    </head>
    <body>
        <div>
            <p>超出 div 设定的高度之后的内容显示</p>
            <p>超出 div 设定的高度之后的内容显示</p>
            <p>超出 div 设定的高度之后的内容显示</p>
            <p>超出 div 设定的高度之后的内容显示</p>
            <p>超出 div 设定的高度之后的内容显示</p>
        </div>
    </body>
</html>
```

运行例程代码，得到效果如图 7-40 所示。

由图 7-40 可见，里面的内容超出了盒子指定的高度，这时就该添加 CSS 的 overflow 属性了。

1. "overflow:visible;"样式

设置 "overflow:visible;"样式后，盒子溢出的内容不会被修剪，而呈现在元素框之外。如图 7-41 所示。

图 7-40　overflow 属性——内容超出盒子指定的高度

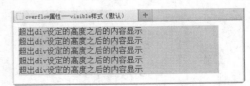

图 7-41　overflow 属性——visible 样式（默认）

代码如下：

```html
<!DOCTYPE HTML PUBLIC "-//W3C//DTD HTML 4.01 Transitional//EN"
"http://www.w3.org/TR/html4/loose.dtd">
```

```html
<html>
    <head>
        ......
        <title>overflow 属性——visible 样式（默认）</title>
        <style type="text/css">
            *{
                margin: 0px;
                padding: 0px;
            }
            div{
                margin-top: 10px;
                margin-left: 10px;
                width:400px;
                height:100px;
                background-color: pink;
                overflow:visible;
            }
        </style>
    </head>
    <body>
        <div>
            <p>超出 div 设定的高度之后的内容显示</p>
            <p>超出 div 设定的高度之后的内容显示</p>
            <p>超出 div 设定的高度之后的内容显示</p>
            <p>超出 div 设定的高度之后的内容显示</p>
            <p>超出 div 设定的高度之后的内容显示</p>
        </div>
    </body>
</html>
```

其效果不变，为默认样式。

2. "overflow:hidden;" 样式

设置 "overflow:hidden;" 样式后，盒子溢出的内容将会被修剪且不可见。如图 7-42 所示。

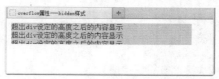

图 7-42　overflow 属性——hidden 样式

代码如下：

```html
<!DOCTYPE HTML PUBLIC "-//W3C//DTD HTML 4.01 Transitional//EN"
"http://www.w3.org/TR/html4/loose.dtd">
<html>
    <head>
        ......
        <title>overflow 属性——hidden 样式</title>
        <style type="text/css">
            *{
                margin: 0px;
                padding: 0px;
            }
            div{
                margin-top: 10px;
                margin-left: 10px;
                width:400px;
                height:50px;
                background-color: pink;
                overflow: hidden;
            }
        </style>
    </head>
    <body>
        <div>
```

```
                <p>超出 div 设定的高度之后的内容显示</p>
                <p>超出 div 设定的高度之后的内容显示</p>
                <p>超出 div 设定的高度之后的内容显示</p>
                <p>超出 div 设定的高度之后的内容显示</p>
                <p>超出 div 设定的高度之后的内容显示</p>
        </div>
    </body>
</html>
```

从以上代码和浏览器效果图看，可以清楚地知道"overflow:hidden;"这个属性的本意就是将所有溢出来的内容隐藏起来。

但是，我们发现这个属性能够用于浮动的清除。我们知道，一个父亲，不能被自己浮动的儿子撑出高度，但是如果这个父亲加上了 overflow:hidden，那么这个父亲就能够被浮动的儿子撑出高度了。

3. "overflow:auto;" 样式

设置"overflow:auto;"样式后，元素框能够自适应其内容的多少，在内容溢出时，产生滚动条，否则，则不产生滚动条。当内容溢出时，如图 7-43 所示。

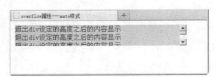

图 7-43　overflow 属性——auto 样式

代码如下：

```
<!DOCTYPE HTML PUBLIC "-//W3C//DTD HTML 4.01 Transitional//EN"
"http://www.w3.org/TR/html4/loose.dtd">
<html>
    <head>
        ......
        <title>overflow 属性——auto 样式</title>
        <style type="text/css">
            *{
                margin: 0px;
                padding: 0px;
            }
            div{
                margin-top: 10px;
                margin-left: 10px;
                width:400px;
                height:50px;
                background-color: pink;
                overflow: auto;
            }
        </style>
    </head>
    <body>
        <div>
            <p>超出 div 设定的高度之后的内容显示</p>
            <p>超出 div 设定的高度之后的内容显示</p>
            <p>超出 div 设定的高度之后的内容显示</p>
            <p>超出 div 设定的高度之后的内容显示</p>
            <p>超出 div 设定的高度之后的内容显示</p>
        </div>
    </body>
</html>
```

4. "overflow:scroll;" 样式

当定义 overflow 的属性值为 scroll 时，元素框中也会产生滚动条，如图 7-44 所示。

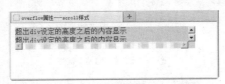

图 7-44　overflow 属性——scroll 样式

代码如下：

```
<!DOCTYPE HTML PUBLIC "-//W3C//DTD HTML 4.01 Transitional//EN"
"http://www.w3.org/TR/html4/loose.dtd">
<html>
    <head>
        ……
        <title>overflow 属性——scroll 样式</title>
        <style type="text/css">
            *{
                margin: 0px;
                padding: 0px;
            }
            div{
                margin-top: 10px;
                margin-left: 10px;
                width:400px;
                height:50px;
                background-color: pink;
                overflow: scroll;
            }
        </style>
    </head>
    <body>
        <div>
            <p>超出 div 设定的高度之后的内容显示</p>
            <p>超出 div 设定的高度之后的内容显示</p>
            <p>超出 div 设定的高度之后的内容显示</p>
            <p>超出 div 设定的高度之后的内容显示</p>
            <p>超出 div 设定的高度之后的内容显示</p>
        </div>
    </body>
</html>
```

【注意】 与 "overflow:auto;" 不同，当定义 "overflow:scroll;" 时，不论元素是否溢出，元素框中的水平和竖直方向的滚动条都始终存在。

7.4 定位

事实证明，在不学习 position（定位）属性的时候，页面是可以完美搭建出来的。那么，定位是干什么的？

答：定位是实现"小心思"的。

图 7-45 为拉手网首页截图，在很多地方，使用了定位。

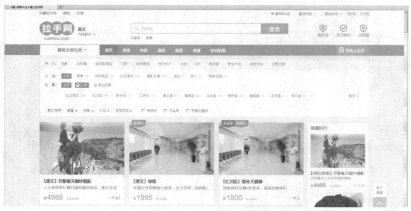

图 7-45 拉手网首页截图

如图 7-46 所示，左上角的"多套餐""免预约"的定位效果，就是我们通常所说的实现的"小心思"。

7.4.1　元素的定位属性

元素的定位属性主要包括定位模式和边偏移两部分。

一、定位模式

在 CSS 中，position 属性用于定义元素的定位模式，其基本语法格式如下：

```
选择器{position:属性值;}
```

在上面的语法中，position 属性的常用值有 4 个，分别表示不同的定位模式，具体如下。

（1）static：自动定位（默认定位方式）。

（2）relative：相对定位，相对于其原文档流的位置进行定位。

（3）absolute：绝对定位，相对于其上一个已经定位的父元素进行定位。

（4）fixed：固定定位，相对于浏览器窗口进行定位。

图 7-46　拉手网首页定位应用部分截图

二、边偏移

通过边偏移属性 top、bottom、left 或 right，来精确定义定位元素的位置，其取值为不同单位的数值或百分比，对他们的具体解释如下。

（1）top：顶端偏移量，定义元素相对于其父元素上边线的距离。

（2）bottom：底部偏移量，定义元素相对于其父元素下边线的距离。

（3）left：左侧偏移量，定义元素相对于其父元素左边线的距离。

（4）right：右侧偏移量，定义元素相对于其父元素右边线的距离。

所有有 position:absolute、relative、fixed 的元素，都能够用 top、right、bottom、left 4 个属性来进行定位，但是参考点不一样。

两两一组，如：top、left / bottom、right。

7.4.2　常见的几种定位模式

一、静态定位

静态定位是元素的默认定位方式，当 position 属性的取值为 static 时，可以将元素定位于静态位置。所谓静态位置就是各个元素在 HTML 文档流中默认的位置。

任何元素在默认状态下都会以静态定位来确定自己的位置，所以当没有定义 position 属性时，并不说明该元素没有自己的位置，他会遵循默认值显示为静态位置。在静态定位状态下，无法通过边偏移属性(top、bottom、left 或 right) 来改变元素的位置。

二、相对定位

相对定位是将元素相对于它在标准文档流中的位置进行定位，当 position 属性的取值为 relative 时，可以将元素定位于相对位置。对元素设置相对定位后，可以通过边偏移属性改变元素的位置，但是他在文档流中的位置仍然保留。

```
position:relative;
```

相对定位的元素没有脱离标准流，但是"形影分离"，对后面的元素产生影响时一律只考虑自己的原来位置。

先来看一个例子，代码如下：

```
<!DOCTYPE HTML PUBLIC "-//W3C//DTD HTML 4.01 Transitional//EN"
"http://www.w3.org/TR/html4/loose.dtd">
<html>
    <head>
```

```
......
        <title>定位属性——自动定位（默认）</title>
        <style type="text/css">
            *{   margin: 0px; padding: 0px; }
            #father{
                width: 700px;
                background-color: pink;
                color: white;
            }
            #son1{
                background: red;
                width: 100px;
                height: 100px;
            }
            #son2{
                background: green;
                width: 100px;
                height: 100px;
            }
            #son3{
                background: blue;
                width: 100px;
                height: 100px;
            }
        </style>
    </head>
    <body>
        <div id="father">
            <div id="son1">我是儿子 1</div>
            <div id="son2">我是儿子 2</div>
            <div id="son3">我是儿子 3</div>
        </div>
    </body>
</html>
```

运行例程代码，得到效果如图 7-47 所示。

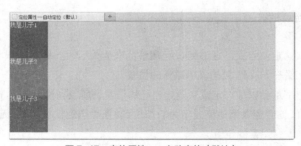

图 7-47　定位属性——自动定位（默认）

接下来，对#son1 进行相对定位，代码如下：

```
<!DOCTYPE HTML PUBLIC "-//W3C//DTD HTML 4.01 Transitional//EN"
"http://www.w3.org/TR/html4/loose.dtd">
<html>
    <head>
        ......
        <title>定位属性——儿子 1 相对定位</title>
        <style type="text/css">
            *{   margin: 0px; padding: 0px; }
            #father{
                width: 700px;
                background-color: pink;
                color: white;
            }
```

```
              #son1{
                    background: red;
                    width: 100px;
                    height: 100px;
                    position:relative;
                    top:20px;
                    left:80px;
              }
              #son2{
                    background: green;
                    width: 100px;
                    height: 100px;
              }
              #son3{
                    background: blue;
                    width: 100px;
                    height: 100px;
              }
        </style>
    </head>
    <body>
        <div id="father">
            <div id="son1">我是儿子 1</div>
            <div id="son2">我是儿子 2</div>
            <div id="son3">我是儿子 3</div>
        </div>
    </body>
</html>
```

运行例程代码，得到效果如图 7-48 所示。

图 7-48　定位属性——儿子 1 相对定位

　　如图 7-48 所示，对#son1 设置相对定位后，它会相对于其自身的默认位置进行偏移，但是它在文档流中的位置仍然保留。即：相对定位的盒子，没有脱离标准流。

　　因为儿子 2 没有上来，出现的是"形影分离"的效果。它自己的真实位置仍然在标准流中的原来位置，而"形"被定位了。被相对定位的元素的 margin、padding、width、height、border 都会对原来的位置产生影响。

　　接下来，再来看一个父、子的相对定位，代码如下：

```
<!DOCTYPE HTML PUBLIC "-//W3C//DTD HTML 4.01 Transitional//EN"
"http://www.w3.org/TR/html4/loose.dtd">
<html>
    <head>
          ......
        <title>定位属性——父、子相对定位</title>
        <style type="text/css">
            *{   margin: 0px;  padding: 0px;  }
            #father{
                  width: 700px;
                  background-color: pink;
```

```
                    color: white;
                    position: relative;
                    top:10px;
                    left:30px;
                }
                #son1{
                    background: red;
                    width: 100px;
                    height: 100px;
                    position:relative;
                    top:20px;
                    left:80px;
                }
                #son2{
                    background: green;
                    width: 100px;
                    height: 100px;
                }
                #son3{
                    background: blue;
                    width: 100px;
                    height: 100px;
                }
        </style>
    </head>
    <body>
        <div id="father">
            <div id="son1">我是儿子 1</div>
            <div id="son2">我是儿子 2</div>
            <div id="son3">我是儿子 3</div>
        </div>
    </body>
</html>
```

运行例程代码，得到效果如图 7-49 所示。

由图 7-49 所示的结果可以看出，在父、子元素都有定位的时候，先完成父亲的定位，再进行儿子的定位。所有 relative 定位的参考点是父代、最近的、完成定位了的元素的左上角。

图 7-49　定位属性——父、子相对定位

relative 定位主要是做部件细微位置调整用的。

由于 relative 会留一个"老窝"，所以应用几乎没有。

relative 最常见的应用，就是给 position:absolute（绝对定位）的元素提供参考点。

三、绝对定位

绝对定位是将元素依据最近的、已经定位（绝对、固定或相对定位）的父元素进行定位，若所有父元素都没有定位，则依据 body 根元素（浏览器窗口）进行定位。当 position 属性的取值为 absolute 时，可以将元素的定位模式设置为绝对定位。如下所示：

```
position:absolute;
```

先来看一个例子，代码如下：

```
<!DOCTYPE HTML PUBLIC "-//W3C//DTD HTML 4.01 Transitional//EN"
"http://www.w3.org/TR/html4/loose.dtd">
<html>
    <head>
        ……
        <title>定位属性——儿子 1 绝对定位（top、left）</title>
        <style type="text/css">
            *{  margin: 0px;  padding: 0px;  }
            #father{
```

```
                width: 700px;
                background-color: pink;
                color: white;
            }
            #son1{
                background: red;
                width: 100px;
                height: 100px;
                position:absolute;
                top:20px;
                left:80px;
            }
            #son2{
                background: green;
                width: 100px;
                height: 100px;
            }
            #son3{
                background: blue;
                width: 100px;
                height: 100px;
            }
        </style>
    </head>
    <body>
        <div id="father">
            <div id="son1">我是儿子 1</div>
            <div id="son2">我是儿子 2</div>
            <div id="son3">我是儿子 3</div>
        </div>
    </body>
</html>
```

运行例程代码，得到效果如图 7-50 所示。

在图 7-50 中，设置为绝对定位的元素#son1 依据浏览器窗口进行定位。并且，这时#son2 占据了#son1 的位置，即#son1 脱离了标准文档流的控制，不再占据标准文档流中的空间。

图 7-50　定位属性——儿子 1 绝对定位（top、left）

另外，右下角也是一样的道理（使用 bottom 和 right 定位）。

再来看一个例子，代码如下：

```
<!DOCTYPE HTML PUBLIC "-//W3C//DTD HTML 4.01 Transitional//EN"
"http://www.w3.org/TR/html4/loose.dtd">
<html>
    <head>
        ......
        <title>定位属性——子 1 绝对定位（bottom、right）</title>
        <style type="text/css">
            *{  margin: 0px; padding: 0px;  }
            #father{
                width: 700px;
                background-color: pink;
                color: white;
            }
            #son1{
                background: red;
                width: 100px;
                height: 100px;
                position:absolute;
                bottom:20px;
                right:10px;
            }
```

```
            #son2{
                    background: green;
                    width: 100px;
                    height: 100px;
            }
            #son3{
                    background: blue;
                    width: 100px;
                    height: 100px;
            }
        </style>
    </head>
    <body>
        <div id="father">
            <div id="son1">我是儿子 1</div>
            <div id="son2">我是儿子 2</div>
            <div id="son3">我是儿子 3</div>
        </div>
    </body>
</html>
```

运行例程代码，得到效果如图 7-51 所示。

即使窗口被拉伸、缩小，也会保持#son1 元素与窗口右下角的相对位置。

最后，看一个使用最广的定位方法：以"父盒子"为基准点。代码如下：

图 7-51　定位属性——儿子 1 绝对定位（bottom、right）

```
<!DOCTYPE HTML PUBLIC "-//W3C//DTD HTML 4.01 Transitional//EN"
"http://www.w3.org/TR/html4/loose.dtd">
<html>
    <head>
        ......
        <title>定位属性——实际应用（"子"绝"父"相）</title>
        <style type="text/css">
            *{    margin: 0px;  padding: 0px;  }
            #father{
                    width: 700px;
                    background-color: pink;
                    color: white;
                    margin-top: 10px;
                    margin-left: 10px;
                    position:relative;
            }
            #son1{
                    background: red;
                    width: 100px;
                    height: 100px;
                    position:absolute;
                    left:20px;
                    top:10px;
            }
            #son2{
                    background: green;
                    width: 100px;
                    height: 100px;
            }
            #son3{
                    background: blue;
                    width: 100px;
                    height: 100px;
            }
        </style>
    </head>
    <body>
```

```
            <div id="father">
                <div id="son1">我是儿子 1</div>
                <div id="son2">我是儿子 2</div>
                <div id="son3">我是儿子 3</div>
            </div>
        </body>
    </html>
```

运行例程代码，得到效果如图 7-52 所示。

【注意】　在以后使用定位的时候，只要记住一句话：
"子"绝"父"相，即对儿子进行绝对定位，对父亲进行
相对定位。

图 7-52　定位属性——实际应用（"子"绝"父"相）

四、固定定位

固定定位是绝对定位的一种特殊形式，它以浏览器窗口作为参照物来定义网页元素。当 position 属性的取值为 fixed 时，即可将元素的定位模式设置为固定定位。

当对元素设置固定定位后，它将脱离标准文档流的控制，始终依据浏览器窗口来定义自己的显示位置。不管浏览器滚动条如何滚动，也不管浏览器窗口的大小如何变化，该元素都会始终显示在浏览器窗口的固定位置。但是，由于 IE 6 不支持固定定位，因此其在实际工作中较少使用。格式如下：

```
position:fixed;
```

其特性和 absolute 定位一样，参考定位点一定是浏览器窗口。不会随滚屏移动。不写 left 和 top 的时候，以窗口左上角进行定位，这一点和 absolute 不一样。示例代码如下：

```
<!DOCTYPE HTML PUBLIC "-//W3C//DTD HTML 4.01 Transitional//EN"
"http://www.w3.org/TR/html4/loose.dtd">
<html>
    <head>
        ......
        <title>定位属性——固定定位（父、子固定）</title>
        <style type="text/css">
            *{    margin: 0px;  padding: 0px;  color: white;    }
            #father{
                width: 500px;
                background-color: pink;
                position:fixed;
                left:20px;
                top:10px;
            }
            #son1{
                background: red;
                width: 100px;
                height: 50px;
                position:fixed;
                left:120px;
                top:20px;
            }
            #son2{
                background: green;
                width: 100px;
                height: 50px;
            }
            #son3{
                background: blue;
                width: 100px;
                height: 50px;
            }
        </style>
    </head>
    <body>
```

```
            <div id="father">
                <div id="son1">我是儿子 1</div>
                <div id="son2">我是儿子 2</div>
                <div id="son3">我是儿子 3</div>
            </div>
        </body>
</html>
```

运行例程代码，得到效果如图 7-53 所示。

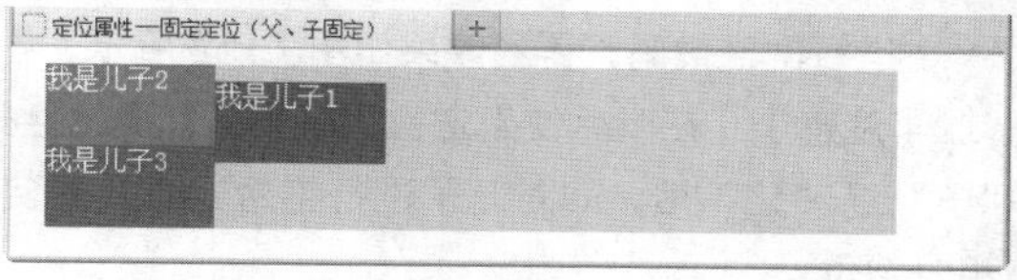

在上例中，父盒子和子盒子（儿子 1）都进行了固定定位，可见参考定位点是浏览器窗口。即便是缩放浏览器窗口大小，也不会随滚屏移动。

图 7-53 定位属性——固定定位（父、子固定）

想必大家对百度官网首页的 logo 在浏览器窗口居中的效果有所了解，它也是使用了固定定位的形式。那么，要使元素在浏览器窗口中自适应高、宽居中是如何实现的呢？实际上也较为简单。假设以父盒子在浏览器窗口中自适应高、宽居中为例，实现方法代码如下：

```
<!DOCTYPE HTML PUBLIC "-//W3C//DTD HTML 4.01 Transitional//EN"
"http://www.w3.org/TR/html4/loose.dtd">
<html>
    <head>
        ......
        <title>定位属性——固定定位（自适应高、宽居中）</title>
        <style type="text/css">
            *{   margin: 0px;  padding: 0px;  color: white;    }
            #father{
                width: 500px;
                height: 200px;
                background-color: pink;
                position:fixed;
                margin:auto;
                left:0;
                right:0;
                top:0;
                bottom:0;
            }
            #son1{
                background: red;
                width: 100px;
                height: 50px;
            }
            #son2{
                background: green;
                width: 100px;
                height: 50px;
            }
            #son3{
                background: blue;
                width: 100px;
                height: 50px;
            }
        </style>
    </head>
    <body>
        <div id="father">
            <div id="son1">我是儿子 1</div>
            <div id="son2">我是儿子 2</div>
            <div id="son3">我是儿子 3</div>
        </div>
    </body>
</html>
```

运行例程代码，得到效果如图 7-54 所示。

五、z-index 层叠等级属性

z-index 层叠等级属性是给已经定位了的元素设置叠放次序的。当对多个元素同时设置定位时，定位元素之间有可能会发生重叠。

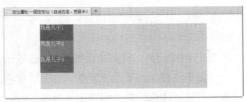

图 7-54　定位属性——固定定位（自适应高、宽居中）

在 CSS 中，要想调整重叠定位元素的堆叠顺序，可以对定位元素应用 z-index 层叠等级属性，其取值可为正整数、负整数和 0。z-index 的默认属性值是 0，取值越大，定位元素在层叠元素中越居上。不应用 z-index 值的元素可以视为该值为 0，标准流的 z-index 值数值也可视为 0。

无论给某元素多大的 z-index 值，其叠放次序取决于其父代元素的 z-index 值的大小，即比较各元素父代元素的 z-index 值的大小。

下面举例说明。首先对 3 个小盒子进行定位，代码如下：

```
<!DOCTYPE HTML PUBLIC "-//W3C//DTD HTML 4.01 Transitional//EN"
"http://www.w3.org/TR/html4/loose.dtd">
<html>
    <head>
        ......
        <title>定位属性——z-index 层叠等级属性 01</title>
        <style type="text/css">
            *{   margin: 0px; padding: 0px; }
            #father{
                width: 500px;
                height: 200px;
                background-color: pink;
                color: white;
                position: relative;
            }
            #son1{
                background: red;
                width: 100px;
                height: 100px;
                position:absolute;
                top:20px;
                left:100px;
            }
            #son2{
                background: green;
                width: 100px;
                height: 100px;
                position:absolute;
                top:50px;
                left:150px;
            }
            #son3{
                background: blue;
                width: 100px;
                height: 100px;
                position:absolute;
                top:80px;
                left:70px;
            }
        </style>
    </head>
    <body>
        <div id="father">
            <div id="son1">我是儿子 1</div>
            <div id="son2">我是儿子 2</div>
            <div id="son3">我是儿子 3</div>
```

```
            </div>
        </body>
</html>
```

运行例程代码，得到效果如图 7-55 所示。

以上是已经定位了的元素默认的叠放次序。对 3 个元素同时设置了定位，定位元素之间发生了重叠。

接下来，对#son1、#son2 设置叠放次序，代码如下：

图 7-55　定位属性——z-index 层叠等级属性 01

```
<!DOCTYPE HTML PUBLIC "-//W3C//DTD HTML 4.01 Transitional//EN"
"http://www.w3.org/TR/html4/loose.dtd">
<html>
    <head>
            ……
            <title>定位属性——z-index 层叠等级属性 02</title>
            <style type="text/css">
                *{    margin: 0px;  padding: 0px;  }
                #father{
                    width: 500px;
                    height: 200px;
                    background-color: pink;
                    color: white;
                    position: relative;
                }
                #son1{
                    background: red;
                    width: 100px;
                    height: 100px;
                    position:absolute;
                    top:20px;
                    left:100px;
                    z-index: 1;
                }
                #son2{
                    background: green;
                    width: 100px;
                    height: 100px;
                    position:absolute;
                    top:50px;
                    left:150px;
                    z-index: 2;
                }
                #son3{
                    background: blue;
                    width: 100px;
                    height: 100px;
                    position:absolute;
                    top:80px;
                    left:70px;
                }
            </style>
    </head>
    <body>
        <div id="father">
            <div id="son1">我是儿子 1</div>
            <div id="son2">我是儿子 2</div>
            <div id="son3">我是儿子 3</div>
        </div>
    </body>
</html>
```

运行例程代码，得到效果如图 7-56 所示。

图 7-56　定位属性——z-index 层叠等级属性 02

以上是给已经定位了的两个元素设置了叠放次序。根据 z-index:值的不同，叠放次序发生了变化。

【操作准备】

创建所需的文件夹，复制所需的资源到桌面上。即：在本地硬盘（例如 D 盘）中创建一个文件夹"网页设计与制作练习 Unit07"，然后将光盘中的"start"文件夹中"Unit07"文件夹中的"Unit07 课程资源"文件夹所有内容复制到桌面上。

【模仿训练】

任务 7.1　北京大学网站 CSS 布局与网页美化

本单元"模仿训练"的任务卡如表 7.1 所示。

表 7.1　单元 7"模仿训练"任务卡

任务编号	7.1	任务名称	北京大学网站 CSS 布局与网页美化
网页主题	北京大学	计划工时	
网页制作任务描述	（1）设计网页的页面布局结构 （2）创建网页的页面布局样式 （3）创建美化页面元素的样式 （4）插入 DIV 标签，对网页的页面进行布局 （5）新建导航栏代码片断、表单代码片断和表格代码片断 （6）在页面各个区块中输入文字或插入页面元素		
网页布局结构分析	使用 DIV + CSS 布局网页		
网页色彩搭配分析	网页中文字的颜色：#2b2b2b、black		
网页组成元素分析	主要包括文字、图像、SWF 动画、表单、表格、项目列表、导航栏等网页元素		
任务实现流程分析	分析、设计网页的页面布局结构→创建网页的页面布局样式→创建美化页面元素的样式→插入 DIV 标签，对网页的页面进行布局→新建代码片断→在页面各个区块中输入文字或插入页面元素		

本单元"模仿训练"的任务跟踪卡如表 7.2 所示。

表 7.2　单元 7"模仿训练"任务跟踪卡

任务编号	开始时间	完成时间	计划工时	实际工时	当前状态

任务 7.1.1　北京大学新闻网单个盒子的制作

〖任务描述〗

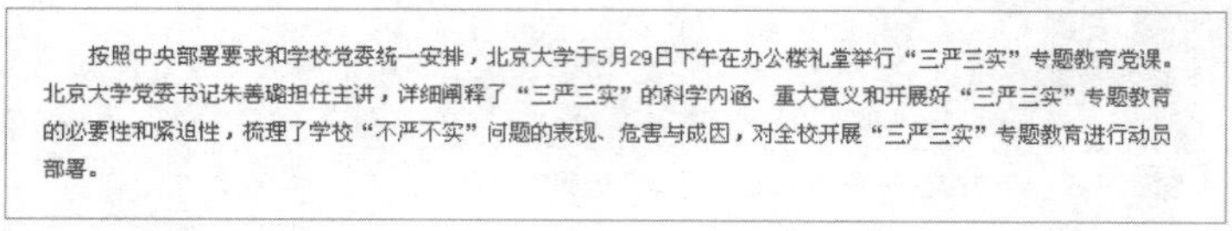

本单元“模仿训练”北京大学新闻网单个盒子的浏览效果如图 7-57 所示。

微课视频

北京大学新闻网单个盒子的制作任务描述

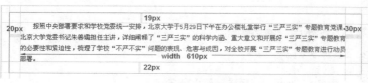

图 7-57　北京大学新闻网单个盒子浏览效果图

〖任务实施〗

一、北京大学新闻网单个盒子结构分析与结构搭建

微课视频

北京大学新闻网单个盒子结构分析与结构搭建

（1）将北京大学新闻网单个盒子截图拖曳到在 FW（Fireworks）中。

（2）利用切片工具丈量该盒子的各种长度，利用吸管工具吸取文字、边框的颜色值。单个盒子尺寸度量截图如图 7-58 所示。

图 7-58　单个盒子尺寸度量截图

（3）结构搭建。

该盒子只有段落文字，无其他元素。使用<p>标签，取名为“box”。

该部分结构代码如下：

```
……
    <body>
        <p id="box">按照中央部署要求和学校党委统一安排，北京大学于 5 月 29 日下午在办公楼礼堂举行“三严三实”专题教育党课。北京大学党委书记朱善璐担任主讲，详细阐释了“三严三实”的科学内涵、重大意义和开展好“三严三实”专题教育的必要性和紧迫性，梳理了学校“不严不实”问题的表现、危害与成因，对全校开展“三严三实”专题教育进行动员部署。</p>
    </body>
……
```

二、北京大学新闻网单个盒子样式的书写

微课视频

北京大学新闻网单个盒子样式的书写

（1）width 为盒子真实内容的宽度。

（2）color 为文字的颜色值。

该部分样式代码如下：

```
<!DOCTYPE html PUBLIC "-//W3C//DTD XHTML 1.0 Transitional//EN"
"http://www.w3.org/TR/xhtml1/DTD/xhtml1-transitional.dtd">
<html>
    <head>
        ……
        <title>单个盒子的制作</title>
        <style type="text/css">
            #box{
                margin: 200px auto;
                width: 610px;
                padding: 19px 30px 22px 20px;
                border: 1px solid #888888;
                line-height: 175%;
```

```
            font-size: 12px;
            text-indent: 2em;
            color: #2b2b2b;
                }
        </style>
    </head>
......
```

最后，也可以利用谷歌浏览器"审查元素"的功能进行微调。

任务 7.1.2　北京大学新闻网头条推荐盒子的制作

〖任务描述〗

本单元"模仿训练"北京大学新闻网头条推荐盒子的浏览效果如图 7-59 所示。

〖任务实施〗

一、北京大学新闻网头条推荐盒子结构分析与结构搭建

（1）将北京大学新闻网头条推荐盒子截图拖曳到 Fireworks 中。

（2）大盒子包含 2 个小盒子，大盒子取名为"box"。2 个小盒子分别取名为标签<h3>和<ul>。整体结构分析如图 7-60 所示。

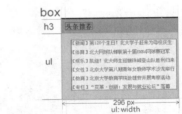

图 7-59　北京大学新闻网头条推荐盒子浏览效果图　　图 7-60　北京大学新闻网头条推荐盒子整体结构分析

（3）利用切片工具丈量该盒子的各种长度，利用吸管工具吸取文字、边框的颜色值。

```
    对 h3 盒子而言:
        height: 19px;
        padding-left: 11px;
        padding-top: 11px;
        padding-bottom: 9px;
    对 ul 盒子而言:
        padding-top: 12px;
        padding-left: 20px;
        padding-bottom: 17px;
```

（4）结构的搭建。

该部分结构代码如下：

```
<!DOCTYPE html PUBLIC "-//W3C//DTD XHTML 1.0 Transitional//EN" "http://www.w3.org/TR/xhtml1/DTD/xhtml1-
transitional.dtd">
<html>
    <head>
        ......
        <title>头条推荐盒子的制作</title>
        <style type="text/css">

        </style>
    </head>
    <body>
        <div id="box">
            <h3>头条推荐</h3>
            <ul>
```

```
            <li><span>【</span>新闻<span>】</span>第 120 个生日！北大学子赶来为母校庆生</li>
            <li><span>【</span>体育<span>】</span>北大网球队蝉联第十届 EMBA 网球赛冠军</li>
            <li><span>【</span>娱乐<span>】</span>凯旋！北大师生迎接珠峰登山队胜利归来</li>
            <li><span>【</span>女性<span>】</span>北京大学第八期青年女教师学术沙龙举行</li>
            <li><span>【</span>教育<span>】</span>北京大学教育学院赴雄安开展考察活动</li>
        <li><span>【</span>专栏<span>】</span>"变革·创新：发展与就业论坛"落幕</li>
        </ul>
        </div>
    </body>
</html>
```

浏览器效果如图 7-61 所示。

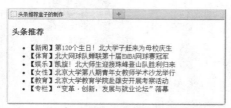

图 7-61　北京大学新闻网头条推荐盒子结构搭建效果图

二、北京大学新闻网头条推荐盒子样式的书写

该部分样式代码如下：

```
……
<style type="text/css">
    *{
        margin: 0px;
        padding: 0px;
    }
    #box{
        width: 296px;
        margin: 200px auto;
        border: 1px solid gray;
        border-top: 3px solid #000000;
    }
    #box h3{
        height: 19px;
        padding-left: 11px;
        padding-top: 11px;
        padding-bottom: 9px;
        font-size: 16px;
        font-weight: bold;
        color: #2b2b2b;
    }
    #box ul{
        padding-top: 12px;
        padding-left: 20px;
        padding-bottom: 17px;
        font-size: 12px;
        list-style: none;
        line-height: 24px;
        color: #2b2b2b;
    }
    #box ul span{
        color: #666666;
    }
</style>
……
```

浏览效果如图 7-59 所示。

最后，也可以利用谷歌浏览器"审查元素"的功能进行微调。

任务 7.1.3 北京大学新闻网选项卡的制作

〖任务描述〗

本单元"模仿训练"北京大学新闻网选项卡的浏览效果如图 7-62 所示。

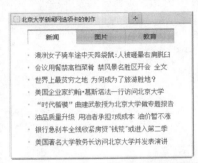

图 7-62 北京大学新闻网选项卡浏览效果图

这个选项卡的形式非常流行,图 7-63 是网易首页中选项卡的使用截图。

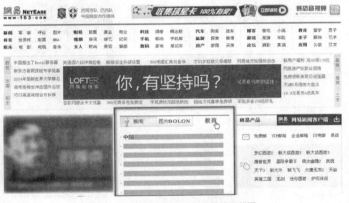

图 7-63 网易首页中选项卡的使用截图

〖任务实施〗

一、北京大学新闻网选项卡整体结构分析与结构的搭建

(1)北京大学新闻网选项卡整体上为一个大盒子,取名"xuanxiangka"。整个大盒子宽、高的质量,从最大范围进行(即外框)。大盒子"xuanxiangka"包含 2 个小盒子,其顺序分别为 hd 和 bd。将北京大学新闻网选项卡截图拖曳到在 Fireworks 中,利用切片工具丈量该盒子的各种长度,利用吸管工具吸取文字、边框的颜色值。北京大学新闻网选项卡整体结构分析如图 7-64 所示。

(2)#xuanxiangka 结构的搭建。

该部分结构代码如下:

图 7-64 北京大学新闻网选项卡整体结构分析

```
<!DOCTYPE html PUBLIC "-//W3C//DTD XHTML 1.0 Transitional//EN"
"http://www.w3.org/TR/xhtml1/DTD/xhtml1-transitional.dtd">
<html>
    <head>
        ......
        <title>北京大学新闻网选项卡的制作</title>
        <style type="text/css">
```

```
*{    margin: 0px;  padding: 0px;  }
#xuanxiangka{
    margin: 150px auto;
    width: 310px;
    height: 266px;
    background-color: red;
}
    </style>
</head>
<body>
    <div id="xuanxiangka">
        <div id="hd">

        </div>
        <div id="bd">

        </div>
    </div>
</body>
</html>
```

浏览器效果如图 7-65 所示。

二、北京大学新闻网选项卡#hd 结构的搭建与样式的书写

1. #hd 结构的分析与结构搭建

#hd 盒子分为 3 个部分：新闻（class="span1"）、图片（class="span2"）和教育（class="span3"）。

该部分结构代码如下：

微课视频

北京大学新闻网选项卡#hd 结构的搭建与样式的书写 1

图 7-65　北京大学新闻网选项卡整体结构搭建

```
……
<body>
    <div id="xuanxiangka">
        <div id="hd">
            <span class="span1">
                <a href="">新闻</a>
            </span>
            <span class="span2">
                <a href="">图片</a>
            </span>
            <span class="span3">
                <a href="">教育</a>
            </span>
        </div>
        <div id="bd">

        </div>
    </div>
</body>
……
```

浏览器效果，如图 7-66 所示。

2. #hd 样式的书写

#hd 样式的结构如图 7-67 所示。

#hd 样式的书写最关键的地方，就是需要将 3 个小盒子的边框做一个合理的安排与分配，以避免重复和漏画。同时，需要注意：为统一起见，尺寸都是

微课视频

北京大学新闻网选项卡#hd 结构的搭建与样式的书写 2

图 7-66　北京大学新闻网选项卡#hd 结构搭建

102px×29px，#span1 有左边线、右边线和白色的下边线，#span2 有右边线和下边线，#span3 有右边线和下边线。边线的分配如图 7-68 所示。

图 7-67　北京大学新闻网选项卡#hd 结构分析图 　　　　　　　　图 7-68　北京大学新闻网选项卡#hd 结构边线分配图

该部分样式代码如下：

```
……
<style type="text/css">
    *{   margin: 0px;  padding: 0px;  }
    #xuanxiangka{
        margin: 150px auto;
        width: 310px;
        height: 266px;
    }
    #hd{
        height: 30px;
        border-top: 2px solid #206f96;        /** 32px-2px=30px **/
    }
    #hd span{
        float: left;
        font-size: 14px;
        font-family: "微软雅黑","宋体";
        text-align: center;
    }
    #hd span.span1{
        width: 102px;
        height: 29px;
        border-left: 1px solid #999999;
        border-right: 1px solid #999999;
        border-bottom: 1px solid white;        /** 白色的下边 **/
    }
    #hd span.span2{
        width: 102px;
        height: 29px;
        border-right: 1px solid #999999;
        border-bottom: 1px solid #999999;
        background: url(images/tabbg.jpg);
    }
    #hd span.span3{
        width: 102px;
        height: 29px;
        border-right: 1px solid #999999;
        border-bottom: 1px solid #999999;
        background: url(images/tabbg.jpg);
    }
    #hd span a:link,#hd span a:visited{
        text-decoration: none;
        color: black;
        line-height: 29px;
    }
    #hd span a:hover{
        color: red;
        text-decoration: underline;
    }
</style>
……
```

浏览器效果如图 7-69 所示。

图 7-69　北京大学新闻网选项卡#hd 浏览器效果图

三、北京大学新闻网选项卡#bd 结构的搭建与样式的书写

1. #bd 结构的分析与结构搭建

#bd 盒子分为 3 个部分：#xinwen、#tupian 和#junshi。并且都是<ul>标签。

该部分结构代码如下：

微课视频

北京大学新闻网选
项卡#bd 结构的搭
建与样式的书写

```
......
    <div id="bd">
        <div id="xinwen">
            <ul>
                <li><a href="#">澳洲女子骑车途中天降袋鼠：人被砸晕右肩脱日
</a></li>
                <li><a href="#">会议用餐禁高档菜肴 禁风景名胜区开会 全文</a></li>
                <li><a href="#">世界上最贫穷之地 为何成为了旅游胜地？</a></li>
                <li><a href="#">美国企业家约翰·慕斯塔法一行访问北京大学</a></li>
                <li><a href="#">"时代楷模"曲建武教授为北京大学做专题报告</a></li>
                <li><a href="#">油品质量升级 用油者承担 7 成成本 油价暂不涨</a></li>
                <li><a href="#">银行急刹车全线收紧房贷"钱荒"或进入第二季</a></li>
                <li><a href="#">美国著名大学教务长访问北京大学并发表演讲</a></li>
            </ul>
        </div>
        <div id="tupian">
            <ul>
                <li><a href="#">夏天怎么能让宝宝睡个凉快觉？教您 5 个小妙招</a></li>
                <li><a href="#">农村户口迁到城市后，前宅基地还能确权吗？</a></li>
                <li><a href="#">这家企业曾贡献当地一半税收，如今卖厂卖地</a></li>
                <li><a href="#">二胎夫妻晒出"分工表"朋友圈炸锅：太拼了</a></li>
                <li><a href="#">清蒸鱼好吃又不腥的秘诀，照着去做准没错的</a></li>
                <li><a href="#">西安警方捣毁传销窝点查获 55 人，解救 4 名学生</a></li>
                <li><a href="#">夏天还能坚持跑步的人群，都是超级强大的人</a></li>
                <li><a href="#">用表情包图说甲骨文：这种方式大众能了解考古</a></li>
            </ul>
        </div>
        <div id="jiaoyu">
            <ul>
                <li><a href="#">耶鲁大学多年来热门课程：教你如何美好生活</a></li>
                <li><a href="#">有情调！福州一高校男生宿舍改得像咖啡厅</a></li>
                <li><a href="#">从落榜生到学霸，美华裔小伙入选"40 精英"</a></li>
                <li><a href="#">教育部：近五年已有约 231 万留学生学成归国</a></li>
                <li><a href="#">谁来替产能过剩的新能源汽车买单？查看详情</a></li>
                <li><a href="#">中国留学生在美做交换生：感受不一样的世界</a></li>
                <li><a href="#">双语：新西兰试行每周四天工作结果效率奇高</a></li>
                <li><a href="#">高中国际班不断升温：从无奈之选到一位难求</a></li>
            </ul>
        </div>
    </div>
......
```

浏览器效果如图 7-70 所示。

图 7-70　北京大学新闻网选项卡#bd 结构搭建浏览器效果图

2. #bd 样式的书写

该部分样式代码如下：

```
……
<style type="text/css">
   #bd{
        padding-top: 10px;
    }
   #bd ul{
        list-style: none;
    }
    #bd ul li a:link,#bd ul li a:visited{
        line-height: 27px;
        font-size: 14px;
        color: rgb(37,37,37);
        text-decoration: none;
    }
    #bd ul li a:hover{
        color: red;
    }
</style>
……
```

浏览器效果如图 7-71 所示。

3. #bd 中"先导小方块"样式的书写

"先导小方块"是作为#bd ul li 的背景图使用的。

该部分样式代码如下：

```
……
<style type="text/css">
   #bd ul li{
        background: url(images/xfk.png) no-repeat left center;
        padding-left: 15px;
    }
</style>
……
```

浏览器效果如图 7-72 所示。

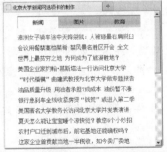
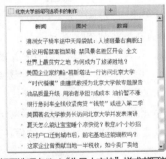

图7-71 北京大学新闻网选项卡#bd样式书写浏览器效果图　图7-72 北京大学新闻网选项卡#bd"先导小方块"样式书写浏览器效果图

4. #bd 中将#tupian 和#jiaoyu 作为隐藏样式的书写

·该部分样式代码如下：

```
……
<style type="text/css">
   #bd ul li{
        background: url(images/xfk.png) no-repeat left center;
        padding-left: 15px;
    }
    #tupian{
        display: none;
    }
    #jiaoyu{
```

```
        display: none;
    }
</style>
......
```

浏览器效果如图 7-73 所示。

至此，北京大学新闻网选项卡制作完成。

微课视频

北京大学后勤网套餐展示盒子的制作 任务描述

任务 7.1.4　北京大学后勤网套餐展示盒子的制作

〖任务描述〗

本单元"模仿训练"北京大学后勤网套餐展示盒子的浏览效果如图 7-74 所示。

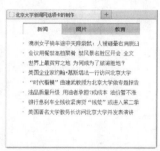

图 7-73　北京大学新闻网选项卡#bd 隐藏样式书写浏览器效果图

图 7-74　北京大学后勤网套餐展示盒子浏览效果图

〖任务实施〗

一、北京大学后勤网套餐展示盒子整体结构分析与结构的搭建

（1）北京大学后勤网套餐展示盒子整体上为一个大盒子，取名"box"。

大盒子"box"有一个灰色的、1 像素的边框，包含 4 个小盒子，其顺序分别为 tupian、h3、xinxi 和 xindan。其中，

微课视频

北京大学后勤网套餐展示盒子结构分析

微课视频

北京大学后勤网套餐展示盒子尺寸丈量

微课视频

北京大学后勤网套餐展示盒子结构搭建

盒子 xindan 在大盒子"box"边框外，这就需要进行定位，而定位就是用来实现这种"小心思"的。同时，盒子 tupian 中在图片上重叠了一个半透明的遮罩层，即包含<img>图片和 zhezhao。当然，这也需要进行定位。如图 7-75 所示。

（2）将北京大学后勤网套餐展示盒子截图拖曳到在 Fireworks 中，利用切片工具丈量该盒子的各种长度，利用吸管工具吸取文字、边框的颜色值。如图 7-76 所示。

图 7-75　北京大学后勤网套餐展示盒子整体结构分析

图 7-76　北京大学后勤网套餐展示盒子尺寸的度量

（3）结构的搭建。

该部分结构代码如下：

```
<!DOCTYPE html PUBLIC "-//W3C//DTD XHTML 1.0 Transitional//EN"
"http://www.w3.org/TR/xhtml1/DTD/xhtml1-transitional.dtd">
<html>
    <head>
        <meta http-equiv="content-type" content="text/html;charset=UTF-8" />
        <meta name="keywords" content="关键字1,关键字2" />
        <meta name="description" content="网页的描述" />
        <title>北京大学后勤网套餐展示盒子</title>
        <style type="text/css">
            *{   margin: 0px;  padding: 0px;  }
        </style>
    </head>
    <body>
        <div id="box">
            <div id="tupian">
                <img src="images/longxia.jpg" />
                <div id="zhezhao">
                    镇宁路店、长寿路店
                </div>
            </div>
            <h3>【3店通用】沪小胖龙虾：4-6人餐，节假日通用</h3>
            <div id="xinxi">
                <span id="jiage">￥725</span>
                <span id="shichangjia">市场价￥930</span>
                <span id="anniu"><img src="images/anniu.png"></span>
            </div>
            <div id="xindan">
                <img src="images/xindan.png">
            </div>
        </div>
    </body>
</html>
```

浏览器效果如图 7-77 所示。

图 7-77　北京大学后勤网套餐展示盒子整体结构搭建效果图

微课视频

北京大学后勤网套
餐展示盒子样式
的书写

二、北京大学后勤网套餐展示盒子样式的书写

（1）书写#box 与#zhezhao 部分的样式。

该部分样式代码如下：

```
……
<style type="text/css">
    *{   margin: 0px;  padding: 0px;  }
    #box{
        width: 275px;
        height: 267px;
        padding: 14px 5px 35px 5px;
        border: 1px solid gray;
        margin: 150px;
    }
    #zhezhao{
        width: 265px;
        height: 34px;
        background: black;
        opacity: 0.6;                    /** 不透明度为60% **/
        filter:alpha(opacity=60%);       /** 解决IE 6浏览器问题 **/
        color: white;
        line-height: 34px;
```

```
        padding-left: 10px;
    }
</style>
......
```

浏览器效果如图 7-78 所示。

（2）从浏览器效果看，半透明的遮罩层（灰色效果）在图片的下面。而我们的目的是要在图片上重叠该半透明的遮罩层，即希望该半透明的遮罩层上移，这就需要进行定位。

定位最关键的原理是"子绝父相"，即"子盒子"采用绝对定位，"父盒子"采用相对定位。定位时，top、left 与 bottom、right 必须成对出现。

（3）书写#zhezhao 的定位样式。

从结构上分析，#zhezhao 的父盒子是#tupian。

该部分样式代码如下：

图 7-78　北京大学后勤网套餐展示盒子#box、
#zhezhao 样式效果图

```
......
<style type="text/css">
    *{   margin: 0px;  padding: 0px;  }
    #box{
        width: 275px;
        height: 267px;
        padding: 14px 5px 35px 5px;
        border: 1px solid gray;
        margin: 150px;
    }
    #tupian{
        position: relative;
    }
    #zhezhao{
        width: 265px;                  /** 275-10=265 **/
        height: 34px;
        background: black;
        opacity: 0.6;                  /** 不透明度为 60% **/
        filter:alpha(opacity=60%);     /** 解决 IE 6 浏览器问题 **/
        color: white;
        line-height: 34px;
        padding-left: 10px;
        position: absolute;
        bottom: 0px;
        right: 0px;
    }
</style>
......
```

浏览器效果如图 7-79 所示。

（4）书写其他部分的样式。

【说明】　Verdana 是一套无衬线字体，由于它在小字上有结构清晰工整、阅读辨识容易等高品质的表现，而在 1996 年推出后即迅速成为许多领域所爱用的标准字型之一。微软将 Verdana 纳入网页核心字体之一。

"Verdana"一名是由"verdant"和"Ana"两字所组成的。"verdant"意为"苍翠"，象征着"翡翠之城"西雅图及有"常青州"之称的华盛顿州。"Ana"则来自于维吉尼亚·惠烈大女儿的名字。

该部分样式代码如下：

图 7-79　北京大学后勤网套餐展示盒子
#zhezhao 定位样式效果图

```
......
<style type="text/css">
    h3{
        font-size: 14px;
        font-weight: bold;
        padding-top: 5px;
    }
    #jiage{
        font-family: Verdana;
        font-size: 30px;
        color: #eb4800;
        line-height: 40px;
    }
    #shichangjia{
        font-family: Verdana;            /** 网页核心字体之一 **/
        font-size: 12px;
        text-decoration: line-through;   /** 中间画线 **/
    }
</style>
......
```

　　浏览器效果如图 7-80 所示。

　　（5）书写#xindan 的定位样式。

　　从结构上分析，#xindan 的父盒子是#box。

　　浏览器效果如图 7-81 所示。

图 7-80　北京大学后勤网套餐展示盒子其他部分样式效果图　　　　图 7-81　北京大学后勤网套餐展示盒子#xindan 定位样式效果图

　　该部分样式代码如下：

```
......
<style type="text/css">
......
    #box{
        width: 275px;
        height: 267px;
        padding: 14px 5px 35px 5px;
        border: 1px solid gray;
        margin: 150px;
        position: relative;
    }
......
    #xindan{
        position: absolute;
        top: -6px;
        left: 10px;
    }
</style>
......
```

任务 7.1.5　北京大学首页水平列表菜单的制作

〖**任务描述**〗

　　本单元"模仿训练"北京大学首页水平列表菜单浏览效果分别如图 7-82、

微课视频

北京大学首页水平
列表菜单的制作
任务描述

图 7-83、图 7-84 所示。该水平列表菜单任务可以分为简单文字水平列表菜单、色块水平列表菜单及用图片美化的水平列表菜单三个子任务，逐步美化、依次递进。

图 7-82　北京大学首页简单文字水平列表菜单效果图

图 7-83　北京大学首页色块水平列表菜单效果图

图 7-84　北京大学首页用图片美化的水平列表菜单效果图

〖任务实施〗

按顺序依次完成 3 个子任务，依次递进，逐渐实现北京大学首页水平列表菜单的美化。

任务 7.1.5.1　简单文字水平列表菜单

〖任务描述〗

本单元"模仿训练"简单文字水平列表菜单浏览效果如图 7-82 所示。

〖任务实施〗

一、简单水平列表菜单结构分析与结构搭建

（1）水平列表菜单只有列表文字，无其他元素，使用<ul>标签。

（2）大盒子取名为"menu"，其中只有<ul>元素。

（3）首页列表项有空链接，使用<a>标签。

二、简单水平列表菜单样式的书写

（1）最主要就是用 float 让 li 向左浮动后，实现横向排列，具体步骤不再赘述。怎么让它水平居中呢？　其实很简单，首先菜单的宽度是固定的，然后设置 margin:0 auto;即可实现了。

（2）line-height 和 height 一样，使文字垂直居中。

（3）为了使用户体验更加友好，把 a 转换成块级元素。

该部分样式代码如下：

```
<!DOCTYPE HTML PUBLIC "-//W3C//DTD HTML 4.01 Transitional//EN"
"http://www.w3.org/TR/html4/loose.dtd">
<html>
    <head>
        ......
        <title>简单文字水平列表菜单</title>
        <style type="text/css">
        *{    margin: 0px;  padding: 0px;  }
        #menu{
            width: 730px;
            margin: 150px auto;  /**水平居中**/
        }
        #menu ul{
            list-style: none;
        }
        #menu ul li{
            float: left;
        }
        #menu ul li a{
            display: block;          /**将 a 转换为块级元素**/
            width: 87px;
```

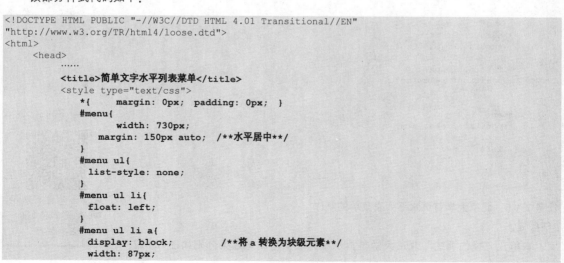

微课视频

简单文字水平
列表菜单

```
            height: 28px;
            text-align: center;
            line-height: 28px;
            }
        #menu ul li a:link,#menu ul li a:visited{
          color: black;
          text-decoration: none;
          font-size: 12px;
          }
        #menu ul li a:hover{
          color: red;
          }
    </style>
</head>
<body>
    <div id="menu">
        <ul>
            <li><a href="#">首页</a></li>
            <li><a href="#">新闻资讯</a></li>
            <li><a href="#">北大概况</a></li>
            <li><a href="#">教育教学</a></li>
            <li><a href="#">科学研究</a></li>
            <li><a href="#">招生就业</a></li>
            <li><a href="#">合作交流</a></li>
            <li><a href="#">图书档案</a></li>
        </ul>
    </div>
</body>
</html>
```

任务 7.1.5.2　色块水平列表菜单

〖任务描述〗

本单元"模仿训练"色块水平列表菜单浏览效果如图 7-83 所示。

〖任务实施〗

把 a 转换成块级元素后，也可以给 a 设置背景色，就可得到色块水平列表菜单。
具体方法是：在简单水平列表菜单的基础上，在 a 的伪类中加上两条语句即可。

该部分代码如下：

微课视频

色块水平列表菜单
和用图片美化的
水平列表菜单

```
<!DOCTYPE HTML PUBLIC "-//W3C//DTD HTML 4.01 Transitional//EN"
"http://www.w3.org/TR/html4/loose.dtd">
<html>
    <head>
        ……
        <title>色块水平列表菜单</title>
        <style type="text/css">
            *{ margin: 0px;  padding: 0px;  }
            #menu{
                width: 730px;
                margin: 150px auto;          /**水平居中**/
            }
            #menu ul{
              list-style: none;
            }
            #menu ul li{
              float: left;
            }
            #menu ul li a{
                display: block;             /**将 a 转换为块级元素**/
                width: 87px;
                height: 28px;
                text-align: center;
                line-height: 28px;
```

```
                    }
                    #menu ul li a:link,#menu ul li a:visited{
                      color: black;
                      text-decoration: none;
                      font-size: 12px;
                      background: pink;
                    }
                    #menu ul li a:hover{
                      color: red;
                      background: orange;
                    }
            </style>
    </head>
    <body>
            <div id="menu">
                    <ul>
                            <li><a href="#">首页</a></li>
                            <li><a href="#">新闻资讯</a></li>
                            <li><a href="#">北大概况</a></li>
                            <li><a href="#">教育教学</a></li>
                            <li><a href="#">科学研究</a></li>
                            <li><a href="#">招生就业</a></li>
                            <li><a href="#">合作交流</a></li>
                            <li><a href="#">图书档案</a></li>
                    </ul>
            </div>
    </body>
</html>
```

经过上边的修改，现在的用户体验是不是更加友好了呢？

任务 7.1.5.3　用图片美化的水平列表菜单

〖任务描述〗

本单元"模仿训练"用图片美化的水平列表菜单浏览效果如图 7-84 所示。

〖任务实施〗

背景图片也是网页制作当中最常用的样式之一，运用好背景图片，可以使你的页面更加出色，更加人性化和拥有更快的加载速度。

把 a 转换成块级元素后，也可以给 a 设置背景图片，就可得到用图片美化的水平列表菜单。具体方法是：在色块水平列表菜单的基础上，在 a 的伪类中将背景图由色块换成图片即可。

下列有三张图片，现用到前两张图片。

001.jpg　　　　　002.jpg　　　　　003.jpg

该部分样式代码如下：

```
<!DOCTYPE HTML PUBLIC "-//W3C//DTD HTML 4.01 Transitional//EN"
"http://www.w3.org/TR/html4/loose.dtd">
<html>
    <head>
            ......
            <title>用图片美化的水平列表菜单</title>
            <style type="text/css">
                *{      margin: 0px;  padding: 0px;  }
                #menu{
                        width: 730px;
                      margin: 150px auto;        /**水平居中**/
                }
                #menu ul{
                  list-style: none;
                }
```

```
    #menu ul li{
        float: left;
        padding: 0 2px;
    }
    #menu ul li a{
        display: block;                    /**将 a 转换为块级元素**/
        width: 87px;
        height: 28px;
        text-align: center;
        line-height: 28px;
    }
    #menu ul li a:link,#menu ul li a:visited{
        color: yellow;
        text-decoration: none;
        font-size: 12px;
        background:url(images/001.jpg) 0 0 no-repeat;
    }
    #menu ul li a:hover{
        color: red;
        background:url(images/002.jpg) 0 0 no-repeat;
    }
    </style>
</head>
<body>
    <div id="menu">
        <ul>
            <li><a href="#">首页</a></li>
            <li><a href="#">新闻资讯</a></li>
            <li><a href="#">北大概况</a></li>
            <li><a href="#">教育教学</a></li>
            <li><a href="#">科学研究</a></li>
            <li><a href="#">招生就业</a></li>
            <li><a href="#">合作交流</a></li>
            <li><a href="#">图书档案</a></li>
        </ul>
    </div>
</body>
</html>
```

【拓展训练】

任务 7.2 　绿色食品网站 CSS 布局与网页美化

本单元"拓展训练"的任务卡如表 7.3 所示。

表 7.3 　单元 7"同步训练"任务卡

任务编号	7.2	任务名称	绿色食品网站 CSS 布局与网页美化	
网页主题	绿色食品		计划工时	
拓展训练 任务描述	（1）设计网页的页面布局结构 （2）创建网页的页面布局样式 （3）创建美化页面元素的样式 （4）插入 DIV 标签，对网页的页面进行布局 （5）新建导航栏代码片断、表单代码片断和表格代码片断 （6）在页面各个区块中输入文字或插入页面元素			

本单元"拓展训练"的任务跟踪卡如表 7.4 所示。

表 7.4　单元 7"拓展训练"任务跟踪卡

任务编号	开始时间	完成时间	计划工时	实际工时	当前状态

【单元小结】

本单元使用 CSS 布局与美化网页，CSS 在当前的网页设计中已经成为不可缺少的技术。对于网页设计者来说，CSS 是一个非常灵活的工具，有了它设计者不必再把繁杂的样式定义编写在文档结构中，可以将所有有关文档的样式从指定内容全部脱离出来，在网页的头部定义、在行内定义，甚至作为外部样式文件供 HTML 调用。CSS 样式可以用来一次对多个网页文档所有的样式进行控制，和 HTML 样式相比，使用 CSS 样式表的好处除了可以同时链接多个网页文档之外，当 CSS 样式被修改之后，所有应用了该样式的网页都会被自动更新。

【单元习题】

一、单选题

1. (　　)是 HTML 常用的块状标签。

　　A. <span>　　　　　B. <a>　　　　　C.
　　　　　D. <h1>

2. 在 HTML 中,下列 CSS 属性中不属于盒子属性的是(　　)。

　　A. border　　　　　B. padding　　　　C. float　　　　　D. margin

3. 以下关于标准文档流的说法正确的是(　　)。

　　A. 标题标签、段落标签、<span>标签都是块级元素

　　B. <div>…</div>标签是内联元素

　　C. <div>标签可以包含于<span>标签中

　　D. display 属性可以控制块级元素和内联元素的显示方式

4. 在 CSS 中，属性 padding 是指(　　)。

　　A. 外边距　　　　　B. 内边距　　　　　C. 外边框　　　　　D. 内边框

5. 阅读下面的 CSS 代码，选项中与该代码段效果等同的是(　　)。

```
.box { margin:10px 5px; margin-right:10px; margin-top:5px; }
```

　　A. .box { margin:5px 10px 10px 5px; }

　　B. .box { margin:5px 10px 0px 0px; }

　　C. .box { margin:5px 10px; }

　　D. .box { margin:10px 5px 10px 5px; }

6. 下面选项中，(　　)可以设置网页中某个标签的右外边距为 10 像素。

　　A. margin:0 10px;　　　　　　　　　　B. margin:10px 0 0 0;

　　C. margin:0 10 0 0px;　　　　　　　　　D. padding-right:10px;

7. 阅读下面 HTML 代码，如果期望 tabs 位于 box 容器的右下角，则需要添加的 CSS 样式是(　　)。

```
<div id="box"><div id="tabs"></div></div>
```

　　A. #tabs { position:absolute; right:0; bottom:0; }

　　B. #tabs { position:relative; right:0; bottom:0; }

　　C. #box { position:relative; } #tabs { position:absolute; right:0; bottom:0; }

　　D. #box { position:relative; } #tabs { position:right bottom; }

8. 在 HTML 页面中，要通过无列表符号实现横向的导航菜单,不需要使用到的 CSS 属性是(　　)。

　　A. list-style　　　　　B. padding　　　　　C. z-index　　　　　　D. float

9. CSS 盒子模型中表示内容与边框间的距离的属性为(　　)，表示盒子与盒子之间的距离的属性为(　　)。

　　A. padding　　margin　　　　　　　　B. padding　　border

　　C. margin　　padding　　　　　　　　D. margin　　border

10. 在网页中有一个 id 为 content 的 div，下面(　　)正确设置它的宽度为 200 像素，高度为 100 像素，并且向左浮动。

　　　　A. #content{width:200px;height:100px;float:left;}

　　　　B. #content{width:100px;height:200px;clear:left;}

　　　　C. #content{width:200px;height:100px;clear:left;}

　　　　D. #content{width:100px;height:200px;float:left;}

11. 在 HTML 中，以下关于 position 属性的设定值描述错误的是(　　)。

　　A. static 为默认值，没有定位，元素按照标准流进行布局

　　B. relative 属性值设置元素的相对定位，垂直方向的偏移量使用 up 或 down 属性来指定

　　C. absolute 表示绝对定位，需要配合 top、right、bottom、left 属性来实现元素的偏移量

　　D. 用来实现偏移量的 left 和 right 等属性的值，可以为负数

12. 下列 CSS 属性中，用于指定背景图片的是(　　)。

　　A. background-image　　　　　　　　B. background-color

　　C. background-position　　　　　　　D. background-repeat

13. 阅读以下设置页面背景图片的 CSS 代码，下列说法正确的是(　　)。

```
background:link(images/new.gif)left no-repeat;
```

　　A. link 应该改为 src　　　　　　　　B. link 应该改成 url

　　C. no-repeat 应该改成 no_repeat　　　D. 无语法错误

14. 以下关于 HTML 代码说法正确的是(　　)。

```
img{ clear:both;}
```

　　A. 将<img>标签左侧的浮动元素清除　　B. 将<img>标签右侧的浮动元素清除

　　C. 将<img>标签两侧的浮动元素清除　　D. 设置<img>标签两侧允许浮动

15. 在制作网页时，关于 overflow 属性说法错误的是(　　)。

　　A. overflow 属性的常见值有 visible、hidden、scroll、auto

　　B. 当属性值为 hidden 时，如果内容被修剪，则浏览器会显示滚动条以便查看其余内容

　　C. 可以使用 overflow 属性与盒子宽度配合使用，清除浮动来扩展盒子的高度

　　D. 如果页面中有绝对定位元素，并且绝对定位的元素超出了父级的范围，使用 overflow 属性则不合适

二、上机题

1. 请根据提供的素材做出以下效果，并在浏览器测试，效果如图 7-85 所示。

图 7-85　上机题 7-1 效果图

该上机题考察的知识点为 CSS 实现图文混排。

2. 请根据提供的素材做出以下效果，并在浏览器测试，效果如图 7-86 所示。

图 7-86　上机题 7-2 效果图

具体要求如下：

（1）使用 div 和列表相互嵌套实现。

（2）实现后的网页内容居中。

（3）外层容器长 1800px，高 450px，背景色为#edecec。

（4）文字上下外边距离相等,字体大小分别为 28px 和 10px，字体风格为宋体，字体黑色。

（5）图片之间距离为 20px。

（6）文字、图片距离外层容器左边 30px。

该上机题考察的知识点为使用块级元素 div、列表进行盒子布局。

3. 请根据提供的素材做出以下效果，并在浏览器测试，效果如图 7-87 所示。

图 7-87　上机题 7-3 效果图

该上机题考察的知识点为元素的浮动属性。

4. 请做出以下效果，并在浏览器测试，效果如图 7-88 所示。

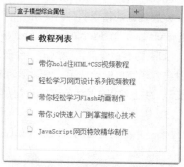

图 7-88　上机题 7-4 效果图

具体要求如下：

（1）文字颜色正常是#2B2B2B，鼠标指针经过时变为#FF8400。

（2）标题和标题之间的距离为 15 像素。

该上机题考察的知识点为：盒子模型综合属性。

5. 请根据提供的素材做出以下效果，并在浏览器测试，效果如图 7-89 所示。

该上机题考察的知识点为盒子布局综合应用。

图 7-89　上机题 7-5 效果图

6. 请根据提供的素材做出以下效果，并在浏览器预览，效果如图 7-90 所示。当鼠标指针经过时，背景图像更换，效果如图 7-91 所示。

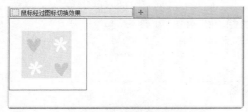

图 7-90　上机题 7-6 效果图 01

图 7-91　上机题 7-6 效果图 02

要求如下：

（1）该盒子使用链接元素，大小为 150×150 像素。

（2）背景图片已经给出，正常图片为 100×100 像素大小的图片，当鼠标指针经过换成 52×57 像素大小的背景图片。

该上机题考察的知识点为盒子背景的复合属性。

7. 请根据提供的素材做出以下中国体彩网导航的效果，并在浏览器预览，效果如图 7-92 所示。

图 7-92　上机题 7-7 效果图

8 Project

单元 8
网站首页的设计与制作

【教学导航】

教学目标	（1）能养成分析页面布局结构的习惯 （2）能使用背景色标示盒子的结构 （3）能应用 CSS 样式设计网站首页的主体布局结构 （4）能应用 CSS 样式设计网站首页的局部布局结构 （5）能设计与制作导航栏 （6）会设计热区链接
本单元重点	（1）应用 CSS 样式设计网页的布局结构 （2）设计与制作导航栏
本单元难点	（1）应用 CSS 样式设计网页的布局结构 （2）设计与制作导航栏 （3）设计热区链接
教学方法	任务驱动法、分组讨论法

【本单元单词】

1. banner ['bænə(r)] 横幅，标语，旗帜
2. nav（Navigation）导航，航行，航海
3. content ['kɒntent] 内容，满足
4. hack [hæk] 修改，乱劈，乱砍
5. bug [bʌg] 漏洞，昆虫，瑕疵

【预备知识】

CSS 布局与浏览器兼容性

8.1 CSS 布局

8.1.1 版心与 CSS 布局流程

一、版心

"版心"是指网页中主体内容所在的区域。如图 8-1 所示，框线内即为北京大学网站首页的版心。"版心"一般在浏览器窗口中水平居中显示，常见的宽度值为 960px、980px、1000px 等。

二、CSS 布局流程

为了提高网页制作的效率，布局时通常需要遵守一定的布局流程，具体如下。

（1）确定页面的版心。

（2）分析页面中的行模块，以及每个行模块中的列模块。

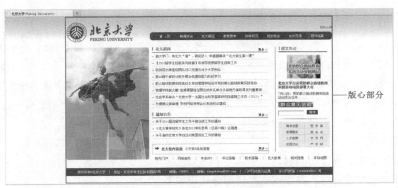

图 8-1　北京大学网站首页的版心

（3）运用盒子模型的原理，通过 DIV+CSS 布局来控制网页的各个模块。

接下来以贵州交通职业技术学院网站首页为例，分析一下页面中的各个模块，具体结构如图 8-2 所示。

图 8-2　贵州交通职业技术学院网站首页截图

在学习制作网页时，一定要养成分析页面布局的习惯，这样可以极大地提高网页制作的效率。

8.1.2　用 CSS 进行网页布局

一、单列布局

"单列布局"是网页布局的基础，所有复杂的布局都是在此基础上演变而来的。如图 8-3 所示，即为一个"单列布局"页面的结构示意图。

通过上图容易看出，这个页面从上到下分别为头部、导航、焦点图、内容和页面底部，每个模块单独占据一行，且宽度与版心相等，经测量为 980px。主体代码如下所示：

图 8-3　"单列布局"页面结构示意图

```
……
<body>
<div id="top">头部</div>
<div id="nav">导航栏</div>
<div id="banner">焦点图</div>
<div id="content">内容</div>
<div id="footer">页面底部</div>
```

```
</body>
......
```

在上述代码中，定义了 5 对<div></div>标记，分别用于控制页面的头部（top）、导航（nav）、焦点图（banner）、内容（content）和页面底部（footer）。

接下来设置每个 div 的宽高。同时对盒子定义"margin:5px auto;"样式，它表示盒子在浏览器中水平居中，且上下外边距均为 5px。这样既可以使盒子水平居中，又可以使各个盒子在垂直方向上有一定的间距。

在实际应用中，如北京大学网站的页面就属于单列布局，并具有以下特点。

（1）顶部通栏即可。

（2）中部固定宽度，高度可随着内容扩展。

（3）底部和中部宽度一样，高度固定。该部分代码如下：

```
<!DOCTYPE HTML PUBLIC "-//W3C//DTD HTML 4.01 Transitional//EN"
"http://www.w3.org/TR/html4/loose.dtd">
<html>
    <head>
        ......
        <title>单列布局</title>
        <style type="text/css">
             body{ margin: 0;  padding: 0;  }
          #top {
             height: 100px;
             background: blue;
          }
          #main {
             width: 800px;
             height: 200px;
             background: gray;
             margin: 0 auto;
          }
          #foot {
             width: 800px;
             height: 100px;
             background: red;
             margin: 0 auto;
          }
        </style>
    </head>
    <body>
        <div id="top"></div>
        <div id="main"></div>
        <div id="foot"></div>
    </body>
</html>
```

浏览器效果如图 8-4 所示。

图 8-4　"单列布局"页面结构预览效果图

二、两列布局

两列布局的网页内容被分为了左右两部分，通过这样的分割，打破了统一布局的呆板，让页面看起来更加活跃。如图 8-5 所示即为一个"两列布局"页面的结构示意图。

在图 8-5 中，内容模块被分为了左右两部分，实现这一效果的关键是在内容模块所在的大盒子中嵌套两个小盒子，然后对两个小盒子分别设置浮动。主体代码如下所示：

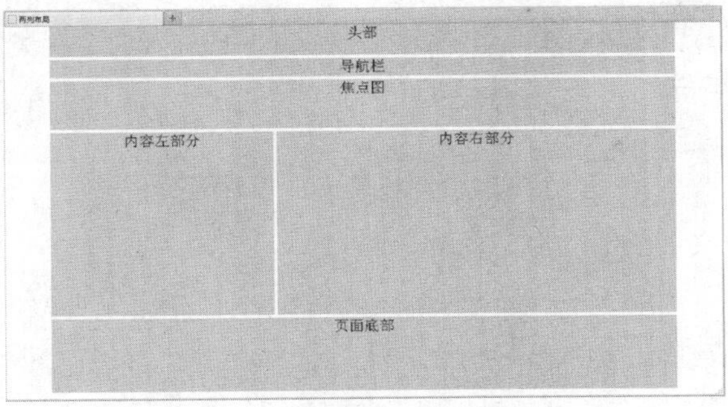

图 8-5　"两列布局"页面结构示意图

```
……
<body>
<div id="top">头部</div>
<div id="nav">导航栏</div>
<div id="banner">焦点图</div>
<div id="content">
        <div class="content_left">内容左部分</div>
        <div class="content_right">内容右部分</div>
</div>
<div id="footer">页面底部</div>
</body>
……
```

　　由于内容模块被分为了左右两部分，所以，只需在单列布局样式的基础上，单独控制 class 为 content_left 和 content_right 的两个小盒子的样式即可，并且分别给这两个盒子设置左浮动和右浮动属性。父 div 限制宽度，水平居中；子 div 固定宽度，浮动定位。

　　该部分代码如下：

```
<!DOCTYPE HTML PUBLIC "-//W3C//DTD HTML 4.01 Transitional//EN"
"http://www.w3.org/TR/html4/loose.dtd">
<html>
   <head>
            ……
       <title>两列布局</title>
       <style type="text/css">
           body{ margin: 0;  padding: 0;  }
           #main {
               width: 800px;
               margin: 0 auto;
           }

           #left {
               width: 240px;
               height: 400px;
               float: left;
               background: #ccc;
           }
           #right {
               width: 560px;
               height: 400px;
               float: right;
               background: #ddd;
           }
       </style>
   </head>
   <body>
       <div id="main">
           <div id="left"></div>
```

```
            <div id="right"></div>
        </div>
    </body>
</html>
```

浏览器效果如图 8-6 所示。

图 8-6　"两列布局"页面结构预览效果图

三、三列布局

三列布局方式是两列布局的演变，只是将主体内容分成了左、中、右三部分。如图 8-7 所示即为一个"三列布局"页面的结构示意图。

图 8-7　"三列布局"页面结构示意图

在图 8-7 中，内容模块被分为了左中右三部分，实现这一效果的关键是在内容模块所在的大盒子中嵌套 3 个小盒子，然后对 3 个小盒子分别设置浮动。主体代码如下所示：

```
……
<body>
<div id="top">头部</div>
<div id="nav">导航栏</div>
<div id="banner">焦点图</div>
<div id="content">
    <div class="content_left">内容左部分</div>
    <div class="content_middle">内容中间部分</div>
    <div class="content_right">内容右部分</div>
</div>
<div id="footer">页面底部</div>
</body>
……
```

和两列布局对比，本案例的不同之处在于主体内容所在的盒子中增加了 class 为 content_middle 的小盒子。在两列布局样式的基础上，单独控制 class 为 content_middle 的小盒子的样式即可，给它设置宽度和左浮动属性。

该部分代码如下：

```
<!DOCTYPE HTML PUBLIC "-//W3C//DTD HTML 4.01 Transitional//EN"
"http://www.w3.org/TR/html4/loose.dtd">
```

```html
<html>
   <head>
      ......
      <title>三列布局</title>
      <style>
            body{ margin: 0;  padding: 0;  }
         #left {
            width: 200px;
            height: 400px;
            position: absolute;
            left: 0;
            top: 0;
            background: #ccc;
         }
         #middle {
            height: 400px;
            float: left;
            background: #999;
            margin: 0 300px 0 200px;
         }
         #right {
            width: 300px;
            height: 400px;
            float: right;
            background: #ddd;
            position: absolute;
            right:0;
            top:0;
         }
      </style>
   </head>
   <body>
      <div id="left">left</div>
      <div id="middle">Kong - Open-Source API Management and Microservice Management
         查看此网页的中文翻译，请点击 翻译此页
         Secure, Manage & Extend your APIs or Microservices with plugins for authentication, logging, rate-limiting,
transformations and more.
         getkong.org/  - 百度快照</div>
      <div id="right">right</div>
   </body>
</html>
```

浏览器效果如图 8-8 所示。

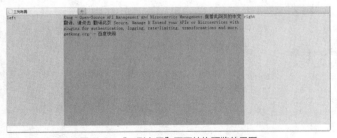

图 8-8　"三列布局"页面结构预览效果图

四、通栏布局

为了网站的美观，网页中的一些模块，例如，头部、导航、焦点图或页面底部等经常需要通栏显示。将模块设置为通栏后，无论页面放大或缩小，该模块都将横铺于浏览器窗口中。如图 8-9 所示即为一个应用"通栏布局"页面的结构示意图。

在上图中，导航栏和页面底部为通栏模块，它们将始终横铺于浏览器窗口中。通栏布局的关键在于在相应模块的外面添加一层 div，并且将外层 div 的宽度设置为 100%。

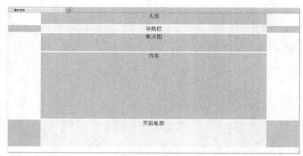

图 8-9 "通栏布局"页面结构示意图

接下来使用相应的 HTML 标记搭建页面结构，主体代码如下所示：

```
......
<body>
<div id="top">头部</div>
<div id="topbar">
      <div class="nav">导航栏</div>
</div>
<div id="banner">焦点图</div>
<div id="content">内容</div>
<div id="footer">
        <div class="inner">页面底部</div>
    </div>
</body>
......
```

在上述代码中，定义了 class 为 topbar 的一对<div></div>，用于将导航模块设置为通栏。同时定义了一对 class 为 footer 的<div></div>，用于将页面底部设置为通栏。将两个父盒子的宽度设置为 100%，而对于其内部的子盒子，只需要固定宽度并且居中对齐即可。

五、混合布局

在了解了单列、两列、三列布局和通栏布局之后，混合布局也就不难理解了，混合布局也可以叫综合型布局，混合布局可以在单列布局的基础之上，分为两列布局，三列布局，网页布局的结构普遍都是三列布局，但是在三列布局的基础上，可以根据实际需求对网页再进行划分。下面举例说明，该部分代码如下：

```
<!DOCTYPE HTML PUBLIC "-//W3C//DTD HTML 4.01 Transitional//EN"
"http://www.w3.org/TR/html4/loose.dtd">
<html>
   <head>
      ......
      <title>混合布局</title>
      <style type="text/css">
         body{margin: 0;  padding: 0;  }
         .top {
             height: 100px;
             background: blue;
         }
         .head {
             width: 800px;
             height: 100px;
             margin: 0 auto;
             background: orange;
         }
         .main {
             width: 800px;
             height: 600px;
             background: gray;
             margin: 0 auto;
         }
```

```
        .left {
                width: 200px;
                height: 600px;
                background: yellow;
                float: left;
        }
        .right {
                idth: 600px;
                height: 600px;
                background: #369;
                float: right;
        }
        .sub_l {
                width: 400px;
                height: 600px;
                background: green;
                float: left;
        }
        .sub_r {
                width: 200px;
                height: 600px;
                background: #09F;
                float: right;
        }

        .foot {
                width: 800px;
                height: 100px;
                background: red;
                margin: 0 auto;
        }
    </style>

</head>
<body>
    <div class="top">
        <div class="head"></div>
    </div>
    <div class="main">
        <div class="left"></div>
        <div class="right">
            <div class="sub_l"></div>
            <div class="sub_r"></div>
        </div>
    </div>
    <div class="foot"></div>
</body>
</html>
```

浏览器效果如图 8-10 所示。

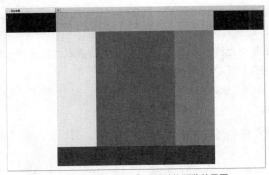

图 8-10　"混合布局"页面结构预览效果图

混合布局在网站中应用比较广泛。再复杂的布局结构，它们的原理都是相通的，可以举一反三。网页布局就是依据内容、功能的不同，使用 CSS 对元素进行格式设置，根据版面的布局结构进行排列，那么布局也就是元素与元素之间的关系，或者向一边看齐，或者精准定位，或者有一定间距，或者嵌套，或者相互堆叠，使元素按照设计稿的样式漂亮地呈现在网页上。

8.1.3 网页模块命名规范

一、网页模块命名原则

网页模块的命名规范非常重要，需要引起初学者的足够重视。通常网页模块的命名需要遵循以下几个原则。

- 避免使用中文字符命名（例如 id="导航栏"）；
- 不能以数字开头命名（例如 id="1nav"）；
- 不能占用关键字（例如 id="h3"）；
- 用最少的字母达到最容易理解的意义。

二、网页模块常用的命名方式

通常，网页模块的命名方式有"驼峰式命名"和"帕斯卡命名"两种，对它们的具体解释如下。

- 驼峰式命名：除了第一个单词外后面的单词首写字母都要大写（例如：partOne）。
- 帕斯卡命名：每一个单词之间用"_"连接（例如：content_one）。

三、网页模块常用的命名

网页模块常用的命名有：

- 头：header
- 内容：content/container
- 尾：footer
- 导航：nav
- 侧栏：sidebar
- 栏目：column
- 左右中：left right center
- 登录条：loginbar
- 标志：logo
- 广告：banner
- 页面主体：main

8.2 浏览器兼容性

8.2.1 CSS Hack

面对浏览器诸多的兼容性问题，经常需要通过 CSS 样式来调试，其中用得最多的就是 CSS Hack。所谓 CSS Hack 就是针对不同的浏览器书写不同的 CSS 样式，通过使用某个浏览器单独识别的样式代码，控制该浏览器的显示效果。

一、CSS 选择器 Hack

CSS 选择器 Hack 是指通过在 CSS 选择器的前面加上一些只有特定浏览器才能识别的 Hack 前缀，来控制不同的 CSS 样式。针对不同版本的浏览器，选择器 Hack 分为以下几类。

1. IE 6 及 IE 6 以下版本识别的选择器 Hack

书写 CSS 样式时，如果希望此样式只对 IE 6 及 IE 6 以下版本的浏览器生效，可以使用 IE 6 及以下版本的选择器 Hack，其基本语法如下：

```
* html 选择器{样式代码}
```

2. IE 7 识别的选择器 Hack

书写 CSS 样式时，如果希望此样式只对 IE 7 浏览器生效，可以使用 IE 7 识别的选择器 Hack，其基本语法如下：

```
*+html 选择器{样式代码}
```

二、CSS 属性 Hack

CSS 属性 Hack 是指在 CSS 属性名的前面加上一些只有特定浏览器才能识别的 Hack 前缀，例如 "_color:red;" 中的 Hack 前缀 "_" 就只对 IE 6 生效。针对不同版本的浏览器，CSS 属性 Hack 分为以下几类。

1．IE 6（含）以下版本识别的属性 Hack

书写 CSS 样式时，如果希望此样式只对 IE 6 及 IE 6 以下版本的浏览器生效，可以使用 IE 6 及以下版本的 CSS 属性 Hack，其基本语法如下：

```
_属性:样式代码;
```

2．IE 7（含）以下版本识别的属性 Hack

书写 CSS 样式时，如果希望此样式只对 IE 7 及以下版本的浏览器生效，可以使用 IE 7 及以下版本的 CSS 属性 Hack，其基本语法如下：

```
+或*属性: 样式代码;
```

8.2.2　IE 条件注释语句

"IE 条件注释语句" 是 IE 浏览器专有的 Hack，针对不同的 IE 浏览器，书写方法不同，对它们的具体介绍如下。

一、判断浏览器类型的条件注释语句

该条件注释语句用于判断浏览器类型是否为 IE 浏览器，其基本语法格式如下：

```
<!--[if IE]>
只能被 IE 识别;
<![endif]-->
```

在上面的代码中，第一行的英文字母 "IE" 代表浏览器的类型，表示该条件注释语句只能被 IE 浏览器识别。

二、判断 IE 版本的条件注释语句

该条件注释语句用于判断 IE 浏览器的版本，其基本语法格式如下：

```
<!--[if IE 7]>
只能被 IE 7 识别;
<![endif]-->
```

8.2.3　!important 解决 div 高度自适应问题（兼容 IE 6 和火狐浏览器）

在 IE 6 浏览器及火狐浏览器下，要想实现 div 高度自适应，必须考虑浏览器兼容问题。

对于初学者来说，可能想到的就是 min-height:100px 和 ight:auto 这样的写法了。虽然这样的写法用 IE 浏览器浏览是正常的，可是如果用火狐浏览器测试一下，就知道不兼容而达不到预想的效果了。为什么会这样呢？原来是因为火狐浏览器此时不以 height:auto 这个执行为标准的。

先举个实例，代码如下：

```
<!DOCTYPE HTML PUBLIC "-//W3C//DTD HTML 4.01 Transitional//EN"
"http://www.w3.org/TR/html4/loose.dtd">
<html>
    <head>
        ......
        <title> div 高度自适应问题</title>
        <style type="text/css">
         .divHeight{
           height:auto;
           min-height:100px;
           height:50px;
           width:350px;
```

```
            background:#bbeeeb;
            margin:0 auto;
        }
    </style>
</head>
<body>
    <div class="divHeight">
        此 div 具有最小高度且高度可以随着内容的增高而自动伸展
    </div>
</body>
</html>
```

在火狐浏览器和在 IE 6 浏览器下的预览效果如图 8-11 和图 8-12 所示。

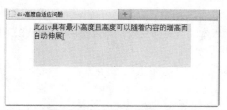

图 8-11　火狐浏览器 div 高度自适应问题效果图 01　　　　图 8-12　IE 6 浏览器 div 高度自适应问题效果图 01

因为在火狐浏览器中有 min-height 这个属性来设置 div 容器的最小高度，当实际高度超过 min-height 时，火狐浏览器会自动适应，但是遗憾的是 IE 6 不支持这个属性。

另一方面，IE 6 的 height 其实就等同于火狐浏览器的 min-height 属性，而且如果不去设置 IE 6 的 height，它也会很好地自适应高度，而火狐浏览器就没有这个特点。

接下来，在以上代码的基础上增加<div>中的文字内容，该部分代码如下：

```
......
<body>
    <div class="divHeight">
        此 div 具有最小高度且高度可以随着内容的增高而自动伸展此 div 具有最小高度且高度可以随着内容的增高而自动伸展此
div 具有最小高度且高度可以随着内容的增高而自动伸展此 div 具有最小高度且高度可以随着内容的增高而自动伸展此 div 具有最
小高度且高度可以随着内容的增高而自动伸展此 div 具有最小高度且高度可以随着内容的增高而自动伸展
    </div>
</body>
......
```

在火狐浏览器和在 IE 6 浏览器下的预览效果如图 8-13 和图 8-14 所示。可见，当盒子中的内容超过了盒子的宽高时，在火狐浏览器（标准浏览器）下内容会溢出，但是在 IE 6 中盒子会自适应内容的大小。

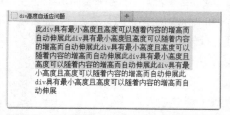

图 8-13　火狐浏览器 div 高度自适应问题效果图 02　　　　图 8-14　IE 6 浏览器 div 高度自适应问题效果图 02

分析：由于火狐浏览器此时不以 height:auto 这个执行为标准，如果使用!important 会提升优先级，也就是：使用了 !important 命令的 CSS 样式具有较高的优先级。所以，浏览器会优先执行 "height:auto!important;" 样式，即自适应盒子的高度，然后再按照 CSS 的层叠性逐行执行。那么，div 高度自适应问题（兼容 IE 和火狐浏览器）便迎刃而解了。

那要加上什么属性才可以让两个浏览器都正常去解读 CSS 呢？答案就是加上 height:auto!important;

这个重要属性。该部分代码如下：

```
......
  <style type="text/css">
    .divHeight{
      height:auto !important;
      min-height:100px;
      height:50px;
      width:350px;
      background:#bbeeeb;
      margin:0 auto;
    }
  </style>
......
```

在火狐浏览器下的预览效果如图 8-15 所示。

图 8-15　火狐浏览器 div 高度自适应问题效果图 03

这是兼容 IE 6 和火狐浏览器的方法，不仅解决了高度自适应，还可以设置最小高度。

8.2.4　常见的 IE 6 兼容性问题

一、IE 6 双边距问题

当对浮动的元素应用左外边距或右外边距（margin-left 或 margin-right）时，在 IE 6 浏览器中，元素对应的左外边距或右外边距将是所设置值的两倍，这就是网页制作中经常出现的 IE 6 双倍边距问题。

接下来通过一个案例对 IE 6 的双倍边距问题及解决方法做具体介绍，代码如下所示：

```
<!DOCTYPE HTML PUBLIC "-//W3C//DTD HTML 4.01 Transitional//EN"
"http://www.w3.org/TR/html4/loose.dtd">
<html>
    <head>
        ......
        <title>IE 6 双边距问题</title>
        <style type="text/css">
        .father{                            /*定义父元素的样式*/
            background:#ccc;
            border:1px dashed #999;
            width:300px;
            height:100px;
        }
        .son01{                             /*定义子元素 box01 的样式*/
            background:pink;
            border:1px dashed #999;
            width:100px;
            height:50px;
            margin-left:25px;               /*定义左外边距*/
            padding:0px 10px 0px 10px;
            float:left;                     /*定义左浮动*/
        }
        </style>
    </head>
    <body>
        <div class="father">
            <div class="son01">son01</div>
        </div>
```

```
    </body>
</html>
```

在上述代码中，定义 box01 左浮动，并为其设置 25px 的左外边距。

运行上述代码，分别在火狐浏览器和 IE 6 浏览器中浏览其效果，分别如图 8-16 和图 8-17 所示。从其效果上容易看出，IE 6 浏览器中盒子的左外边距是火狐浏览器中相应左外边距的两倍。

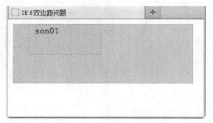

图 8-16 火狐浏览器双边距问题效果图

图 8-17 IE 6 浏览器双边距问题效果图

针对这种兼容性问题，可以通过为浮动块元素定义 "display:inline;" 样式来解决，即在 box01 的 CSS 样式中增加如下代码：

```
_display:inline;                    /*解决 IE 6 双倍边距*/
```

保存 HTML 文件，刷新网页，在 IE 6 浏览器中显示正常，如图 8-18 所示。

图 8-18 IE 6 浏览器双边距问题解决后效果图

所以，IE 6 双边距问题解决方法为：为浮动块元素定义 "_display:inline;" 样式。

二、IE 6 图像不透明问题

透明图片在网页中使用得比较多，一般大家都使用 GIF 格式图片，但它也有一定的局限性，就是在图片中出现透明渐变的时候，GIF 图像会显示得很难看。

这时候 PNG 图片就可以补 GIF 的空缺了。

PNG 图片是什么格式呢？

PNG 是一种图像文件存储格式，其目的是试图替代 GIF 和 TIFF 文件格式，同时增加一些 GIF 文件格式所不具备的特性。它强于 GIF 的最大方面就是在透明渐变方面。

在透明渐变方面用 PNG 替代 GIF 也不是十全十美的解决办法。由于浏览器的种类和版本过多，对 PNG 的支持也有所不同，当使用 IE 6 查看 PNG 图像时，透明的部分会变成难看的灰色。Firefox、Opera、Safari、Google Chrome 等现代浏览器都可以正常显示。但因为 IE 6 的市场份额很大，又不得不在 IE 6 的显示效果上下一番功夫。

显示 PNG 图像，代码如下：

```
<!DOCTYPE HTML PUBLIC "-//W3C//DTD HTML 4.01 Transitional//EN"
"http://www.w3.org/TR/html4/loose.dtd">
<html>
```

```
   <head>
        ......
       <title>IE 6图像不透明问题</title>
       <style type="text/css">
       </style>
   </head>
   <body>
        <img src="images/jingling.png">
   </body>
</html>
```

运行以上代码，分别在火狐浏览器和 IE 6 浏览器中浏览其效果，分别如图 8-19 和图 8-20 所示。

图 8-19　火狐浏览器透明图像效果图

图 8-20　IE 6 浏览器透明图像效果图

可见，IE 6 浏览器存在的图像不透明问题有多种解决方法，其中最有效的就要数 Javascript 修正法了。主要代码如下所示：

```
......
<!--[if IE 6]>
<script src="IEpng.js" type="text/javascript"></script>
<script type="text/javascript">
   EvPNG.fix('div,ul,img,li,input,span,b,h1,h2,h3,h4');
</script>
<![endif]-->
......
```

有兴趣的朋友可以在网上搜索"IE 6 PNG 修复"进行了解。

三、IE 6 图片间隙问题

在 IE 6 中，当一张图片插入到与其大小相同的盒子中时，图片底部会多出 3 像素的间隙。

现举例说明，代码如下：

```
<!DOCTYPE HTML PUBLIC "-//W3C//DTD HTML 4.01 Transitional//EN"
"http://www.w3.org/TR/html4/loose.dtd">
<html>
   <head>
        ......
       <title>IE 6图片间隙问题</title>
       <style type="text/css">
           div{
               width:200px;
               height:150px;
           }
       </style>
   </head>
   <body>
       <div>
          <img src="images/1.jpg">
       </div>
        <div>
          <img src="images/2.jpg">
       </div>
   </body>
</html>
```

运行上述代码，分别在火狐浏览器和 IE 6 浏览器中浏览其效果，分别如图 8-21 和图 8-22 所示。

图 8-21 火狐浏览器图片间隙问题效果图

图 8-22 IE 6 浏览器图片间隙问题效果图

可见，IE 6 浏览器显示的各个图片之间会有 3px 的间隙。

针对 IE 6 这种兼容性问题有两种解决办法，具体如下。

1. 将<img>标记与<div>标记放在同一行，代码如下：

```
<div><img src="images/jd.gif" /></div>
```

在实际工作中建议使用第二种方法，因为第一种方法中代码的书写不便于阅读。

2. 为<img />定义 "display:block;" 样式，该部分代码如下：

```
......
<style type="text/css">
    div{
    width:200px;
    height:150px;
}
img{
    display:block;
    }
</style>
......
```

运行上述代码，在 IE 6 浏览器中浏览其效果，效果如图 8-23 所示。

图 8-23 IE 6 浏览器图片间隙问题解决后效果图

所以，IE 6 浏览器图片间隙问题解决方法：为<img />定义 "display:block;" 样式。即：将每个图片以块级元素显示则可。

四、IE 6 元素最小高度问题

由于 IE 6 浏览器有默认的最小像素高度，因此它无法识别 19px 以下的高度值。

IE 6 中，使用 CSS 定义 div 的高度时经常遇到这个问题，就是当 div 的最小高度小于一定的值以后就会发现，无论你怎么设置最小高度，div 的高度会固定在一个值不再发生变动，这个问题很是烦人。如下面的情况：

```
<!DOCTYPE HTML PUBLIC "-//W3C//DTD HTML 4.01 Transitional//EN"
"http://www.w3.org/TR/html4/loose.dtd">
<html>
    <head>
        ……
        <title>IE 6元素最小高度问题</title>
        <style type="text/css">
            #testdiv{
                background: #009900;
                height: 5px;
            }
        </style>
    </head>
    <body>
        <div id="testdiv"></div>
    </body>
</html>
```

运行上述代码，分别在火狐浏览器和 IE 6 浏览器中浏览其效果，效果分别如图 8-24 和图 8-25 所示。

图 8-24 火狐浏览器元素最小高度问题效果图

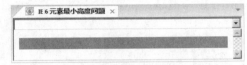

图 8-25　IE 6 浏览器元素最小高度问题效果图

这是因为在 IE 6 中，系统默认的并非是 div 有一个默认的高度，而是你没有解决一个隐藏的参数：font-size，这个 IE 6 中 div 属性中的 font-size 大小和系统 CSS 中定义的 font-size 有很大关系，因此，必须单独定义这个 div 的 font-size，这样才能解决这个问题。更改后的部分代码如下：

```
……
    <style type="text/css">
        #testdiv{
            background: #009900;
            height: 5px;
            font-size:0;
        }
    </style>
……
```

运行上述代码，在 IE 6 浏览器中浏览其效果，效果图 8-26 所示。

图 8-26　IE 6 浏览器元素最小高度问题解决后效果图

所以，IE 6 元素最小高度问题解决方法：给该盒子指定"font-size:0;"样式。

五、IE 6 显示多余字符问题

在 IE 6 中，当浮动元素之间加入 HTML 注释时，会产生多余字符。

针对 IE 6 的这种兼容性问题，有 3 种解决办法，具体如下。

（1）去掉 HTML 注释。

（2）不设置浮动 div 的宽度。

（3）在产生多余字符的那个元素的 CSS 样式中添加"position:relative;"样式。

六、IE 6 中的 3 像素漏洞（bug）

在 IE 6 中，当文本或其他非浮动元素跟在一个浮动元素之后时，文本或其他非浮动元素与浮动元素之间会多出 3 像素的间距，这就是 IE 6 非常典型的 3 像素漏洞。为了让初学者有一个更直观的认识，接下来通过一个案例来具体演示，代码如下所示：

```
<!DOCTYPE HTML PUBLIC "-//W3C//DTD HTML 4.01 Transitional//EN"
"http://www.w3.org/TR/html4/loose.dtd">
<html>
    <head>
        ……
        <title>IE 6 中的 3 像素 Bug</title>
        <style type="text/css">
            *{
                font-size: 18px;
            }
            div{
                float:left;
                width:100px;
                height:100px;
                border:1px solid #000;
                background:#FC3;
            }
        </style>
    </head>
    <body>
    <div>左浮动的盒子</div>
    在 IE 6 中，当文本(或无浮动元素)跟在一个浮动的元素之后，文本和这个浮动元素之间会多出 3 像素的间隔。这也是 IE 6 中的一个典型的漏洞。在 IE 6 中，当文本(或无浮动元素)跟在一个浮动的元素之后，文本和这个浮动元素之间会多出 3 像素的间隔。这也是 IE 6 中的一个典型的漏洞。
    </body>
</html>
```

在上述代码中，定义了一个浮动的盒子，并在其后添加了一些文本。

运行上述代码，分别在火狐浏览器和 IE 6 浏览器中浏览其效果，效果分别如图 8-27 和图 8-28 所示。从其效果上容易看出，火狐浏览器中正常显示，但是在 IE 6 浏览器中，文本和浮动盒子之间会有 3 像素的间隙。

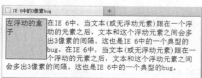
图 8-27 火狐浏览器 3 像素 bug 效果图

图 8-28 IE 6 浏览器 3 像素 bug 效果图

针对 IE 6 的这种兼容性问题，可以通过对盒子运用负外边距的方法来解决，即在 CSS 样式中增加如下代码：

```
_margin-right:-3px;          /* 注意要使用 IE 6 的属性 Hack */
```

保存 HTML 文件，刷新网页，在 IE 6 浏览器中显示正常，效果如图 8-29 所示。

图 8-29 IE 6 浏览器 3 像素 bug 问题解决后效果图

【操作准备】

创建所需的文件夹，复制所需的资源到桌面上。即：在本地硬盘（例如 D 盘）中创建一个文件夹"网页设计与制作练习 Unit08"，然后将光盘中的"start"文件夹中"Unit08"文件夹中的"Unit08 课程资源"文件夹所有内容复制到桌面上。

【模仿训练】

任务 8.1　北京大学网站首页的设计与制作

本单元"模仿训练"的任务卡如表 8.1 所示。

表 8.1　单元 8 "模仿训练"任务卡

任务编号	8.1		任务名称	北京大学网站首页的设计与制作
网页主题	北京大学		计划工时	
网页制作 任务描述	（1）设计首页的主体布局结构和局部布局结构 （2）设计与制作包含导航栏的网页 （3）制作首页 index.html。 （4）设计与制作用户登录表单、展示图片与播放视频区块 （5）在首页 index.html 中插入 SWF 动画			
网页布局 结构分析	使用 div 标签+CSS 样式布局首页，首页整体为上、中、下结构，中部区域分为左、中、右两个区域			
网页色彩 搭配分析	网页中文字的颜色：#2b2b2b。 网页中的背景颜色：渐变背景			
网页组成 元素分析	主要包括文字、图像、SWF 动画、视频、顶部二级导航栏、底部导航栏、表单、各种特效等网页元素			
任务实现 流程分析	创建本地站点"单元 08"→分析、设计首页的主体布局结构→分析、设计首页的局部布局结构→创建网页文档"index.html"→设计与制作网站首页的头部区域→设计与制作网站首页的中部区域→设计与制作网站首页的尾部区域			

本单元"模仿训练"的任务跟踪卡如表 8.2 所示。

表 8.2　单元 8 "模仿训练"任务跟踪卡

任务编号	开始时间	完成时间	计划工时	实际工时	当前状态

本单元"模仿训练"网页 index.html 的浏览效果如图 8-30 所示。

图 8-30　北京大学网站首页整体截图

任务 8.1.1　北京大学网站首页整体页面结构的制作

任务 8.1.1.1　建立北京大学站点的目录结构

〖任务描述〗

（1）创建所需的文件夹。

（2）在文件夹中创建"images"子文件夹。

（3）将所需的图像资源复制到"images"文件夹中。

（4）将"网页骨架.html"文档拖曳到该文件夹中。

〖任务实施〗

（1）建立文件夹"bjdx"。

（2）建立子文件夹"images"。

（3）将所需的图片资源复制到"images"文件夹中。

（4）将"网页骨架.html"文档拖曳到"bjdx"文件夹中。

任务 8.1.1.2　创建与保存首页文档 index.html

〖任务描述〗

（1）修改文件名。

（2）编辑<title>标签中的内容。

（3）保存文档，效果如图 8-31 所示。

图 8-31　北京大学网站站点目录结构

〖任务实施〗

（1）修改"网页骨架.html"文档名为"index.html"。

（2）编辑<title>标签中的内容。双击"编辑器（Sublime Text）"图标，打开编辑器。将文件夹中的"index.html"拖曳到编辑器的编辑窗口中，关闭其他网页文档。使"index.html"成为当前文件。将<title>标签中的内容"网页骨架"修改为"北京大学-Peking University"。

（3）保存网页文档。执行菜单命令：【文件】→【保存】，关闭"编辑器（Sublime Text）"。

```
<!DOCTYPE html PUBLIC "-//W3C//DTD XHTML 1.0 Transitional//EN"
"http://www.w3.org/TR/xhtml1/DTD/xhtml1-transitional.dtd">
<html>
    <head>
        ......
        <title>北京大学-Peking University</title>
        <style type="text/css">

        </style>
    </head>
    <body>

    </body>
</html>
```

微课视频

北京大学网站首页
任务描述

任务 8.1.1.3　北京大学网站首页整体页面结构分析

〖任务描述〗

（1）分析整体页面结构，确定分为哪些大块的部分。

（2）分别将这些部分以不同的色块表示。

（3）分别标记上适合的 HTML 标签，整体结构的代码搭建。

〖任务实施〗

（1）分析整体页面结构，如图 8-32 所示。

微课视频

北京大学网站首页
整体页面结构分析

图 8-32　北京大学网站首页整体页面结构分析

①页面布局分析：页面自然布局。从整体看，整个页面分为头部（top）、中部（main）、尾部（footer）3 个大盒子，这 3 个盒子都是在标准流中的。

②页面组成元素分析：主要包括标题文本、正文文本、图像、空格和换行符等网页元素。

（2）分别将各部分以不同的色块表示。

（3）分别标记上适合的 HTML 标签，整体结构代码搭建。

①由于页面所有元素都居中，所以，整个页面势必要在一个整体的大盒子之中。首先，为页面做一个整体的大盒子，取名为"wrap"（业内的普遍做法）。即：整体的大盒子 wrap 包含 3 个大盒子 top、main和 footer。

②使用 div 标签表示各个大盒子，这 3 个盒子都是在标准流中的，且在整体的大盒子"wrap"中。在编写的过程中，要注意其缩进格式。在每个大盒子上、下插入代码，如：<!--头部开始-->和<!--头部结束-->，是一个 HTML 的注释标签，来对代码进行注释。在每个大盒子之间插入代码：<div style="clear:both"></div>，是为了避免"浮动隔行影响"现象，它是一个空的在标准流中的<div>。

北京大学网站首页整体结构代码搭建如下所示：

```
......
    <body>
        <div id="wrap">
            <!--头部开始-->
            <div id="top">

            </div>
            <!--头部结束-->
            <div style="clear:both"></div>
            <!--中部开始-->
            <div id="main">

            </div>
            <!--中部结束-->
            <div style="clear:both"></div>
            <!--尾部开始-->
            <div id="footer">

            </div>
            <!--尾部结束-->
```

```
            </div>
        </body>
......
```

任务 8.1.1.4　北京大学网站首页渐变背景的制作

【任务描述】

　　书写北京大学网站首页渐变背景的代码。浏览器效果如图 8-33 所示。

微课视频

北京大学网站首页
整体结构搭建与
样式书写

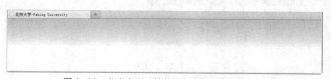

图 8-33　北京大学网站首页渐变背景浏览效果图

【任务实施】

　　（1）首先，直接书写*{ margin: 0; padding: 0; }样式，以去掉所有的内边距和外边距，即：初始化的操作。

　　（2）渐变背景充满在整个窗体中，所以，需要对<body>标签中书写样式。

　　其主要代码如下。

```
......
<style type="text/css">
    *{    margin: 0px;  padding: 0px;  }
    body{
        background-image: url(images/bodybg.png);
        background-repeat: repeat-x;
    }
</style>
......
```

　　【说明】　　（1）渐变的背景是在<body>标签中。

　　　　　　　（2）bodybg.png 是一个 1 像素宽的背景图像，并且只在横向重复。

　　　　　　　（3）background-repeat: repeat-x;为"横向重复"样式。

　　　　　　　（4）background-repeat: repeat-y;为"纵向重复"样式。

　　　　　　　（5）background：背景，repeat：重复。

任务 8.1.1.5　北京大学网站首页版心居中效果的制作

【任务描述】

　　1. 在 Fireworks 中测量首页版心的长度，如图 8-34 所示。

　　2. 书写首页版心居中效果的代码。

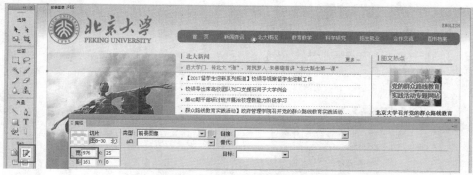

图 8-34　在 Fireworks 中测量首页版心长度的方法

〖任务实施〗

（1）在 Fireworks 中测量首页版心的长度。

①将"北京大学首页截图"拖曳到 Fireworks 中。

②在版心的左、右两侧分别拉出度量的参考线。

③使用"切片"工具，精确地框出版心的长度为 975px。

（2）书写首页版心居中效果的代码，浏览器效果如图 8-35 所示。

图 8-35　首页版心居中浏览效果图

【说明】　以上效果，是在版心的位置给出了版心的高度和背景颜色值后浏览的效果图。height、backgrand color:red 是为了演示大盒子居中的效果（即临时的）。这种以色块表示空盒子的布局提示方法十分直观和形象，值得提倡和使用。当然，当盒子书写完相关内容后，需要将其去掉。

在这里，版心的长度指的整体大盒子"wrap"的长度。

其主要代码如下：

```
......
<style type="text/css">
    *{   margin: 0px;  padding: 0px;  }
    body{
        background-image: url(images/bodybg.png);
        background-repeat: repeat-x;
    }
    #wrap{
        width: 975px;
        margin: 0 auto;
        height: 100px;
        background-color: red;
    }
</style>
......
```

任务 8.1.2　北京大学网站首页头部的制作

北京大学网站首页头部的浏览效果如图 8-36 所示。

图 8-36　北京大学网站首页头部的浏览效果图

微课视频

北京大学网站首页
头部布局结构分析
和搭建

任务 8.1.2.1　北京大学网站首页头部布局结构分析

〖任务描述〗

北京大学网站首页头部布局结构分析。

〖任务实施〗

（1）首页头部盒子"top"分为 3 个盒子，分别是"logo""language"和"navbar"。

（2）由于<div>是块级元素，正常情况下，3 个盒子从上到下按顺序排列。而现在，要使 3 个盒子不从上到下按顺序排列，就必须使其进行浮动。其中，"logo"盒子进行左浮动，"language"和"navbar"盒子进行右浮动，如图 8-37 所示。

图 8-37　北京大学首页头部布局结构分析示意图

任务 8.1.2.2　北京大学网站首页头部布局结构搭建

〖任务描述〗

北京大学网站首页头部布局结构搭建完成的浏览器效果如图 8-38 所示。

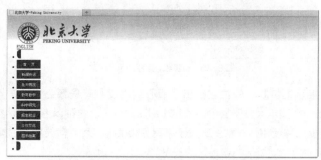

图 8-38　北京大学首页头部布局结构搭建完成浏览效果图

〖任务实施〗

（1）在首页头部盒子"top"中，书写 3 个盒子的<div>，其"id"的值分别是"logo""language"和"navbar"。

该部分代码如下：

```
……
<div id="wrap">
    <!--头部开始-->
    <div id="top">
        <div id="logo">

        </div>
        <div id="language">

        </div>
        <div id="navbar">

        </div>
    </div>
    <!--头部结束-->
……
```

（2）往不同的盒子中书写不同内容的标签。

① "logo"盒子中是一个图像：<img />标签。

② "language"盒子中是一个空链接：<a>标签。

③ "navbar"盒子中是一个无序列表：<ul>标签。

该部分代码如下：

```
……
<div id="wrap">
    <!--头部开始-->
    <div id="top">
        <div id="logo">
            <img src="images/logo.gif" />
        </div>
```

```
            <div id="language">
                <a href="#">ENGLISH</a>
            </div>
            <div id="navbar">
                <ul>
                    <li><img src="images/1_10.gif" /></li>
                    <li><img src="images/1-1-O.gif" /></li>
                    <li><img src="images/1-2-O.gif" /></li>
                    <li><img src="images/1-3-O.gif" /></li>
                    <li><img src="images/1-4-O.gif" /></li>
                    <li><img src="images/1-5-O.gif" /></li>
                    <li><img src="images/1-6-O.gif" /></li>
                    <li><img src="images/1-7-O.gif" /></li>
                    <li><img src="images/1-8-O.gif" /></li>
                    <li><img src="images/1_13.gif" /></li>
                </ul>
            </div>
        </div>
<!--头部结束-->
......
```

任务 8.1.2.3　北京大学网站首页头部样式的书写

〖任务描述〗

（1）盒子定位属性的书写。

（2）导航条样式的书写。

（3）将并列的右浮动的两个盒子竖直排列的书写。

（4）首页头部其他样式的书写，完成的效果如图 8-36 所示。

微课视频

北京大学网站首页
头部样式的书写

〖任务实施〗

（1）一定要先写 3 个盒子定位的属性，float 属性。所有的浮动属性写在<div>里面，注意：不要让<ul>去浮动，效果如图 8-39 所示。

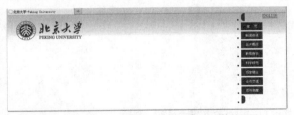

图 8-39　北京大学首页头部 3 个盒子定位浏览效果图

该部分代码如下：

```
......
<style type="text/css">
    *{   margin: 0px;  padding: 0px; }
    body{
        background-image: url(images/bodybg.png);
        background-repeat: repeat-x;
    }
    #wrap{
        width: 975px;
        margin: 0 auto;
    }
    #top #logo{
        float: left;
    }
    #top #language{
        float: right;
```

```
    }
    #top #navbar{
        float: right;
    }
</style>
......
```

【注意】 在书写样式的时候，建议使用"按图索骥"的选择器的写法，如：#top #logo {},#top #language{}; #top #navbar{}。

（2）导航条样式的书写。

①对<ul>书写样式：list-style:none; 控制先导小圆点消失。

②对<li>书写样式：float:left;将所有图像元素进行左浮动，使这些元素排列在一行上面。

浏览器效果如图 8-40 所示。

图 8-40　北京大学首页头部导航条样式浏览效果图

该部分代码如下：

```
......
<style type="text/css">
    *{   margin: 0px; padding: 0px;  }
    body{
        background-image: url(images/bodybg.png);
        background-repeat: repeat-x;
    }
    #wrap{
        width: 975px;
        margin: 0 auto;
    }
    #top #logo{
        float: left;
    }
    #top #language{
        float: right;
    }
    #top #navbar{
        float: right;
    }
    #top #navbar ul{
        list-style: none;     /*控制先导小圆点消失*/
    }
    #top #navbar li{
        float: left;
    }
</style>
......
```

（3）将并列的右浮动的两个盒子竖直排列的样式书写方法。

现在的情况是，"language"盒子和"navbar"盒子的内容并列了。想要让浮动的盒子能够竖直排列的解决办法是：给"language"盒子一个足够的宽度，如"width: 400px;"，这样，就撑大了该盒子，让"navbar"盒子不得不下移一行。效果如图 8-41 所示。

图 8-41　北京大学首页头部导航条竖直排列样式浏览效果图

该部分代码如下：

```
……
<style type="text/css">
    ……
    #top #language{
        float: right;
        width: 400px;    /*让浮动的盒子能够竖直排列，撑大了该盒子，让导航条不得不下移一行*/
    }
    ……
</style>
……
```

（4）首页头部其他样式的书写。

① "language" 盒子进行右对齐：text-align: right;。

② "language" 盒子上外边距的书写：padding-top: 35px;。

③ "language" 盒子伪类的书写：#top #language a:link,#top #language a:visited{}和#top #language a:hover{};。

④ "navbar" 盒子上边距的书写：margin-top: 10px;。

该部分代码样式代码如下：

```
<!DOCTYPE HTML PUBLIC "-//W3C//DTD HTML 4.01 Transitional//EN"
"http://www.w3.org/TR/html4/loose.dtd">
<html>
    <head>
        ……
        <style type="text/css">
            *{margin: 0px;  padding: 0px;  }
            body{
                background-image: url(images/bodybg.png);
                background-repeat: repeat-x;
            }
            #wrap{
                width: 975px;
                margin: 0 auto;
            }
            #top #logo{
                float: left;
            }
            #top #language{
                float: right;
                width: 400px;   /*让浮动的盒子竖直排列，撑大了该盒子，让导航条不得不下移一行*/
                text-align: right;
                padding-top: 35px;
            }
            #top #language a:link,#top #language a:visited{
                color: #002A5F;
                text-decoration: none;
                font-size: 12px;
            }
            #top #language a:hover{
                color: #BD1A1D;
            }
            #top #navbar{
                float: right;
                margin-top: 10px;
            }
            #top #navbar ul{
                list-style: none;    /*控制先导小圆点消失*/
            }
            #top #navbar li{
                float: left;
```

```
        }
    </style>
</head>
......
</html>
```

运行以上代码，浏览器效果如图 8-36 所示，至此，北京大学网站首页头部制作完成。

任务 8.1.3　北京大学网站首页中部的制作

北京大学网站首页中部的浏览效果如图 8-42 所示。

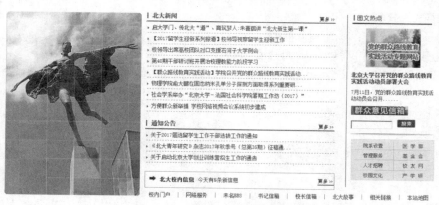

图 8-42　北京大学网站首页中部的浏览效果

任务 8.1.3.1　北京大学网站首页中部结构分析

〖任务描述〗

〖任务实施〗

（1）首页中部盒子"main"分为左、右两个较大的盒子，分别是"bigimg"和"maincontent"。右边盒子"maincontent"又分为 3 个小盒子，分别是"news""tuwenredian"和"xiaonav"。

（2）在 Fireworks 中进行盒子尺寸的测量，并标注尺寸。如图 8-43 所示。

图 8-43　北京大学首页中部布局结构分析示意图

任务 8.1.3.2　北京大学网站首页中部布局结构搭建

〖任务描述〗

1. 由布局结构分析示意图，先搭建<div>框架结构。

2. 然后给每个<div>写 width、height（必须都写），建议加上不同背景色，以示区别。效果如图 8-44 所示。

图 8-44　北京大学首页中部布局结构搭建完成浏览器效果

〖任务实施〗

（1）由布局结构分析示意图，先搭建<div>框架结构，建议使用缩进格式，同时要注意几个<div>的嵌套关系。该部分代码如下：

```
......
<!--头部结束-->
<div style="clear:both"></div>
<!--中部开始-->
<div id="main">
    <div id="bigimg"></div>
    <div id="maincontent">
        <div id="news"></div>
        <div id="tuwenredian"></div>
        <div id="xiaonav"></div>
    </div>
</div>
<!--中部结束-->
......
```

（2）然后给每个<div>写 width、height 样式（必须都写），建议加上不同背景色，以示区别。效果如图 8-45 所示。

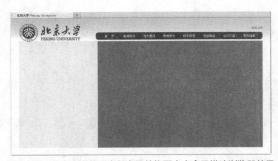

图 8-45　北京大学首页中部布局结构两个大盒子搭建浏览器效果

①给盒子"main"的<div>写 width、height 样式。

②给 2 个盒子"bigimg"和"maincontent"的<div>写 width、height 样式，加上不同背景色。

③对 2 个较大的盒子"bigimg"和"maincontent"进行左浮动。

该部分代码如下：

```
......
<style type="text/css">
......
    #main{
        width: 975px;
        height: 438px;
```

```
            background-color: red;
        }
    #main #bigimg{
            float: left;
            width: 315px;
            height: 438px;
            background-color: yellow;
        }
    #main #maincontent{
            float: left;
            width: 660px;
            height: 438px;
            background-color: green;
        }
</style>
......
```

④对较大的盒子"maincontent"进行细分。

"maincontent"中所有<div>左浮动。代码为#main #maincontent div{float: left; }，相当于将"maincontent"中的3个小盒子都进行了左浮动。

给3个小盒子"news""tuwenredian"和"xiaonav"的<div>写width、height样式，加上不同背景色。

⑤接着，将首页中部盒子"main"整个往下移动20像素。给"main"写样式：margin-top: 20px;。

该部分代码如下：

```
......
<style type="text/css">
    ......
    #main{
        width: 975px;
        height: 438px;
        background-color: red;
        margin-top: 20px;     /*中部内容整个往下移动20像素*/
    }
    #main #bigimg{
        float: left;
        width: 315px;
        height: 438px;
        background-color: yellow;
    }
    #main #maincontent{
        float: left;
        width: 660px;
        height: 438px;
        background-color: green;
    }
    #main #maincontent div{
        float: left;                      /*下面3个盒子都左浮动*/
    }
    #main #maincontent #news{
        width: 440px;
        height: 405px;
        background-color: pink;
    }
    #main #maincontent #tuwenredian{
        width: 220px;
        height: 405px;
        background-color: orange;
    }
    #main #maincontent #xiaonav{
        width: 660px;
        height: 33px;
        background-color: greenyellow;
    }
```

```
</style>
......
```

　　【注意】　在做类似这种较为"精密""咬合比较紧"的页面布局的时候，一定要先将盒子覆盖满布局，看背景颜色稳不稳。

　　运行以上代码，浏览器效果如图 8-44 所示，至此，北京大学网站首页中部布局结构搭建完成。

任务 8.1.3.3　北京大学网站首页中部样式的书写

〖任务描述〗

　　（1）首页中部左边"bigimg"盒子结构的搭建。

　　（2）首页中部中间部分"news"的结构分析与搭建。

　　（3）首页中部中间部分"news"上部样式的书写。

　　（4）首页中部中间部分"news"中部样式的书写。

　　（5）首页中部中间部分"news"下部盒子内容样式的书写。

　　（6）首页中部右边"tuwenredian"盒子结构搭建与样式的书写。

　　（7）首页中部右下边"xiaonav"盒子结构搭建与样式的书写。

微课视频

北京大学网站首页
中部样式的书写 1

〖任务实施〗

　　1．首页中部左边"bigimg"盒子结构的搭建

　　该部分代码如下：

```
......
<!--中部开始-->
<div id="main">
    <div id="bigimg">
        <img src="images/8.gif" />
    </div>
    <div id="maincontent">
        <div id="news"></div>
        <div id="tuwenredian"></div>
        <div id="xiaonav"></div>
    </div>
</div>
<!--中部结束-->
......
```

浏览器效果如图 8-46 所示。

图 8-46　首页中部左边"bigimg"盒子结构的搭建浏览器效果

　　2．首页中部中间部分"news"的结构分析与搭建

　　（1）中间部分"news"分为上中下 3 个部分："beidaxinwen""tongzhigonggao""xiaoneixinxi"。

　　（2）"beidaxinwen"盒子为标题部分<h3></h3>和无序列表部分<ul></ul>。

　　（3）<h3></h3>部分只包含"北大新闻"图像（3_09.gif）和"更多>>"图像（3_10.jpg）。

（4）<ul></ul>部分包含 8 个<li>，都有链接并且前面有一个"先导小三角"图像（3_19.jpg）。
浏览器效果如图 8-47 所示。

图 8-47 首页中部中间部分"news"的结构分析与搭建浏览器效果

该部分代码如下：

```
……
<!--中部开始-->
<div id="main">
    <div id="bigimg">
        <img src="images/8.gif" />
    </div>
    <div id="maincontent">
        <div id="news">
            <div id="beidaxinwen">
                <h3>
                    <img src="images/3_09.gif" /><img src="images/3_10.jpg" />
                </h3>
                <ul>
                    <li>
                        <img src="images/3_19.jpg" />
                        <a href="#">启大学门、传北大"道"、育筑梦人:朱善璐讲"北大新生第一课"</a>
                    </li>
                    <li>
                        <img src="images/3_19.jpg" />
                        <a href="#">【2017留学生迎新系列报道】校领导视察留学生迎新工作</a>
                    </li>
                    <li>
                        <img src="images/3_19.jpg" />
                        <a href="#">校领导出席高校团队对口支援石河子大学例会</a>
                    </li>
                    <li>
                        <img src="images/3_19.jpg" />
                        <a href="#">第 40 期干部研讨班开展治校理教能力阶段学习</a>
                    </li>
                    <li>
                        <img src="images/3_19.jpg" />
                        <a href="#">【群众路线教育实践活动】学院召开党的群众路线教育实践活动...</a>
                    </li>
                    <li>
                        <img src="images/3_19.jpg" />
                        <a href="#">物理学院俞大鹏在固态纳米孔单分子探测方面取得系列重要研...</a>
                    </li>
                    <li>
                        <img src="images/3_19.jpg" />
                        <a href="#">社会学系举办"北京大学——法国社会科学院暑期工作坊（2017）"</a>
                    </li>
                    <li>
                        <img src="images/3_19.jpg" />
                        <a href="#">方便群众新举措 学校网络视频会议系统初步建成</a>
                    </li>
                </ul>
```

```
            </div>
            <div id="tongzhigonggao">
            </div>
            <div id="xiaoneixinxi">
            </div>
        </div>
        <div id="tuwenredian"></div>
        <div id="xiaonav"></div>
    </div>
</div>
<!--中部结束-->
......
```

3. 首页中部中间部分 "news" 上部样式的书写

（1）<ul></ul>去掉前导圆点：list-style: none;。

设置字号：font-size: 12px;。

设置行高：line-height: 25px;。

（2）<li></li>设置灰色的、虚线下画线：border-bottom:1px dashed #888888;。

（3）设置与 "English" 一样的伪类：

#main #maincontent #news #beidaxinwen a:link{}

#main #maincontent #news #beidaxinwen a:visited{}

#main #maincontent #news #beidaxinwen a:hover{}

浏览器效果如图 8-48 所示。

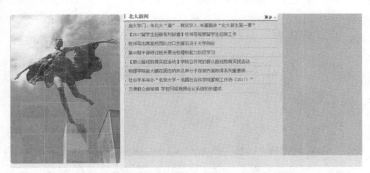

图 8-48　首页中部中间部分 "news" 上部样式浏览器效果

该部分样式代码如下：

```
......
<style type="text/css">
     ......
    #main #maincontent #news #beidaxinwen ul{
        list-style: none;
        font-size: 12px;
        line-height: 25px;
    }
    #main #maincontent #news #beidaxinwen ul li{
        border-bottom:1px dashed #888888;
    }
    #main #maincontent #news #beidaxinwen a:link,#main #maincontent #news #beidaxinwen a:visited{
        color: #002A5F;
        text-decoration: none;
        font-size: 12px;
    }
    #main #maincontent #news #beidaxinwen a:hover{
        color: #BD1A1D;
```

```
        }
</style>
……
```

【注意】 以上伪类，即相关的相同样式完全可以写成公共样式。a:link{};a:visited{};a:hover{}

4. 首页中部中间部分"news"中部结构搭建与样式的书写

浏览器效果如图8-49所示。

微课视频

北京大学网站首页
中部样式的书写2

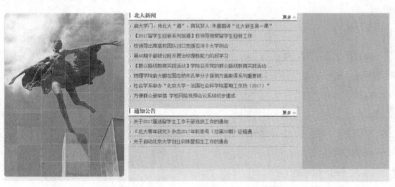

图8-49 首页中部中间部分"news"中部结构搭建与样式浏览器效果

（1）复制"beidaxinwen"布局和样式的内容，对<div id="tongzhigonggao">进行布局（删除多余的条目，同时修改文本和img文件）和样式的书写（样式相同）。

（2）将<div id="tongzhigonggao">盒子下移20px。

该部分结构代码如下：

```
……
<!--中部开始-->
<div id="main">
    ……
    <div id="maincontent">
        <div id="news">
            <div id="tongzhigonggao">
                <h3>
                    <img src="images/3_25.gif" /><img src="images/3_10.jpg" />
                </h3>
                <ul>
                    <li>
                        <img src="images/3_19.jpg" />
                        <a href="#"> 关于 2017 届留学生工作干部选拔工作的通知</a>
                    </li>
                    <li>
                        <img src="images/3_19.jpg" />
                        <a href="#">《北大青年研究》杂志 2017 年秋季号（总第 35 期）征稿通...</a>
                    </li>
                    <li>
                        <img src="images/3_19.jpg" />
                        <a href="#">关于启动北京大学创业训练营招生工作的通告</a>
                    </li>
                </ul>
            </div>
            <div id="xiaoneixinxi">
            </div>
        </div>
        <div id="tuwenredian"></div>
        <div id="xiaonav"></div>
    </div>
</div>
<!--中部结束-->
……
```

该部分样式代码如下：

```
……
<style type="text/css">
    ……
    #main #maincontent #news #tongzhigonggao{
        margin-top: 20px;          /* "tongzhigonggao"盒子下移20px*/
    }
    #main #maincontent #news #tongzhigonggao ul{
        list-style: none;
        font-size: 12px;
        line-height: 25px;
    }
    #main #maincontent #news #tongzhigonggao ul li{
        border-bottom:1px dashed #888888;
    }
    #main #maincontent #news #tongzhigonggao a:link,#main #maincontent #news #tongzhigonggao a:visited{
        color: #002A5F;
        text-decoration: none;
        font-size: 12px;
    }
    #main #maincontent #news #tongzhigonggao a:hover{
        color: #BD1A1D;
    }
</style>
……
```

5. 首页中部中间部分 "news" 下部内容 "xiaoneixinxi" 盒子样式的书写

（1）对<div id="xiaoneixinxi"></div>进行制作。

"xiaoneixinxi" 的内容就是一个盒子模型。

在 Fireworks 中，利用辅助线和切片工具测量盒子的高、宽，利用"滴管"工具吸取边框的颜色值。浏览器效果如图 8-50 所示。

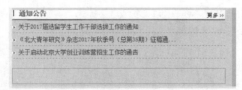

图 8-50　首页中部中间部分 "news" 下部盒子浏览器效果

该部分样式代码如下：

```
……
<style type="text/css">
    ……
    #main #maincontent #news #xiaoneixinxi{
        border: 1px solid #888888;
        width: 425px;
        height: 30px;
        margin-top: 20px;
    }
</style>
……
```

（2）"xiaoneixinxi" 盒子内部内容的制作。

"xiaoneixinxi" 盒子内部内部的内容，分为 4 个<span>（行内元素）。

```
……
<!--中部开始-->
<div id="main">
    <div id="bigimg">
```

```
            <img src="images/8.gif" />
    </div>
    <div id="maincontent">
        <div id="news">
......
            <div id="xiaoneixinxi">
                <span><img src="images/3_33.gif" /></span>
                <span id="bdxnxx">北大校内信息</span>
                <span id="xxx"><a href="#">今天有<b>5</b>条新信息</a></span>
                <span id="gengduo"><img src="images/3_10.jpg" /></span>
            </div>
        </div>
        <div id="tuwenredian"></div>
        <div id="xiaonav"></div>
    </div>
</div>
<!--中部结束-->
......
```

浏览器效果如图 8-51 所示。

➡ 北大校内信息 今天有5条新信息 更多 »

图 8-51　首页中部中间部分"news"下部盒子内容结构搭建浏览器效果

【注意】　<span>一般对作为"小物件"的盒子使用。

原则上，<span>中不再套用<span>。故使用被废弃的标签<b>，作为"钩子"使用。

（3）"xiaoneixinxi"盒子内部样式的书写。

①对"gengduo"进行右浮动；

②对"bdxnxx"设置字号、字体颜色、加粗样式；

③对"xxx"设置字号、字体颜色；

④对"xiaoneixinxi"中的<a></a>标签写伪类；

⑤对"xxx"中的<b></b>设置字体颜色。

该部分样式代码如下：

```
......
<style type="text/css">
    ......
    #main #maincontent #news #xiaoneixinxi #gengduo{
        float: right;          /**行内元素，进行了浮动**/
    }
    #main #maincontent #news #xiaoneixinxi #bdxnxx{
        font-size: 12px;
        color: #002A5F;
        font-weight: bold;
    }
    #main #maincontent #news #xiaoneixinxi #xxx{
        font-size: 12px;
        color: #002A5F;
    }
    #main #maincontent #news #xiaoneixinxi a:link,#main #maincontent #news #xiaoneixinxi a:visited{
        color: #002A5F;
        text-decoration: none;
        font-size: 12px;
    }
    #main #maincontent #news #xiaoneixinxi a:hover{
        color: #BD1A1D;
    }
    #main #maincontent #news #xiaoneixinxi #xxx b{
        color: red;
```

```
    }
</style>
......
```

浏览器效果如图 8-52 的所示。

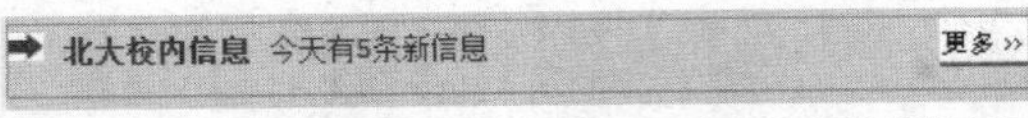

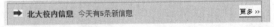

图 8-52　首页中部中间部分“news”下部盒子内容样式浏览器效果

（4）“xiaoneixinxi”盒子内部样式细节的书写。

将盒子内部“箭头”内容右移 10 像素：padding-left: 10px;。

这时，“xiaoneixinxi”盒子在水平方向被撑大了 10px，为使该盒子保持原来尺寸，该盒子的宽度 width 必须要减少 10px。

该部分样式代码如下：

```
......
<style type="text/css">
    #main #maincontent #news #xiaoneixinxi{
        border: 1px solid #888888;
        width: 415px;              /**在 425px 的基础上减了 10px**/
        height: 30px;
        margin-top: 20px;
        padding-left: 10px;        /**增加了 10px**/
        padding-top: 7px;
    }
</style>
......
```

浏览器效果如图 8-53 所示。

图 8-53　首页中部中间部分“news”下部盒子内容样式细节浏览器效果

微课视频

北京大学网站首页中部样式的书写 3

6. 首页中部右边“tuwenredian”盒子结构搭建与样式的书写

（1）首页中部右边“tuwenredian”盒子左侧灰色竖线的制作。

在 Fireworks 中测量“tuwenredian”盒子左外边距的尺寸：margin-left: 12px; 盒子左侧灰色竖线的宽度：1px。如图 8-54 所示。

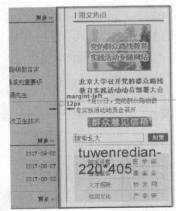

图 8-54　首页中部右边“tuwenredian”盒子及左侧竖线测量示意图

该部分样式代码如下：

```
……
<style type="text/css">
    ……
    #main #maincontent #tuwenredian{
        width: 207px;                      /**在 220px 的基础上，减了 12px 后，再减 1px**/
            height: 400px;                 /**从 405px 改为 400px，将盒子高度收缩 5px**/
            background-color: orange;
            margin-left: 12px;             /**盒子左外边距**/
            border-left: 1px solid #2b2b2b;    /**绘制盒子左边竖线**/
    }
</style>
……
```

（2）首页中部右边"tuwenredian"盒子内容的结构搭建。效果如图 8-55 所示。

图 8-55 首页中部右边"tuwenredian"盒子内容结构搭建浏览器效果

该部分结构代码如下：

```
……
<div id="tuwenredian">
    <h3><img src="images/3_12.gif" /></h3>
    <p id="dang"><img src="images/dang.jpg" /></p>
    <p id="biaoti"><a href="#">北京大学召开党的群众路线教育实践活动动员部署大会</a></p>
    <p><a href="#">7 月 11 日，党的群众路线教育实践活动动员会召开……</a></p>
    <p><img src="images/qun.jpg" /></p>
    <p><input id="wenbenkuang" type="text" /><img id="anniu" src="images/anniu.gif" /></p>
    <p><img src="images/3_27.gif" /></p>
</div>
……
```

（3）首页中部右边"tuwenredian"盒子内容样式的书写。

①对"tuwenredian"中所有的<p>进行内、外边距的设置；

②对"tuwenredian"中的<a></a>标签写伪类；

③设置"wenbenkuang"的宽度：width: 90px;

④设置"anniu"中的左边距及"点击（手型）"属性：cursor: pointer。

该部分样式代码如下：

```
……
<style type="text/css">
    ……
    #main #maincontent #tuwenredian p{
        margin-top: 10px;
        padding-left: 10px;
        padding-right: 10px;
```

```
  }
#main #maincontent #tuwenredian a:link, #main #maincontent #tuwenredian a:visited{
  color: #002A5F;
  text-decoration: none;
  font-size: 12px;
}
#main #maincontent #tuwenredian a:hover{
  color: #BD1A1D;
}
#main #maincontent #tuwenredian h3{
  padding-left: 10px;
}
#main #maincontent #tuwenredian #dang{
  text-align: center;
}
#main #maincontent #tuwenredian #biaoti{
 font-size: 14px;
 font-weight: bold;
}
#main #maincontent #tuwenredian #wenbenkuang{
 width: 90px;
}
#main #maincontent #tuwenredian #anniu{
 padding-left: 10px;
 cursor: pointer;
 }
</style>
......
```

浏览器效果如图 8-56 所示。

图 8-56　首页中部右边"tuwenredian"盒子样式浏览器效果

微课视频

北京大学网站首页
中部样式的书写 4

（4）首页中部右边"tuwenredian"盒子热区链接内容的制作。

①将图片 3_30.gif 拖入到 Fireworks 中，利用"矩形热点"工具在图中分别绘制出 8 个区域。如图 8-57 所示。

②用"指针"工具（俗称"小黑"）选中相应的热区，并输入相应的链接网址。如：http://www.taobao.com/。如图 8-58 所示。

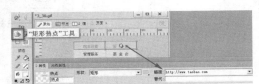

图 8-57　"3_30.gif"示意图　　　　　图 8-58　首页中部右边"tuwenredian"盒子热区链接创建方法 01

③接着，【文件】→【导出】，导出 3_30.htm 文件，并替换 3_30.gif 文件。如图 8-59、图 8-60 所示。

图 8-59　首页中部右边"tuwenredian"盒子热区链接创建方法 02　　图 8-60　首页中部右边"tuwenredian"盒子热区链接创建方法 03

④得到如图 8-61 所示的两个文件（在 images 文件夹中）。

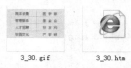

3_30.gif　　3_30.htm

图 8-61　首页中部右边"tuwenredian"盒子热区链接创建方法 04

⑤在编辑器中，打开 3_30.htm 文件，代码如下：

```
<!DOCTYPE html PUBLIC "-//W3C//DTD XHTML 1.0 Transitional//EN"
"http://www.w3.org/TR/xhtml1/DTD/xhtml1-transitional.dtd">
<!-- saved from url=(0014)about:internet -->
<html xmlns="http://www.w3.org/1999/xhtml">
<head>
    <title>3_30</title>
    <meta http-equiv="Content-Type" content="text/html; charset=utf-8" />
    <!--Fireworks CS6 Dreamweaver CS6 target.  Created Wed Aug 12 16:40:11 GMT+0800 2015-->
</head>
<body bgcolor="#ffffff">
    <img name="n3_30" src="3_30.gif" width="188" height="96" id="n3_30" usemap="#m_3_30" alt="" />
    <map name="m_3_30" id="m_3_30">
    <area shape="rect" coords="94,0,188,24" href="http://www.taobao.com" alt="" />
    <area shape="rect" coords="0,0,94,24" href="http://www.baidu.com" alt="" />
    </map>
</body>
</html>
```

⑥将以上红色部分的内容直接复制到"tuwenredian"盒子下的下一个<p>标签中，并正确书写 3_30.gif 文件的存放路径，即：src="images/3_30.gif"。浏览器效果如图 8-62 所示。

图 8-62　首页中部右边"tuwenredian"盒子热区链接浏览器效果

该部分代码如下：

```
……
<div id="tuwenredian">
    <h3><img src="images/3_12.gif" /></h3>
    <p id="dang"><img src="images/dang.jpg" /></p>
    <p id="biaoti"><a href="#">北京大学召开党的群众路线教育实践活动动员部署大会</a></p>
    <p><a href="#">7 月 11 日，党的群众路线教育实践活动动员会召开……</a></p>
    <p><img src="images/qun.jpg" /></p>
    <p><input id="wenbenkuang" type="text" /><img id="anniu" src="images/anniu.gif" /></p>
    <p><img src="images/3_27.gif" /></p>
    <p>
        <img name="n3_30" src="images/3_30.gif" width="188" height="96" id="n3_30" usemap="#m_3_30" alt="" />
        <map name="m_3_30" id="m_3_30">
            <area shape="rect" coords="94,0,188,24" href="http://www.taobao.com" alt="" />
            <area shape="rect" coords="0,0,94,24" href="http://www.baidu.com" alt="" />
        </map>
    </p>
</div>
……
```

7．首页中部右下边"xiaonav"盒子结构搭建与样式的书写

（1）小导航条"xiaonav"盒子的结构搭建。

使用<ul>列表方式，同时，在各链接后面加上"竖条"型文字，并放置在<span>标签中。浏览器效果如图 8-63 所示。

微课视频

北京大学网站首页
中部样式的书写 5

图 8-63　首页中部右下边"xiaonav"盒子结构搭建浏览器效果

该部分结构代码如下：

```
……
<div id="xiaonav">
    <ul>
        <li><a href="#">校内门户</a><span>|</span></li>
        <li><a href="#">网络服务</a><span>|</span></li>
        <li><a href="#">未名 BBS</a><span>|</span></li>
        <li><a href="#">书记信箱</a><span>|</span></li>
        <li><a href="#">校长信箱</a><span>|</span></li>
        <li><a href="#">北大故事</a><span>|</span></li>
        <li><a href="#">相关链接</a><span>|</span></li>
        <li><a href="#">本站地图</a></li>
    </ul>
</div>
……
```

（2）小导航条"xiaonav"盒子样式的书写。

①对"xiaonav"中的<ul>去前导圆点、下画线；

②对"xiaonav"中<ul>的所有<li>标签进行左浮动设置；

③对"xiaonav"中的<a></a>标签写伪类；

④设置"xiaonav"中<span>标签"竖条"型文字的大小及左、右边距。

该部分样式代码如下：

```
......
<style type="text/css">
    ......
    #main #maincontent #xiaonav ul{
      list-style: none;
      text-decoration: none;
      margin-top: 7px;
      padding-left: 10px;
    }
    #main #maincontent #xiaonav li{
      float: left;
    }
    #main #maincontent #xiaonav a:link,#main #maincontent #xiaonav a:visited{
    color: #002A5F;
      text-decoration: none;
      font-size: 12px;
    }
    #main #maincontent #xiaonav a:hover{
      color: #BD1A1D;
    }
    #main #maincontent #xiaonav span{
      padding-left: 15px;
      padding-right: 15px;
      font-size: 12px;
    }
</style>
......
```

浏览器效果如图 8-64 所示。

| 校内门户 | 网络服务 | 未名BBS | 书记信箱 | 校长信箱 | 北大故事 | 相关链接 | 本站地图 |

图 8-64　首页中部右下边"xiaonav"盒子样式浏览器效果

微课视频

北京大学网站首页
尾部的制作

任务 8.1.4　北京大学网站首页尾部的制作

〖任务描述〗

（1）搭建首页尾部的结构。

（2）书写首页尾部的样式。

浏览器效果如图 8-65 所示。

版权所有©北京大学　|　地址：北京市海淀区颐和园路5号　|　邮编：100871　|　邮箱：tangzhihua@163.com　|　门户网站意见征集　|　京公网安备 110402430047 号

图 8-65　北京大学网站首页尾部浏览效果图

〖任务实施〗

1. 搭建首页尾部的结构

（1）邮箱链接：<a href="mailto:1227759997@qq.com">tangzhihua@163.com</a>。

（2）空格： 。

该部分结构代码如下：

```
......
<!--尾部开始-->
<div id="footer">
    版权所有©北京大学  |  地址：北京市海淀区颐和园路 5 号  |  邮
编：100871  |  邮 箱： <a href="mailto:1227759997@qq.com"> tangzhihua@163.com
</a>  |  门户网站意见征集  |  京公网安备  110402430047&
nbsp;号
</div>
<!--尾部结束-->
......
```

浏览器效果如图 8-66 所示。

版权所有◦北京大学　|　地址：北京市海淀区颐和园路5号　|　邮编：100871　|　邮箱：tangzhihua@163.com　|　门户网站意见征集　|　京公网安备 110402430047 号

图 8-66　北京大学网站首页尾部结构搭建浏览效果图

2. 书写首页尾部的样式

（1）设置首页尾部背景色、字体大小、字体颜色等样式；

（2）对"footer"中的<a></a>标签写伪类。

该部分样式代码如下：

```
……
<style type="text/css">
    ……
    #footer{
        background-color: #002A5F;
        color: white;
        font-size: 12px;
        line-height: 30px;
        margin-top: 20px;
        text-align: center;
    }
    #footer a:link,a:visited,a:hover{
        color: white;
        text-decoration: none;
    }
</style>
……
```

浏览器效果如图 8-67 所示。

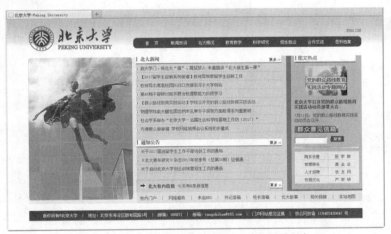

图 8-67　北京大学网站首页浏览效果图（含背景色块）

至此，北京大学网站首页效果制作完成。北京大学网站首页浏览器效果如图 8-67 所示（含背景色块）。当然，最后要去掉背景色块。

【拓展训练】

任务 8.2　绿色食品网站首页的设计与制作

本单元"拓展训练"的任务卡如表 8.3 所示。

表 8.3　单元 8 "拓展训练" 任务卡

任务编号	8.2	任务名称	绿色食品网站首页的设计与制作
网页主题	绿色食品		计划工时	
拓展训练 任务描述	（1）设计首页的主体布局结构和局部布局结构 （2）设计与制作包含导航栏的网页 （3）制作首页 index.html （4）设计与制作用户登录表单、展示图片与播放视频区块 （5）在首页 index.html 中插入 SWF 动画		

本单元 "拓展训练" 的任务跟踪卡如表 8.4 所示。

表 8.4　单元 8 "拓展训练" 任务跟踪卡

任务编号	开始时间	完成时间	计划工时	实际工时	当前状态

本单元 "拓展训练" 网页 index.html 的浏览效果如图 1-34 所示。

【单元小结】

本单元综合运用了多方面的知识和技能设计与制作网站的首页，详细介绍了该网页的主体布局结构和局部布局结构的设计过程。本单元运用了 DIV+CSS 布局网页，该网页中包含了多种网页元素——文字、图像、导航栏、表单、视频、SWF 动画、链接及热区链接，也展示了这些网页元素的综合运用效果。

9 Project

单元 9
网站列表页的设计与制作

【教学导航】

教学目标	（1）能养成分析页面布局结构的习惯 （2）能使用背景色标示盒子的结构 （3）能应用 CSS 样式设计网站列表页的主体布局结构 （4）能应用 CSS 样式设计网站列表页的局部布局结构 （5）能设计与制作导航栏
本单元重点	（1）应用 CSS 样式设计网页的布局结构 （2）设计与制作导航栏
本单元难点	（1）应用 CSS 样式设计网页的布局结构 （2）设计与制作导航栏
教学方法	任务驱动法、分组讨论法

【操作准备】

创建所需的文件夹，复制所需的资源到桌面上。即：在本地硬盘（例如 D 盘）中创建一个文件夹"网页设计与制作练习 Unit09"，然后将光盘中的"start"文件夹中"Unit09"文件夹中的"Unit09 课程资源"文件夹所有内容复制到桌面上。

【模仿训练】

任务 9.1　北京大学网站列表页的设计与制作

本单元"模仿训练"的任务卡如表 9.1 所示。

表 9.1　单元 9"模仿训练"任务卡

任务编号	9.1	任务名称	北京大学网站列表页的设计与制作
网页主题	北京大学	计划工时	
网页制作 任务描述	（1）设计列表页的主体布局结构和局部布局结构 （2）设计与制作包含导航栏的网页 （3）制作列表页 list.html。 （4）在列表页 list.html 中插入 SWF 动画		
网页布局 结构分析	使用 DIV 标签+CSS 样式布局列表页，列表页整体为上、中、下结构		

续表

网页色彩 搭配分析	网页中文字的颜色：#2b2b2b。 网页中背景颜色：渐变背景
网页组成 元素分析	主要包括文字、图像、SWF 动画、视频、顶部二级导航栏、底部导航栏、表单、各种特效等网页元素
任务实现 流程分析	创建本地站点"单元 09"→分析、设计列表页的主体布局结构→分析、设计列表页的局部布局结构→创建网页文档"list.html"→设计与制作网站列表页的头部区域→设计与制作网站列表页的中部区域→设计与制作网站列表页的尾部区域

本单元"模仿训练"的任务跟踪卡如表 9.2 所示。

表 9.2 单元 9"模仿训练"任务跟踪卡

任务编号	开始时间	完成时间	计划工时	实际工时	当前状态

本单元"模仿训练"网页 list.html 的浏览效果如图 9-1 所示。

任务 9.1.1 北京大学网站列表页整体页面结构的制作

任务 9.1.1.1 建立北京大学站点的目录结构

〖任务描述〗

（1）创建所需的文件夹。

（2）在文件夹中创建"images"子文件夹。

（3）将所需的图像资源复制到"images"文件夹中。

（4）将"网页骨架.html"文档拖曳到该文件夹中。

〖任务实施〗

（1）建立文件夹"bjdx"。

（2）建立子文件夹"images"。

（3）将所需的图片资源复制到"images"文件夹中。

（4）将"网页骨架.html"文档拖曳到"bjdx"文件夹中。

任务 9.1.1.2 创建与保存列表页文档 list.html

〖任务描述〗

修改文件名，编辑<title>标签中的内容，保存文档。效果如图 9-2 所示。

图 9-1 北京大学网站列表页整体截图

微课视频

北京大学网站列表页整体页面结构的制作

图 9-2 北京大学网站站点目录结构

〖任务实施〗

（1）修改"网页骨架.html"文档名为"list.html"。

（2）双击"编辑器（Sublime Text）"图标，打开编辑器。将文件夹中的"list.html"拖曳到编辑器的编辑窗口中，关闭其他网页文档。使"list.html"成为当前文件。将<title>标签中的内容"网页骨架"修改为"北京大学-Peking University"。

（3）保存网页文档。执行菜单命令【文件】→【保存】。关闭"编辑器（Sublime Text）"。

代码如下：

```
<!DOCTYPE html PUBLIC "-//W3C//DTD XHTML 1.0 Transitional//EN"
"http://www.w3.org/TR/xhtml1/DTD/xhtml1-transitional.dtd">
<html>
    <head>
        ……
        <title>北京大学-Peking University</title>
        <style type="text/css">

        </style>
    </head>
    <body>

    </body>
</html>
```

任务 9.1.1.3　北京大学网站列表页整体页面结构分析

〖任务描述〗

（1）分析整体页面结构，确定分为哪些大块的部分。

（2）分别将这些部分以不同的色块表示。

（3）分别标记上适合的 HTML 标签，搭建整体的代码结构。

〖任务实施〗

（1）分析整体页面结构，如图9-3所示。

图9-3　北京大学网站列表页整体页面结构分析

①页面布局分析：页面自然布局。从整体看，整个页面分为 top、xiaonav、navbar、main 和 footer 5个大盒子，并且这 5 个盒子都是在标准流中的。

②页面组成元素分析：主要包括标题文本、正文文本、图像、空格和换行符等网页元素。

（2）分别将各部分以不同的色块表示。

（3）分别标记上适合的 HTML 标签，搭建整体的代码结构。

①由于页面所有元素都居中，所以整个页面势必要在一个整体的大盒子之中。首先，为页面做一个整体的大盒子，取名为"wrap"（业内的普遍做法）。即：整体的大盒子 wrap 包含 5 个大盒子 top、xiaonav、navbar、main 和 footer。

②使用 div 标签表示各个大盒子，这 5 个盒子都是在标准流中的，且在整体的大盒子"wrap"中。在代码编写的过程中，要注意其缩进格式。

③在每个大盒子上、下插入代码，如：<!--头部开始-->和<!--头部结束-->，对代码进行注释。在每个大盒子之间插入代码：<div style="clear:both"></div>，是为了避免"浮动隔行影响"现象，它是一个空的在标准流中的<div>。

北京大学网站列表页整体结构代码搭建如下所示：

```
......
    <body>
        <div id="wrap">
            <!--头部开始-->
            <div id="top">

            </div>
            <!--头部结束-->
            <div style="clear:both"></div>
            <!--中部"xiaonav"开始-->
            <div id="xiaonav">

            </div>
            <!--中部"xiaonav"结束-->
            <div style="clear:both"></div>
            <!--中部"navbar"开始-->
            <div id="navbar">

            </div>
            <!--中部"navbar"结束-->
            <div style="clear:both"></div>
            <!--中部"main"开始-->
            <div id="main">

            </div>
            <!--中部"main"结束-->
            <div style="clear:both"></div>
            <!--尾部开始-->
            <div id="footer">

            </div>
            <!--尾部结束-->
        </div>
    </body>
......
```

任务 9.1.1.4　北京大学网站列表页渐变背景的制作

〖任务描述〗

书写北京大学网站列表页渐变背景的浏览器效果如图 9-4 所示。

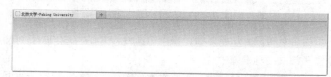

图 9-4　北京大学网站列表页渐变背景浏览效果图

〖任务实施〗

（1）首先，直接书写*{ margin: 0; padding: 0; }样式，以去掉所有的内边距和外边距，即初始化的操作。

（2）渐变背景充满在整个窗体中，所以，需要在<body>标签中书写样式。

其主要代码如下：

```
……
<style type="text/css">
    *{   margin: 0px;  padding: 0px;  }
    body{
        background-image: url(images/bodybg.png);
        background-repeat: repeat-x;
    }
</style>
……
```

任务 9.1.1.5　北京大学网站列表页版心居中效果的制作

〖任务描述〗

（1）在 Fireworks 中测量列表页版心的长度，如图 9-5 所示。

（2）书写列表页版心居中效果的代码。

图 9-5　在 Fireworks 中测量列表页版心长度的方法

〖任务实施〗

1. 在 Fireworks 中测量列表页版心的长度

（1）将"北京大学列表页整体截图"拖曳到 Fireworks 中。

（2）在版心的左、右两侧分别拉出度量的参考线。

（3）使用"切片"工具，精确地框出版心的长度为 840px。

2. 书写列表页版心居中效果的代码

浏览器效果如图 9-6 所示。

图 9-6　列表页版心居中浏览效果图

【说明】　以上效果，是在版心的位置给出了版心的高度和背景颜色值后的浏览效果图。height、backgrand-color:red 是为了演示大盒子居中的效果（即临时的）。这种以色块表示空盒子的布局提示方法十分直观和形象，值得提倡和使用。当然，当盒书写完相关内容后，需要将其去掉。

在这里，版心的长度指的整体大盒子"wrap"的长度。

其主要代码如下：

```
……
<style type="text/css">
    *{   margin: 0px;  padding: 0px;  }
```

```
    body{
        background-image: url(images/bodybg.png);
        background-repeat: repeat-x;
    }
    #wrap{
        width: 840px;
        margin:0 auto;
        height: 100px;
        background: red;
    }
</style>
......
```

任务 9.1.2　北京大学网站列表页头部的制作

北京大学网站列表页头部的浏览效果如图 9-7 所示。

图 9-7　北京大学网站列表页头部的浏览效果图

微课视频

北京大学网站列表
页头部的制作

任务 9.1.2.1　北京大学网站列表页头部布局结构分析

〖任务描述〗

北京大学网站列表页头部布局结构分析如图 9-8 所示。

〖任务实施〗

（1）列表页头部盒子"top"分为 2 个盒子，分别是"logo"和"sousuo"。同时，"sousuo"盒子又包括 3 个小盒子，分别是"xiala""shuru"和"anniu"。

（2）由于<div>是块级元素，正常情况下，2 个盒子从上到下按顺序排列。而现在，要使 2 个盒子不按从上到下按顺序排列，就必须使其进行浮动。其中，"logo"盒子进行左浮动，"sousuo"盒子进行右浮动。3 个小盒子"xiala""shuru"和"anniu"一起进行左浮动。

图 9-8　北京大学列表页头部布局结构分析示意图

任务 9.1.2.2　北京大学网站列表页头部布局结构搭建

〖任务描述〗

北京大学网站列表页头部布局结构搭建完成的浏览器效果如图 9-9 所示。

图 9-9　北京大学网站列表页头部布局结构搭建浏览效果图

〖任务实施〗

（1）在列表页头部盒子"top"中，书写 2 个大盒子的<div>，其"id"的值分别是"logo"和"sousuo"。同时，"sousuo"盒子又包括 3 个小盒子，其"id"的值分别是"xiala""shuru"和"anniu"。

该部分代码如下：

```
......
<!--头部开始-->
<div id="top">
    <div id="logo">
    </div>
    <div id="sousuo">
        <div id="xiala">
        </div>
        <div id="shuru">
        </div>
        <div id="anniu">
        </div>
    </div>
</div>
<!--头部结束-->
......
```

（2）往不同的盒子中书写不同内容的标签。

① "logo"盒子中是一个图像<img />标签，"sousuo"盒子中包括3个小盒子<div>标签。

②小盒子"xiala"中是一个<select>标签。

③小盒子"xiala"中是一个<input>标签。

④小盒子"anniu"中是一个图像<img />标签。

该部分代码如下：

```
......
<!--头部开始-->
<div id="top">
    <div id="logo">
        <img src="images/logo.gif">
    </div>
    <div id="sousuo">
        <div id="xiala">
            <select>
                <option>搜索北大</option>
            </select>
        </div>
        <div id="shuru">
            <input type="text" value="请输入关键字" />
        </div>
        <div id="anniu">
            <img src="images/anniu.gif">
        </div>
    </div>
</div>
<!--头部结束-->
......
```

任务 9.1.2.3 北京大学网站列表页头部样式的书写

〖任务描述〗

（1）盒子定位的属性的书写。

（2）列表页头部其他样式的书写。列表页头部样式的书写完成后，浏览器效果如图9-7所示。

〖任务实施〗

（1）先写2个大盒子"logo"和"sousuo"的定位属性。盒子"logo"左浮动，盒子"sousuo"右浮动。注意：所有的浮动属性应写在<div>里面，不要让<ul>去浮动。

（2）"sousuo"大盒子中3个小盒子<div>标签的定位的属性：float:left;。

（3）列表页头部其他样式的书写。

设置"anniu""点击（手型）"属性：cursor: pointer;。

（4）对"sousuo"盒子设置上内边距（padding-top）和右内边距（padding-right）。

（5）对"sousuo"盒子中的 3 个小盒子设置左外边距（margin-left）。

该部分代码如下：

```
<style type="text/css">
    ......
    #wrap{
        width: 840px;
        margin:0 auto;
        height: 100px;
        background: red;
    }
    #top #logo{
        float: left;
    }
    #top #sousuo{
        float: right;
        padding-top: 54px;
        padding-right: 10px;
    }
    #top #sousuo div{
        float: left;          /**3 个小盒子<div>标签的定位**/
        margin-left: 5px;
    }
    #top #sousuo #anniu{
        cursor: pointer;
    }
</style>
......
```

浏览器效果如图 9-10 所示（含版心色块）。

图 9-10　北京大学网站列表页头部的浏览效果图（含版心色块）

接着，在样式代码中将红色色块和高度值去掉，浏览器效果如图 9-7 所示。

至此，列表页头部制作完成。

任务 9.1.3　北京大学网站列表页中部（xiaonav）的制作

〖任务描述〗

浏览器效果如图 9-11 所示。

图 9-11　北京大学网站列表页中部（xiaonav）的浏览效果图

微课视频

北京大学网站列表页中部（xiaonav）的制作

任务 9.1.3.1　北京大学网站列表页中部（xiaonav）布局结构分析

（1）"xiaonav"盒子在大盒子"wrap"中，进行右浮动。

（2）"xiaonav"实际的效果是灰色方框中的小导航条。

（3）在 Fireworks 中测量该盒子的尺寸为 570px×27px。

如图 9-12 所示。

任务 9.1.3.2　北京大学网站列表页中部（xiaonav）布局结构搭建

小导航条"xiaonav"盒子的结构主要使用<ul>列表方式，同时，在各链接后面加上"竖条"型文字，并放置在<span>标签中。浏览器效果如图 9-13 所示。

图 9-12　北京大学网站列表页中部（xiaonav）布局结构分析图

图 9-13　北京大学网站列表页中部（xiaonav）布局结构搭建浏览效果图

该部分结构代码如下：

```html
......
<!--中部"xiaonav"开始-->
<div id="xiaonav">
    <ul>
        <li><a href="#">院系设置</a><span>|</span></li>
        <li><a href="#">管理服务</a><span>|</span></li>
        <li><a href="#">人才招聘</a><span>|</span></li>
        <li><a href="#">校园文化</a><span>|</span></li>
        <li><a href="#">医学部</a><span>|</span></li>
        <li><a href="#">基金会</a><span>|</span></li>
        <li><a href="#">校友网</a></li>
    </ul>
</div>
<!--中部"xiaonav"结束-->
......
```

任务 9.1.3.3　北京大学网站列表页中部（xiaonav）样式的书写

（1）对"xiaonav"进行右浮动，并绘制盒子的灰色边框。

（2）对"xiaonav"中的<ul>去前导圆点、下画线。

（3）对"xiaonav"中<ul>的所有<li>标签进行左浮动设置。

（4）对"xiaonav"中的<a></a>标签写伪类。

（5）设置"xiaonav"中<span>标签"竖条"型文字的大小及左、右边距。

该部分样式代码如下：

```css
<style type="text/css">
    ......
    #xiaonav{
        float: right;
        width: 570px;
        height: 27px;
        border: 1px solid gray;
    }
    #xiaonav ul{
        list-style: none;
        text-decoration: none;
        padding-left: 25px;
        margin-top: 3px;
    }
    #xiaonav ul li{
        float: left;
    }
    #xiaonav a:link,#xiaonav a:visited{
        color: #002A5F;
```

```
        text-decoration: none;
        font-size: 12px;
      }
      #xiaonav a:hover{
        color: #BD1A1D;
      }
      #xiaonav span{
        padding-left: 15px;
        padding-right: 15px;
        font-size: 12px;
      }
</style>
……
```

浏览器效果如图 9-11 所示。

至此，列表页中部（xiaonav）制作完成。

任务 9.1.4 北京大学网站列表页中部（navbar）的制作

〖任务描述〗

浏览器效果如图 9-14 所示。

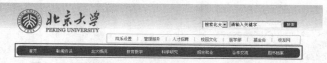

微课视频

北京大学网站列表页中部（navbar）的制作

图 9-14 北京大学网站列表页中部（navbar）的浏览效果图

任务 9.1.4.1 北京大学网站列表页中部（navbar）布局结构分析

布局结构分析如图 9-15 所示。

（1）“navbar”盒子在“wrap”大盒子中的标准流中。

（2）“navbar”盒子由 10 张图像组成。

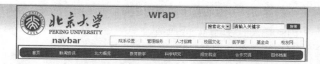

图 9-15 北京大学网站列表页中部（navbar）布局结构分析图

任务 9.1.4.2 北京大学网站列表页中部（navbar）布局结构搭建

“navbar”盒子的结构主要使用<ul>列表方式。该部分结构代码如下：

```
……
<!--中部"navbar"开始-->
<div id="navbar">
     <ul>
          <li><img src="images/1_10.gif" /></li>
          <li><img src="images/dh1.gif" /></li>
          <li><img src="images/dh2.gif" /></li>
          <li><img src="images/dh3.gif" /></li>
          <li><img src="images/dh4.gif" /></li>
          <li><img src="images/dh5.gif" /></li>
          <li><img src="images/dh6.gif" /></li>
          <li><img src="images/dh7.gif" /></li>
          <li><img src="images/dh8.gif" /></li>
          <li><img src="images/1_13.gif" /></li>
     </ul>
</div>
<!--中部"navbar"结束-->
……
```

任务 9.1.4.3　北京大学网站列表页中部（navbar）样式的书写

（1）对"navbar"中的<ul>去前导圆点、下画线等。

（2）对"navbar"中<ul>的所有<li>标签进行左浮动设置。

（3）对"navbar"盒子进行左内边距的调整，使整个盒子和上面小导航盒子右对齐。

（4）对"navbar"盒子中所有文字图像设置"点击（手型）"属性：cursor: pointer;。

　　该部分样式代码如下：

```
<style type="text/css">
　......
　#navbar ul{
　　list-style: none;
　　text-decoration: none;
　margin-top: 10px;
　}
　#navbar li{
　　float: left;
　}
　#navbar{
　　padding-left: 1px;
　}
　#navbar img{
　　cursor: pointer;
　}
</style>
......
```

　　浏览器效果如图 9-16 所示。

图 9-16　北京大学网站列表页中部（main）的浏览效果图

　　至此，列表页中部（navbar）制作完成。

任务 9.1.5　北京大学网站列表页中部（main）的制作

〖任务描述〗

任务 9.1.5.1　北京大学网站列表页中部（main）圆角矩形的制作

　　浏览器效果如图 9-17 所示。

图 9-17　北京大学网站列表页中部（main）圆角矩形浏览效果图

微课视频

北京大学网站列表页中
部（main）的制作 1

1. 圆角矩形的结构分析

#main 部分圆角矩形可分为两个部分：上面部分、下面部分。

（1）上面部分。

#main 层以背景图片的形式提供上面圆角和上边线。syj.png（上圆角）的大小为 837px×17px。如图 9-18 所示。

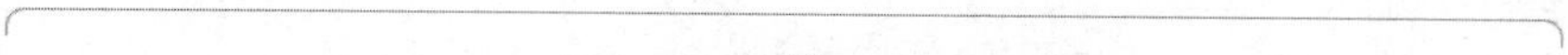

图 9-18　提供的 syj.png 图

（2）下面部分：可变高的边框。

#content 层以左、右边框的形式，绘制左、右边框。如图 9-19 所示。

图 9-19　绘制的#content 盒子左、右边框示意图

2. 圆角矩形的结构搭建

该圆角矩形的结构搭建主要使用内、外嵌套的<div>。

该部分结构代码如下：

```
......
<!--中部"main"开始-->
<div id="main">
    <div id="content">

    </div>
</div>
<!--中部"main"结束-->
......
```

3. 不可变宽的圆角矩形的样式书写

该部分样式代码如下：

```
......
<style type="text/css">
    ......
    #main{
      width: 837px;
      background-image: url(images/syj.png);
      background-repeat: no-repeat;
      padding-top: 17px;
    }
    #main #content{
      height: 100px;
      border-left: 1px solid gray;
      border-right: 1px solid gray;
    }
</style>
......
```

浏览器效果如图 9-17 所示。

任务 9.1.5.2　北京大学网站列表页中部（main）布局结构搭建

浏览器效果如图 9-20 所示。

图 9-20　北京大学网站列表页中部（main）布局结构搭建浏览效果图

微课视频

北京大学网站列表页中部（main）的制作 2

1. #content 部分的结构分析与搭建

#content 部分的结构如图 9-21 所示。

（1）#content 部分的宽度为 835px。

（2）#content 部分又可分为左、右两侧部分。左、右两侧部分宽度分别为 200px 和 635px。

（3）左、右两个部分均进行左浮动。

图 9-21　北京大学网站列表页中部（main）布局结构分析

该部分结构代码如下：

```html
<!--中部"main"开始-->
<div id="main">
    <div id="content">
        <div id="left">

        </div>
        <div id="right">

        </div>
    </div>
</div>
<!--中部"main"结束-->
```

2. #content 部分布局结构样式的书写

（1）对#left、#right 两个盒子进行左浮动。

（2）给出#left、#right 两个盒子的宽、高。

（3）对#left、#right 两个盒子的区域分别以背景色块表示。

该部分样式代码如下：

```css
......
#main{
    width: 837px;
    background-image: url(images/syj.png);
    background-repeat: no-repeat;
    padding-top: 17px;
}
#main #content{
    height: 200px;
    border-left: 1px solid gray;
    border-right: 1px solid gray;
}
#main #content #left{
    float: left;
    width: 200px;
    height: 150px;
    background-color: pink;
}
#main #content #right{
    float: left;
    width: 635px;
    height: 150px;
    background-color: greenyellow;
}
......
```

浏览器效果如图 9-22 所示。

图 9-22　列表页中部（main）圆角矩形边框线不能自动伸展示意图

从图 9-22 中可以看出，#main #content 中，给出了 100px 的高度，故边框线的高度为 100px，也就是说：边框线不能随着左、右两侧盒子中的内容增加（如：height: 150px;）而自动伸展。

3. #content 部分边框线自动伸展功能的实现

现在，去掉样式 height: 100px;，该部分样式代码如下：

```
……
#main #content{
height: 100px;           /** 删除 **/
border-left: 1px solid gray;
border-right: 1px solid gray;
}
……
```

在#content 盒子中，仅仅只有两个左浮动的盒子#left 和#right，而没有其他标准流的元素。如果去掉#content 中的 height: 100px;，则#content 盒子中就没有标准流的元素了，边框线就没有了。浏览器效果如图 9-23 所示。

图 9-23　列表页中部（main）圆角矩形边框线去掉高度样式后示意图

那么，如何使边框线自动伸展呢？

解决的办法是：在#content 盒子中，强行地安放一个在标准流中的元素。即：加上 。该部分结构代码如下：

```
……
<!--中部"main"开始-->
<div id="main">
    <div id="content">
        <div id="left">
        </div>
        <div id="right">
        </div>
        <div style="clear:both"></div>
    </div>
</div>
<!--中部"main"结束-->
……
```

浏览器效果如图 9-20 所示。

这样，#content 部分边框线就会根据其中的内容而自动伸展，#content 布局结构就搭建好了。

任务 9.1.5.3　北京大学网站列表页中部（main）左侧的制作

1. 列表页中部（main）左侧开始内容结构的搭建

在#beidagaikuang 盒子中，加上图片 bdgk.png。

该部分结构代码如下：

微课视频

北京大学网站列表页中部（main）的制作 3

```
……
<!--中部"main"开始-->
<div id="main">
    <div id="content">
```

```
        <div id="left">
            <div id="beidagaikuang">
                <h3><img src="images/bdgk.png" /></h3>
            </div>
        </div>
        <div id="right">

        </div>
        <div style="clear:both"></div>
    </div>
</div>
<!--中部"main"结束-->
......
```

浏览器效果如图 9-24 所示。

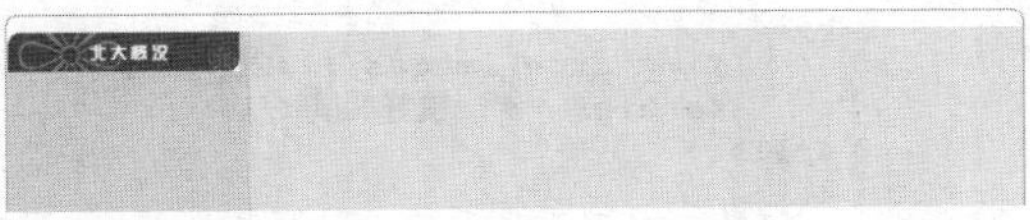

图 9-24　列表页中部（main）左侧开始内容结构的搭建

2. 列表页中部（main）左侧内容开始位置的定位调整

（1）在父盒子"left"中加上 5px 的内左边距 padding-left:5px;，同时，父盒子"left"的 width:必须减掉 5px;，否则整个布局结构将被破坏。

（2）设置：#main #content #left #beidagaikuang 的上外边距为-8px。

该部分样式代码如下：

```
......
#main #content #left{
    float: left;
    width: 195px;          /** 200px 减去 5px **/
    height: 300px;
    background-color: pink;
    padding-left: 5px;
}
#main #content #left #beidagaikuang{
    margin-top: -8px;
}
......
```

浏览器效果如图 9-25 所示。

图 9-25　列表页中部（main）左侧内容开始位置的定位

3. 列表页中部（main）左侧内容上部结构的搭建

经分析，由于左侧内容有类似的结构，故样式选择器采用 class 进行。

该部分结构代码如下：

```
......
<!--中部"main"开始-->
<div id="main">
    <div id="content">
        <div id="left">
            <div id="beidagaikuang">
                <h3><img src="images/bdgk.png" /></h3>
                <div class="liebiao">
```

```
                        <div class="liebiao1">

                        </div>
                        <div class="liebiao2">
                            <ul>
                                <li>
                                    <img src="images/1_34.gif">
                                    <a href="#">北大简介</a>
                                </li>
                                <li>
                                    <img src="images/1_42.gif">
                                    <a href="#">历史名人</a>
                                </li>
                                <li>
                                    <img src="images/1_42.gif">
                                    <a href="#">历任校长</a>
                                </li>
                                <li>
                                    <img src="images/1_42.gif">
                                    <a href="#">领导机构</a>
                                </li>
                                <li>
                                    <img src="images/1_42.gif">
                                    <a href="#">信息公开</a>
                                </li>
                                <li>
                                    <img src="images/1_42.gif">
                                    <a href="#">校园地图</a>
                                </li>
                                <li>
                                    <img src="images/1_42.gif">
                                    <a href="#">校    历</a>
                                </li>
                                <li>
                                    <img src="images/1_42.gif">
                                    <a href="#">绿色校园</a>
                                </li>
                                <li>
                                    <img src="images/1_42.gif">
                                    <a href="#">校园风光</a>
                                </li>
                            </ul>
                        </div>
                        <div class="liebiao3">

                        </div>
                    </div>
                </div>
            </div>
            <div id="right">

            </div>
            <div style="clear:both"></div>
        </div>
    </div>
<!--中部"main"结束-->
……
```

浏览器效果如图 9-26 所示。

图 9-26　列表页中部（main）左侧内容上部结构的搭建

微课视频

北京大学网站列表页中部（main）的制作 4

4. 列表页中部（main）左侧内容上部样式的书写

（1）CSS 钩子样式的书写。

CSS 钩子（hock）：就是指为了容纳一个背景而单独设立的盒子。这个盒子没有内容，实际上就是"借一个壳"。

其中：liebiao1——有宽、有高，有一个背景，不重复，"钩子"。

liebiao2——有宽、无高，高度是被内容撑开的，有一个背景，重复，在 repeat-y;中 1 像素高即可。

liebiao3——有宽、有高，有一个背景，不重复"钩子"。

该部分样式码如下：

```
......
#main #content #left .liebiao .liebiao1{
    width: 191px;
    height: 19px;
    background: url(images/liebiao1.png) no-repeat;
    margin-top: 5px;
}
#main #content #left .liebiao .liebiao2{
    width: 191px;
    background: url(images/liebiao2.png) repeat-y;
}
#main #content #left .liebiao .liebiao3{
    width: 191px;
    height: 17px;
    background: url(images/liebiao3.png) no-repeat;
}
......
```

浏览器效果如图 9-27 所示。

图 9-27　列表页中部（main）左侧内容上部样式的书写

（2）左侧内容上部其他样式的书写。

由于"北大简介"几个字需要加粗、变红，故在结构中给它加上<span class="red"></span>。在样式表中写出.red{font-weight: bold;color: red;}。

该部分结构代码如下：

```
......
<li>
    <img src="images/1_34.gif">
    <a href="#"><span class="red">北大简介</span></a>
</li>
......
```

该部分样式代码如下：

```
#main #content #left .liebiao ul{
    list-style: none;
    text-align: center;
    line-height: 24px;
}
#main #content #left .liebiao ul li{
```

```
        background: url(images/1_39.gif) no-repeat 24px 24px;
        padding-right: 20px;
}
#main #content #left .liebiao a:link,#main #content #left .liebiao a:visited{
        color: #002A5F;
        text-decoration: none;
        font-size: 12px;
}
#main #content #left .liebiao a:hover{
        color: #BD1A1D;
}
.red{
        font-weight: bold;
        color: red;
}
```

浏览器效果如图 9-28 所示。

图 9-28　列表页中部（main）左侧内容上部其他样式的书写

5. 列表页中部（main）左侧内容下部结构搭建和样式的书写

（1）将<div id="beidagaikuang">…</div>之间的结构代码进行复制，粘贴在下方，然后修改相应的图片、名称，并删除多余的<li>…</li>部分。

（2）在#main #content #left #beidagaikuang 中增加下边距：margin-bottom: 10px;。

该部分结构代码如下：

```
......
<div id="reidianlianjie">
    <h3><img src="images/rdlj.gif" /></h3>
    <div class="liebiao">
        <div class="liebiao1">

        </div>
        <div class="liebiao2">
            <ul>
                <li>
                    <img src="images/1_59.gif">
                    <a href="#">电子邮箱</a>
                </li>
                <li>
                    <img src="images/1_59.gif">
                    <a href="#">校内门户</a>
                </li>
                <li>
                    <img src="images/1_59.gif">
                    <a href="#">未名 BBS </a>
                </li>
                <li>
                    <img src="images/1_59.gif">
                    <a href="#">本站地图</a>
                </li>
                <li>
                    <img src="images/1_59.gif">
                    <a href="#">网络导航</a>
                </li>
```

```
            </ul>
        </div>
        <div class="liebiao3">

        </div>
    </div>
</div>
……
```

该部分样式码如下：

```
#main #content #left #beidagaikuang{
    margin-top: -8px;
    margin-bottom: 10px;
}
```

浏览器效果如图 9-29 所示。

图 9-29　列表页中部（main）左侧内容下部结构搭建和样式的书写

微课视频

北京大学网站列表页中
部（main）的制作 5

至此，列表页中部（main）左侧制作完成。

任务 9.1.5.4　北京大学网站列表页中部（main）右侧的制作

1. 列表页中部（main）右侧结构的搭建

该部分结构代码如下：

```
……
<div id="right">
    <p id="datu"><img src="images/1_23.gif" /></p>
    <br />
    <p><a href="index.html">首页</a> > <a href="#">北大概况</a> > <a href="#">北大简介</a> </p>
    <p id="line"></p>
    <div id="neirong">
        <h1><img src="images/jyjx_01.gif"/>北大简介</h1>
        <p>北京大学创办于 1898 年，初名京师大学堂，是中国第一所国立综合性大学，也是当时中国最高教育行政机关。辛亥革命后，于 1912 年改为现名。</p>
        <p>作为新文化运动的中心和"五四"运动的策源地，作为中国最早传播马克思主义和民主科学思想的发祥地，作为中国共产党最早的活动基地，北京大学为民族的振兴和解放、国家的建设和发展、社会的文明和进步做出了不可替代的贡献，在中国走向现代化的进程中起到了重要的先锋作用。爱国、进步、民主、科学的传统精神和勤奋、严谨、求实、创新的学风在这里生生不息、代代相传。</p>
        <p>1917 年，著名教育家蔡元培出任北京大学校长，他"循思想自由原则，取兼容并包主义"，对北京大学进行了卓有成效的改革，促进了思想解放和学术繁荣。陈独秀、李大钊、毛泽东以及鲁迅、胡适等一批杰出人才都曾在北京大学任职或任教。</p>
        <p>2000 年 4 月 3 日，北京大学与原北京医科大学合并，组建了新的北京大学。原北京医科大学的前身是国立北京医学专门学校，创建于 1912 年 10 月 26 日。20 世纪三、四十年代，学校一度易名为北平大学医学院，并于 1946 年 7 月并入北京大学。1952 年在全国高校院系调整中，北京大学医学院脱离北京大学，独立为北京医学院。1985 年更名为北京医科大学，1996 年成为国家首批"211 工程"重点支持的医科大学。两校合并进一步拓宽了北京大学的学科结构，为促进医学与人文社会科学及理科的结合，改革医学教育奠定了基础。</p>
        <p>近年来，在"211 工程"和"985 工程"的支持下，北京大学进入了一个新的历史发展阶段，在学科建设、人才培养、师资队伍建设、教学科研等各方面都取得了显著成绩，为将北大建设成为世界一流大学奠定了坚实的基础。今天的北京大学已经成为国家培养高素质、创造性人才的摇篮、科学研究的前沿和知识创新的重要基地和国际交流的重要桥梁和窗口。</p>
        <br />
    </div>
</div>
……
```

2. 列表页中部（main）右侧内容开始位置的定位调整

（1）在父盒子"right"中加 padding-left:5px;，同时，父盒子"right"的 width:必须减掉 5px;。

该部分样式码如下：

```
……
#main #content #right{
    float: left;
    width: 630px;          /** 635px 减去 5px **/
    height: 700px;
    background-color: greenyellow;
    padding-left: 5px;
}
……
```

（2）设置：#main #content #right #datu 的上外边距为-8px。使#right 部分的图片与#left 的顶部的图片对齐。

该部分样式代码如下：

```
……
#main #content #right #datu{
    margin-top: -8px;
}
……
```

3. #content 部分边框线根据其中的内容自动伸展功能的实现

#main #content #left 和#main #content #right 原来给出的高度为固定值，为使边框线根据内容自动伸展，将高度改为"height: 100%;"即可。

该部分样式代码如下：

```
……
#main #content #left{
    float: left;
    width: 195px;
    height: 100%;
    background-color: pink;
    padding-left: 5px;
}
#main #content #right{
    float: left;
    width: 630px;
    height: 100%;
    background-color: greenyellow;
    padding-left: 5px;
}
#main #content #right #datu{
    margin-top: -8px;
}
……
```

浏览器效果如图 9-30 所示。

图 9-30　列表页中部（main）右侧结构搭建和样式的书写

4．列表页中部（main）右侧其他样式的书写

该部分样式码如下：

```
……
#main #content #right a:link,#main #content #right a:visited{
    color: #002A5F;
    text-decoration: none;
    font-size: 12px;
}
#main #content #right a:hover{
    color: #BD1A1D;
}
#main #content #right #line{
    background: url(images/1_46.gif) repeat-x;
    height: 4px;
    margin-top: 5px;
    margin-bottom: 5px;
}
#main #content #right #neirong p{
    font-size: 12px;
    line-height: 24px;
    padding-top: 10px;
    text-indent: 2em;
    padding-left: 10px;
    padding-right: 10px;
}
#main #content #right #neirong h1{
    font-size: 16px;
    font-weight: bold;
}
……
```

浏览器效果如图 9-31 所示。

图 9-31　列表页中部（main）右侧其他样式的书写

最后，将对#left、#right 两个盒子的背景色块去掉。浏览器效果如图 9-16 所示。

至此，列表页中部（main）右侧制作完成。

任务 9.1.6　北京大学网站列表页尾部的制作

〖任务描述〗

（1）搭建北京大学网站列表页尾部的结构。

微课视频

北京大学网站列表页
尾部的制作

（2）书写北京大学网站列表页尾部的样式。

浏览器效果如图 9-32 所示。

版权所有©北京大学 ｜ 地址：北京市海淀区颐和园路5号 ｜ 邮编：100871 ｜ 邮箱：tangzhihua@163.com

图 9-32　北京大学网站列表页尾部（footer）浏览效果图

〖 任务实施 〗

1. 搭建列表页尾部的结构

（1）邮箱链接：`<a href="mailto:1227759997@qq.com">tangzhihua@163.com</a>"`。

（2）空格：` `。

该部分结构代码如下：

```
……
<!--尾部开始-->
<div id="footer">
    版权所有©北京大学  |  地址：北京市海淀区颐和园路 5 号  |  邮
编：100871  |  邮箱：<a href="mailto:1227759997@qq.com">tangzhihua@163.com</a>
</div>
<!--尾部结束-->
……
```

浏览器效果如图 9-33 所示。

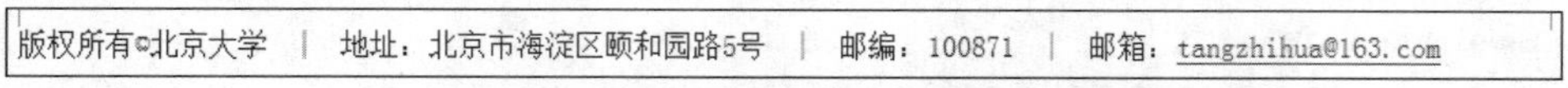

版权所有©北京大学 ｜ 地址：北京市海淀区颐和园路5号 ｜ 邮编：100871 ｜ 邮箱：tangzhihua@163.com

图 9-33　北京大学网站列表页尾部（footer）结构搭建

2. 书写列表页尾部的样式

（1）设置列表页尾部宽度、背景色、字体大小、字体颜色等样式。

（2）对 "footer" 中的`<a></a>`标签写伪类。

该部分样式代码如下：

```
……
#footer{
    width: 837px;
    background-color: #002A5F;
    color: white;
    font-size: 12px;
    line-height: 30px;
    text-align: center;
    margin-bottom: 50px;
}
#footer a:link,a:visited,a:hover{
    color: white;
    text-decoration: none;
}
……
```

浏览器效果如图 9-32 所示。

北京大学网站列表页浏览器效果如图 9-1 所示。至此，北京大学网站列表页制作完成。

【 拓展训练 】

任务 9.2　绿色食品网站列表页的设计与制作

本单元 "拓展训练" 的任务卡如表 9.3 所示。

表 9.3　单元 9 "拓展训练" 任务卡

任务编号	9.2	任务名称	绿色食品网站列表页的设计与制作	
网页主题	绿色食品		计划工时	
拓展训练 任务描述	（1）设计列表页的主体布局结构和局部布局结构 （2）设计与制作包含导航栏的网页 （3）制作列表页 list.html。 （4）设计与制作用户登录表单、展示图片与播放视频区块 （5）在列表页 list.html 中插入 SWF 动画			

本单元"拓展训练"的任务跟踪卡如表 9.4 所示。

表 9.4　单元 9 "拓展训练" 任务跟踪卡

任务编号	开始时间	完成时间	计划工时	实际工时	当前状态

本单元"拓展训练"网页 list.html 的浏览效果如图 1-35 所示。

【单元小结】

本单元综合运用了多方面的知识和技能设计与制作网站的列表页，详细介绍了该网页的主体布局结构和局部布局结构的设计过程。本单元运用了 DIV+CSS 布局网页，该网页中包含了多种网页元素——文字、图像、导航栏、表单、视频、SWF 动画，也展示了这些网页元素的综合运用效果。

单元 10
网站详情页的设计与制作

【教学导航】

教学目标	（1）能养成分析页面布局结构的习惯 （2）能使用背景色标示盒子的结构 （3）能应用 CSS 样式设计网站详情页的主体布局结构 （4）能应用 CSS 样式设计网站详情页的局部布局结构 （5）能设计与制作导航栏 （6）会插入视频和 SWF 动画
本单元重点	（1）应用 CSS 样式设计网页的布局结构 （2）设计与制作导航栏 （3）插入视频和 SWF 动画
本单元难点	（1）应用 CSS 样式设计网页的布局结构 （2）设计与制作导航栏
教学方法	任务驱动法、分组讨论法

【操作准备】

创建所需的文件夹，复制所需的资源到桌面上。即：在本地硬盘（例如 D 盘）中创建一个文件夹"网页设计与制作练习 Unit10"，然后将光盘中的"start"文件夹中"Unit10"文件夹中的"Unit10 课程资源"文件夹所有内容复制到桌面上。

【模仿训练】

任务 10.1 北京大学网站详情页的设计与制作

本单元"模仿训练"的任务卡如表 10.1 所示。

表 10.1 单元 10"模仿训练"任务卡

任务编号	10.1	任务名称	北京大学网站详情页的设计与制作
网页主题	北京大学	计划工时	
网页制作 任务描述	（1）设计详情页的主体布局结构和局部布局结构 （2）设计与制作包含导航栏的网页 （3）制作详情页 content.html （4）在详情页 content.html 中插入 SWF 动画		

续表

网页布局 结构分析	使用 DIV 标签+CSS 样式布局首页，详情页整体为上、中、下结构
网页色彩 搭配分析	网页中文字的颜色：#2b2b2b 网页中背景颜色：渐变背景
网页组成 元素分析	主要包括文字、图像、SWF 动画、视频、顶部二级导航栏、底部导航栏、表单、各种特效等网页元素
任务实现 流程分析	创建本地站点"单元 10"→分析、设计详情页的主体布局结构→分析、设计详情页的局部布局结构→创建网页文档"content.html"→设计与制作网站详情页的头部区域→设计与制作网站详情页的中部区域→设计与制作网站详情页的尾部区域

本单元"模仿训练"的任务跟踪卡如表 10.2 所示。

表 10.2　单元 10"模仿训练"任务跟踪卡

任务编号	开始时间	完成时间	计划工时	实际工时	当前状态

本单元"模仿训练"网页 content.html 浏览效果如图 10-1 所示。

图 10-1　北京大学网站详情页整体截图

任务 10.1.1　北京大学网站详情页整体页面结构的制作

任务 10.1.1.1　建立北京大学站点的目录结构

〖任务描述〗

（1）创建所需的文件夹。

（2）在文件夹中创建"images"子文件夹。

（3）将所需的图像资源复制到"images"文件夹中。

（4）将"网页骨架.html"文档拖曳到该文件夹中。

微课视频

北京大学网站详情页整体页面结构的制作

〖任务实施〗

（1）建立文件夹"bjdx"。

（2）建立子文件夹"images"。

（3）将所需的图片资源复制到"images"文件夹中。

（4）将"网页骨架.html"文档拖曳到"bjdx"文件夹中。

任务 10.1.1.2　创建与保存详情页文档 content.html

〖任务描述〗

（1）修改"网页骨架.html"文档名为"content.html"。

（2）编辑<title>标签中的内容。

（3）保存文档，效果如图 10-2 所示。

图 10-2　北京大学网站站点目录结构

〖任务实施〗

（1）修改"网页骨架.html"文档名为"content.html"。

①双击"编辑器（Sublime Text）"图标，打开编辑器。

②将文件夹中的"content.html"拖曳到编辑器的编辑窗口中，

关闭其他网页文档。使"content.html"成为当前文件。将<title>标签中的内容"网页骨架"修改为"北京大学-Peking University"。

（2）保存网页文档。执行菜单命令【文件】→【保存】，关闭"编辑器"。

代码如下：

```
<!DOCTYPE html PUBLIC "-//W3C//DTD XHTML 1.0 Transitional//EN"
"http://www.w3.org/TR/xhtml1/DTD/xhtml1-transitional.dtd">
<html>
    <head>
        ......
        <title>北京大学-Peking University</title>
        <style type="text/css">

        </style>
    </head>
    <body>

    </body>
</html>
```

任务 10.1.1.3　北京大学网站详情页整体页面结构分析

〖任务描述〗

（1）分析整体页面结构，确定分为哪些大的部分。

（2）分别将这些部分以不同的色块表示。

（3）分别标记上适合的 HTML 标签，搭建整体的代码结构。

〖任务实施〗

（1）分析整体页面结构，如图 10-3 所示。

①页面布局分析：页面自然布局。从整体看，整个页面分为 topbar、flash、navbar、so、content 和 footer 6 个大盒子，并且这 6 个盒子都是在标准流中的。

②页面组成元素分析：主要包括 flash、标题文本、正文文本、图像、空格等网页元素。

（2）分别将各部分以不同的色块表示。

（3）分别标记上适合的 HTML 标签，搭建整体的代码结构。

①由于页面所有元素都居中，所以整个页面势必要在一个整体的大盒子之中。首先，为页面做一个整

体的大盒子，取名为"wrap"（业内的普遍做法）。即：整体的大盒子 wrap 包含 6 个大盒子 topbar、flash、navbar、so、content 和 footer。

②使用 div 标签表示各个大盒子，这 6 个盒子都是在标准流中的，且在整体的大盒子"wrap"中。在编写的过程中，要注意其缩进格式。

③在每个大盒子上、下插入代码，如：<!--头部开始-->和<!--头部结束-->，对代码进行注释，是一个 HTML 的注释标签。

④在每个大盒子之间插入代码：<div style="clear:both"></div>，是为了避免"浮动隔行影响"现象，它是一个空的在标准流中的<div>。

图 10-3　北京大学网站详情页整体页面结构分析

北京大学网站详情页整体结构代码搭建如下所示：

```
......
    <body>
        <div id="wrap">
            <!--"topbar"开始-->
            <div id="topbar">

            </div>
            <!--"topbar"结束-->
            <div style="clear:both"></div>
            <!--"flash"开始-->
            <div id="flash">

            </div>
            <!--"flash"结束-->
            <div style="clear:both"></div>
            <!--"navbar"开始-->
            <div id="navbar">

            </div>
            <!--"navbar"结束-->
            <div style="clear:both"></div>
            <!--"so"开始-->
            <div id="so">

            </div>
            <!--"so"结束-->
            <div style="clear:both"></div>
```

```
            <!--"content"开始-->
            <div id="content">

            </div>
            <!--"content"结束-->
            <div style="clear:both"></div>
            <!--"footer"开始-->
            <div id="footer">

            </div>
            <!--"footer"结束-->
        </div>
    </body>
......
```

任务 10.1.1.4　北京大学网站详情页渐变背景的制作

〖任务描述〗

　　书写北京大学网站详情页渐变背景的代码，浏览器效果如图 10-4 所示。

图 10-4　北京大学网站详情页渐变背景浏览效果图

〖任务实施〗

　　（1）首先，直接书写*{ margin: 0; padding: 0; }样式，以去掉所有的内边距和外边距，即初始化的操作。

　　（2）渐变背景充满在整个窗体中，所以需要对<body>标签中书写样式。

　　该部分代码如下：

```
......
<style type="text/css">
    *{
        margin: 0;
        padding: 0;
    }
    body{
        background-image: url(images/bodybg.png);
        background-repeat: repeat-x;
    }
</style>
......
```

任务 10.1.1.5　北京大学网站详情页版心居中效果的制作

〖任务描述〗

　　（1）在 Fireworks 中测量详情页版心的长度，如图 10-5 所示。

　　（2）书写详情页版心居中效果的代码。

〖任务实施〗

　　1．在 Fireworks 中丈量详情页版心的长度

　　（1）将"北京大学详情页截图"拖曳到 Fireworks 中。

　　（2）在版心的左、右两侧分别拉出度量的参考线。

　　（3）使用"切片"工具，精确地框出版心的长度为 980px。

　　2．书写详情页版心居中效果的代码

　　浏览器效果如图 10-6 所示。

图 10-5　在 Fireworks 中测量详情页版心长度方法

图 10-6　详情页版心居中浏览效果图

代码如下：

```css
……
<style type="text/css">
    *{
        margin:0px;
        padding: 0px;
    }
    body{
        background-image: url(images/bodybg.png);
        background-repeat: repeat-x;
    }
    #wrap{
        width: 980px;
        margin:0 auto;
        height: 100px;
        background: red;
    }
</style>
……
```

任务 10.1.2　北京大学网站详情页 topbar 部分的制作

〖任务描述〗

（1）分析详情页 topbar 部分的结构。

（2）详情页 topbar 部分结构的搭建。

（3）书写详情页 topbar 部分的样式代码。

浏览器效果如图 10-7 所示。

微课视频

北京大学网站详情页
topbar 部分、Flash 部
分的制作

图 10-7　详情页 topbar 部分浏览效果图

〖任务实施〗

1. 分析详情页 topbar 部分的结构

（1）topbar 部分的高度为 31px，宽度为 980px。

（2）主要结构的内容只有文字"北京大学新闻中心主办"。

（3）背景条是一个由 1px 宽，31px 高的图像在水平方向平铺而成。

2. 详情页 topbar 部分结构的搭建

该部分结构代码如下：

```html
……
<!--"topbar"开始-->
<div id="topbar">
    北京大学新闻中心主办
</div>
<!--"topbar"结束-->
……
```

3. 书写详情页 topbar 部分的样式代码

（1）高度为 31px。

（2）line-height: 31px;——行高与盒子高度相等，文字便可垂直居中。

（3）padding-left: 30px;——左内边距。

该部分样式代码如下：

```
......
<style type="text/css">
    ......
    #wrap{
        width: 980px;
        margin:0 auto;
    }
    #topbar{
        height: 31px;
        background: url(images/topbarbg.png) repeat-x;
        line-height: 31px;
        font-size: 12px;
        color: red;
        padding-left: 30px;
    }
</style>
......
```

浏览器效果如图 10-7 所示。

任务 10.1.3　北京大学网站详情页 Flash 部分的制作

〖任务描述〗

（1）分析详情页 Flash 部分的结构，浏览器效果如图 10-8 所示。

（2）详情页 Flash 部分结构的搭建。

（3）书写详情页 Flash 部分的样式代码。

图 10-8　详情页 Flash 部分浏览效果图

〖任务实施〗

（1）打开 Adobe 官网的 Flash 帮助页面。

（2）将图 10-9 中所示的\<object>\</object>标签中的所有代码复制到编辑器中。

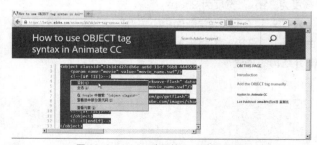

图 10-9　Adobe 官网的 Flash 帮助页面

该部分结构代码如下：

```
……
<!--"flash"开始-->
<div id="flash">
    <object classid="clsid:d27cdb6e-ae6d-11cf-96b8-444553540000" width="550" height="400" id="movie_name"
align="middle">
        <param name="movie" value="movie_name.swf"/>
        <!--[if !IE]>-->
        <object type="application/x-shockwave-flash" data="movie_name.swf" width="550" height="400">
            <param name="movie" value="movie_name.swf"/>
        <!--<![endif]-->
            <a href="http://www.adobe.com/go/getflash">
                <img src="http://www.adobe.com/images/shared/download_buttons/get_flash_player.gif" alt=
"Get Adobe Flash player"/>
            </a>
        <!--[if !IE]>-->
        </object>
        <!--<![endif]-->
    </object>
</div>
<!--"flash"结束-->
……
```

（3）修改以下代码中的 7 个参数。需要明确的是：Flash 的目录为"images/2.swf"；Flash 的尺寸为"980px×175px"。修改参数后的代码如下：

```
……
<!--"flash"开始-->
<div id="flash">
    <object classid="clsid:d27cdb6e-ae6d-11cf-96b8-444553540000" width="980" height="175" id="movie_name"
align="middle">
        <param name="movie" value="images/2.swf"/>
        <!--[if !IE]>-->
        <object type="application/x-shockwave-flash" data="images/2.swf" width="980" height="175">
            <param name="movie" value="images/2.swf"/>
        <!--<![endif]-->
            <a href="http://www.adobe.com/go/getflash">
                <img src="http://www.adobe.com/images/shared/download_buttons/get_flash_player.gif" alt=
"Get Adobe Flash player"/>
            </a>
        <!--[if !IE]>-->
        </object>
        <!--<![endif]-->
    </object>
</div>
<!--"flash"结束-->
……
```

（4）书写详情页 Flash 部分的样式代码。

该部分样式代码如下：

```
……
<style type="text/css">
    ……
    #flash{
    height: 175px;
    }
</style>
```

任务 10.1.4　北京大学网站详情页 navbar 部分的制作

〖任务描述〗

（1）分析详情页 navbar 部分的结构，浏览器效果如图 10-10 所示。

（2）详情页 navbar 部分结构的搭建。

（3）书写详情页 navbar 部分的样式代码。

微课视频

北京大学网站详情页
navbar 部分的制作

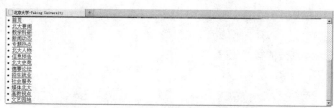

图 10-10　详情页 navbar 部分浏览效果图

〖任务实施〗

1. 分析详情页 navbar 部分的结构

（1）navbar 部分的高度为 40px，宽度为 980px。

（2）主要结构是一个水平的、文字型的导航菜单，结构为<ul>无序列表的文字。

（3）背景条是由一个 10px 宽，40px 高的图像在水平方向平铺而成。

2. 详情页 navbar 部分结构的搭建

该部分结构代码如下：

```
……
<!--"navbar"开始-->
<div id="navbar">
    <ul>
        <li><a href="#">首页</a></li>
        <li><a href="#">北大要闻</a></li>
        <li><a href="#">教学科研</a></li>
        <li><a href="#">新闻动态</a></li>
        <li><a href="#">专题热点</a></li>
        <li><a href="#">北大人物</a></li>
        <li><a href="#">信息预告</a></li>
        <li><a href="#">北大史苑</a></li>
        <li><a href="#">德赛论坛</a></li>
        <li><a href="#">招生就业</a></li>
        <li><a href="#">社会服务</a></li>
        <li><a href="#">媒体北大</a></li>
        <li><a href="#">高教视点</a></li>
        <li><a href="#">文艺园地</a></li>
    </ul>
</div>
<!--"navbar"结束-->
……
```

浏览器效果如图 10-11 所示。

图 10-11　详情页 navbar 部分结构的搭建

3. 书写详情页 navbar 部分的样式代码

（1）navbar 部分高度为 40px。

（2）line-height: 40px;——行高与高度相等，文字便可垂直居中。

（3）padding: 0 10px;——上下、左右内边距。

该部分样式代码如下：

```
……
<style type="text/css">
    ……
    #navbar{
```

```
    height: 40px;
    background: url(images/navbarbg.png) repeat-x;
}
#navbar ul{
    list-style: none;
}
#navbar ul li{
    float: left;
    line-height: 40px;
    padding: 0 6px;
}
#navbar ul li a:link,#navbar ul li a:visited{
    color: white;
    font-size: 14px;
    font-weight: bold;
    text-decoration: none;
}
#navbar ul li a:hover{
    color: orange;
}
</style>
......
```

浏览器效果如图 10-10 所示。

任务 10.1.5 北京大学网站详情页 so 部分的制作

〖任务描述〗

（1）分析详情页 so 部分的结构，浏览器效果如图 10-12 所示。

（2）详情页 so 部分结构的搭建。

（3）书写详情页 so 部分的样式代码。

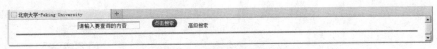

图 10-12 详情页 so 部分浏览效果图

〖任务实施〗

（1）分析详情页 so 部分的结构，如图 10-13 所示。

由于下面的红色线是图像 sobg.png 的水平平铺，其高度为 4px，考虑把该图融入内边距 padding 之中。上面部分高度为 38px。

让 4px 高的线融在 div 的 padding-bottom 中，div 的高就是空白的高 38px，padding-bottom:4px;，background-position 一定是 bottom 就行了。

图 10-13 详情页 so 部分的结构分析示意图

（2）详情页 so 部分结构的搭建。

该部分结构代码如下：

```
......
<!--"so"开始-->
<div id="so">
    <input type="text" value="请输入要查询的内容" />
    <img src="images/anniu.png" />
    <span><a href="#">高级搜索</a></span>
</div>
```

```
<!--"so"结束-->
……
```

浏览器效果如图 10-14 所示。

图 10-14　详情页 so 部分结构的搭建

（3）书写详情页 so 部分的样式代码。

该部分样式代码如下：

```
……
<style type="text/css">
    ……
    #so{
        height: 33px;                 /**38px-5px=33px**/
        padding-bottom: 4px;
        background: url(images/sobg.png) repeat-x bottom;
        padding-left: 150px;
        padding-top: 5px;
    }
 #so img{
    cursor: pointer;
    padding-left: 20px;
    padding-right: 20px;
 }
#so a:link,#so a:visited{
    font-size: 12px;
    text-decoration: none;
    }
    #so a:hover{
    color: red;
    }
</style>
……
```

浏览器效果如图 10-12 所示。

任务 10.1.6　北京大学网站详情页 content 部分的制作

〖任务描述〗

（1）分析详情页 content 部分的结构，浏览器效果如图 10-15 所示。

微课视频

北京大学网站详情页
content 部分的制作 1

图 10-15　详情页 content 部分浏览效果图

（2）详情页 content 部分结构的搭建。

（3）书写详情页 content 部分的样式代码。

〖任务实施〗

1. 分析详情页 content 部分的结构

（1）content 的部分为该页面的主要内容，分为左、右两边，左边为图文混排的内容，右边部分没有内容，只有背景色。

（2）content 左边的宽度为 740px。

2. 用色块表示详情页 content 部分结构搭建

该部分结构代码如下：

```
……
<!--"content"开始-->
<div id="content">
    <div id="neirong">

    </div>
</div>
<!--"content"结束-->
……
```

该部分样式代码如下：

```
……
<style type="text/css">
    ……
    #content{
      background: rgb(200,200,200);
    height: 200px;
    }
    #content #neirong{
      width: 740px;
      height: 180px;
      background: red;
    }
</style>
……
```

浏览器效果如图 10-16 所示。

图 10-16　详情页 content 部分结构搭建（色块）浏览效果图

3. 详情页 content 部分结构搭建

该部分结构代码如下：

```
……
<!--"content"开始-->
<div id="content">
    <div id="neirong">
        <h1>北京大学隆重举行 2017 年新生开学典礼</h1>
        <div id="riqi">日期：2017-09-06 信息来源：新闻中心</div>
        <p>金秋九月，雨后的燕园到处洋溢着青春的朝气，焕发出勃勃生机。9 月 6 日上午，北京大学 2017 年新生开学典礼在
第一体育馆东操场隆重举行。2017 级本科生、研究生全体新生参加了开学典礼。中国科学院院士、医学部神经生物学系韩济生教授，
哲学社会科学资深教授、马克思主义学院梁柱教授，中国科学院院士、物理学院甘子钊教授，1978 级中文系校友、著名作家刘震云，
北京大学党委书记、校务委员会主任朱善璐教授，校长王恩哥院士，以及在校的领导班子成员、校长助理、各院系和相关职能部门负
责人也出席了开学典礼。典礼由常务副校长、医学部常务副主任柯杨主持。</p>
        <p class="center"><img src="images/1.jpg"></p>
```

```
        <p class="center">典礼现场</p>
        <p class="center"><img src="images/2.jpg"></p>
        <p class="center">柯杨主持开学典礼</p>
        <p>"红楼飞雪，一时英杰，先哲曾书写，爱国进步民主科学。忆昔长别，阳关千叠，狂歌曾竞夜，收拾山河待百年约。"
伴随着《燕园情》的优美旋律，师生们井然有序地进入会场。</p>
    </div>
</div>
<!--"content"结束-->
……
```

浏览器效果如图 10-17 所示。

图 10-17　详情页 content 部分结构搭建浏览效果图

4. 书写详情页 content 部分的样式代码

该部分样式代码如下：

```
……
<style type="text/css">
    ……
    #content{
    background: rgb(200,200,200);
        height: 200px;
        margin-top: 10px;
    }
    #content #neirong{
        width: 720px;          /**740px-10px-10px=720px**/
        height: 180px;
        background: red;
        padding: 5px 10px;    /**内边距：上、下5px,左、右10px**/
    }
    #content #neirong h1{
        font-size: 16px;
        font-weight: bold;
        text-align: center;
        border-bottom: 1px solid gray;
        line-height: 40px;
    }
    #content #neirong #riqi{
        text-align: center;
        font-size: 12px;
        padding: 10px 0;
    }
    #content #neirong p{
        margin-top: 10px;
        text-indent: 2em;        /**首行缩进两个汉字宽度**/
        line-height: 175%;
        font-size: 12px;
    }
    center{
        text-align: center;
    }
```

```
</style>
……
```

浏览器效果如图 10-18 所示。

图 10-18　详情页 content 部分样式书写浏览效果图

5. 修改详情页 content 部分的样式代码

接着，对详情页 content 部分的样式代码进行修改：去掉#content 盒子的 200px 高度，同时去掉#content #neirong 盒子的 180px 高度，将其背景颜色由红色改为白色。

该部分样式代码如下：

```
……
<style type="text/css">
     ……
     #content{
     background: rgb(200,200,200);

    margin-top: 10px;
}
#content #neirong{
    width: 720px;        /**740px-10px-10px=720px**/

    background: white;
    padding: 5px 10px;   /**内边距：上、下 5px,左、右 10px**/
}
</style>
……
```

浏览器效果如图 10-15 所示。

任务 10.1.7　北京大学网站详情页 footer 部分的制作

〖任务描述〗

（1）分析详情页 footer 部分的结构，浏览器效果如图 10-19 所示。

（2）详情页 footer 部分结构的搭建。

（3）书写详情页 footer 部分的样式代码。

微课视频

北京大学网站详情页
footer 部分的制作

图 10-19　详情页 footer 部分浏览效果图

〖任务实施〗

1. 先给 footer 写一个样式，绘制出 4px 高的红线

该部分样式代码如下：

```
......
<style type="text/css">
    ......
    #footer{
      padding-top: 4px;
      background: url(images/sobg.png) repeat-x top;
      margin-top: 10px;
    }
</style>
......
```

浏览器效果如图 10-20 所示。

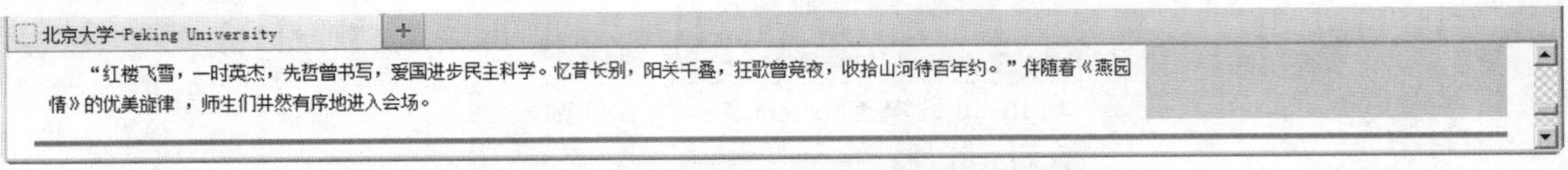
北京大学-Peking University
"红楼飞雪，一时英杰，先哲曾书写，爱国进步民主科学。忆昔长别，阳关千叠，狂歌曾竟夜，收拾山河待百年约。" 伴随着《燕园情》的优美旋律，师生们井然有序地进入会场。

图 10-20 详情页 footer 部分红线绘制浏览效果图

2. 详情页 footer 部分结构的搭建

该部分结构代码如下：

```
......
<!--"footer"开始-->
<div id="footer">
    <div id="footerdiv">
        <div id="anniudiv">
            <img src="images/pn_24.jpg" /><img src="images/pk_95.gif" />
        </div>
        <div id="tubiao">
            <img src="images/ljt.png" />
        </div>
        <div id="benwangjieshao">
            <span>本网介绍  |  设为首页  |  加入收藏
  |  校内电话  |  诚聘英才  |  新闻投稿
</span>
        </div>
    </div>
</div>
<!--"footer"结束-->
......
```

浏览器效果如图 10-21 所示。

北京大学-Peking University
友情链接
合作伙伴
学雷锋在行动
学生资助
医学部
北大学生就业信息网
本网介绍 | 设为首页 | 加入收藏 | 校内电话 | 诚聘英才 | 新闻投稿

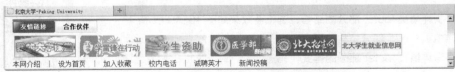

图 10-21 详情页 footer 部分结构搭建浏览效果图

3. 书写详情页 footer 部分的样式代码

使用<div>来实现边框线的绘制（当然也可以使用表格来实现）。

细线的分配策略如下。

（1）将四周的灰边写成母盒子的灰边。

（2）第1个子盒子有一个下边框。

（3）第2个子盒子有一个下边框。

（4）第3个子盒子没有边框。

该部分样式代码如下：

```
……
<style type="text/css">
    ……
#footer{
    padding-top: 4px;
    background: url(images/sobg.png) repeat-x top;
    margin-top: 10px;
    margin-bottom: 20px;
}
#footer #footerdiv{
    margin-top: 10px;
    border: 1px solid gray;            /**大盒子边框线**/
}
#footer #anniudiv{
    border-bottom: 1px solid gray;   /**第1个小盒子下边框线**/
    padding-left: 5px;
    }
#footer #anniudiv img{
    padding: 5px 5px;
}
#footer #tubiao{
    border-bottom: 1px solid gray;   /**第2个小盒子下边框线**/
    padding: 5px 5px;
}
#footer #benwangjieshao{
    text-align: center;
    font-size: 12px;
    padding: 10px;
}
</style>
……
```

浏览器效果如图 10-19 所示。

至此，北京大学网站详情页效果制作完成，浏览器效果如图 10-1 所示。

【拓展训练】

任务 10.2　绿色食品网站详情页的设计与制作

本单元"拓展训练"的任务卡如表 10.3 所示。

表 10.3　单元 10 "拓展训练"任务卡

任务编号	10.2	任务名称	绿色食品网站详情页的设计与制作	
网页主题	绿色食品		计划工时	
拓展训练 任务描述	（1）设计详情页的主体布局结构和局部布局结构 （2）设计与制作包含导航栏的网页 （3）制作详情页 content.html （4）设计与制作用户登录表单、展示图片与播放视频区块 （5）在详情页 content.html 中插入 SWF 动画			

本单元"拓展训练"的任务跟踪卡如表 10.4 所示。

表 10.4　单元 10 "拓展训练"任务跟踪卡

任务编号	开始时间	完成时间	计划工时	实际工时	当前状态

本单元"拓展训练"网页 content.html 的浏览效果如图 1-36 所示。

【单元小结】

一个网站通过各种形式的超级链接将各个网页联系起来，形成一个整体，这样浏览者可以通过单击网页中的链接找到自己所需的网页和信息。

本单元综合运用了多方面的知识和技能设计与制作网站的列表页，详细介绍了该网页的主体布局结构和局部布局结构的设计过程。本单元运用了 DIV+CSS 布局网页，该网页中包含了多种网页元素——文字、图像、导航栏、表单、视频、SWF 动画，也展示了这些网页元素的综合运用效果。